面向新工科普通高等教育系列教材

U0182586

Python 基础及应用

吕云翔　姚泽良　张　扬　姜　峤
孔子乔　高允初　闫　坤　张　元　等编著
狄尚哲　张　凡　巩孝刚

机 械 工 业 出 版 社

本书完全为零基础的初学者量身定做，配合大量实例介绍了 Python 的基本语法、编码规范和一些编程思想。

本书共分为两部分，第 1~6 章为 Python 语言基础，主要介绍 Python 的基本用法。第 7~10 章介绍一些 Python 的实际应用，第 7 章介绍了如何用 Python 进行 GUI 开发，第 8 章介绍了如何用 Python 开发网络爬虫，第 9 章介绍了如何用 Python 进行 Web 开发，第 10 章介绍了如何使用 Python 进行数据分析与可视化处理，第 11 章介绍了如何使用 Python 实现常见机器学习算法。

本书既可以作为高等院校计算机类相关专业的教材，也可以作为软件从业人员、计算机爱好者的学习指导用书。

本书配有授课电子课件，需要的教师可登录 www.cmpedu.com 免费注册，审核通过后下载，或联系编辑索取。微信：15910938545。电话：010 -88379739。

图书在版编目（CIP）数据

Python 基础及应用 / 吕云翔等编著．—北京：机械工业出版社，2021.3 （2024.8 重印）
面向新工科普通高等教育系列教材
ISBN 978-7-111-67434-4

Ⅰ．①P⋯　Ⅱ．①吕⋯　Ⅲ．①软件工具-程序设计-高等学校-教材
Ⅳ．①TP311.561

中国版本图书馆 CIP 数据核字（2021）第 017858 号

机械工业出版社（北京市百万庄大街 22 号　邮政编码 100037）
策划编辑：郝建伟　　责任编辑：郝建伟
责任校对：张艳霞　　责任印制：单爱军
北京虎彩文化传播有限公司印刷

2024 年 8 月第 1 版·第 5 次印刷
184mm×260mm·16.75 印张·412 千字
标准书号：ISBN 978-7-111-67434-4
定价：59.00 元

电话服务	网络服务
客服电话：010-88361066	机 工 官 网：www.cmpbook.com
010-88379833	机 工 官 博：weibo.com/cmp1952
010-68326294	金 书 网：www.golden-book.com
封底无防伪标均为盗版	机工教育服务网：www.cmpedu.com

前　　言

党的二十大报告中强调"教育、科技、人才是全面建设社会主义现代化国家的基础性、战略性支撑"，首次将教育、科技、人才一体安排部署，赋予教育新的战略地位、历史使命和发展格局。需要紧跟新兴科技发展的动向，提前布局新工科背景下的计算机专业人才的培养，提升工科教育支撑新兴产业发展的能力。程序设计语言是计算机基础教育的最基本的内容之一。

在信息化的今天，无论你身处哪个行业，位于哪个岗位，掌握一门编程语言都是极其必要的。对于技术人员来说，编程语言是谋生的工具，将陪伴其整个职业生涯。对于其他人来说，编程语言可以极大地拓宽视野，增强能力。它能够帮你初步认识信息社会种种黑箱背后的原理，读懂最新的技术进展，甚至可以替代你完成单调重复的工作，解放你的时间与身体。

Python 作为一种高级动态编程语言，在大数据时代越来越受人们青睐。Python 独特的魅力和丰富的功能使其几乎可以应用于任何你可以想到的行业，这也是越来越多的非计算机类专业学生选取 Python 作为入门编程语言的原因。

本书首先讲解了 Python 编程的基础，然后选取了 Python 几个热门的应用方向做了深入介绍，并且提供了相关案例，适合初学者系统地学习 Python。

本书具有以下特点：

1）非常适合初学者：本书针对的是没有学过编程的初学者，内容不但简单明了，而且会将概念的说明减至最少，从而专注于通过实践去理解。

2）基于实践的理论学习：很多人学习编程的时候存在一个误区，就是认为书看完了就懂了，结果一动手就抓瞎。正如 Linux 的创始人 Linus Torvalds 所说的"Talk is cheap, show me the code!"在本书的讲解中实践贯穿始终，鼓励初学者去动手练习，在书写代码的过程中掌握知识。

3）习题设计：小练习和实践可以帮助初学者将所学的知识融会贯通，并且激发其探索编程领域中其他知识的欲望。

4）丰富的案例：从第 7 章开始，每章都有两个案例供读者借鉴学习。这些案例能够帮助初学者在实际应用中掌握编程知识，熟悉编程技巧，为掌握更高层次的编程技能做一个良好过渡。

5）良好的实用性：本书考虑了非计算机类专业学生对 Python 学习的需求，为此专门设计了一些内容，使 Python 真正可以成为学习工作中的利器。

本书提供案例的微课视频。读者可以使用移动设备的相关软件中的"扫一扫"功能扫描书中提供的二维码，在线查看相关微课视频资源。

本书的编者为吕云翔、姚泽良、张扬、姜峤、孔子乔、高允初、闫坤、张元、狄尚哲、张凡、巩孝刚，曾洪立参与了部分内容的编写并进行了素材整理及配套资源制作。

由于水平有限，本书难免会有内容的疏漏，恳请各位同仁和广大读者批评指正，也希望各位能将实践过程中的经验和心得与我们交流（yunxianglu@ hotmail. com）。

编　者

目　　录

第 1 章　Python 入门知识

工欲善其事，必先利其器，这一章主要介绍 Python 的安装及相关编程工具的使用。此外还会涉及 Python 编程的规范，这些规范会伴随着整个学习过程，需要在实践中体会这些规范背后的原因。

1.1　欢迎来到 Python 的世界

Python 是什么？

Python 是一门语言。但是这门语言跟现在印在书本上的中文、英文这些自然语言不太一样，它是为了跟计算机"对话"而设计的，所以相对来说 Python 作为一门语言更加结构化，表意更加清晰简洁。

在异国的时候经常是需要一名翻译员来把你的语言翻译成当地语言才能沟通的，想在计算机的国度里用 Python 和系统沟通，也需要一个"解释器"来充当翻译员的角色，在后面的章节中我们就可以看到怎么请来这个翻译员。

Python 是一个工具。工具是让完成某件特定的工作更加简单高效的一类东西，比如中性笔可以让书写更加简单，鼠标可以让计算机操作更加高效。Python 也是一种工具，它可以帮助我们完成计算机日常操作中繁杂重复的工作，比如把文件按照特定需求批量重命名，再比如去掉手机通讯录中重复的联系人，或者把工作中的数据统一计算等，Python 都可以把我们从无聊重复的操作中解放出来。

Python 是一瓶胶水。胶水是用来把两种物质粘连起来的东西，但是胶水本身并不关注这两种物质是什么。Python 也是一瓶这样的"胶水"，比如现在有数据在一个文件 A 中，但是需要上传到服务器 B 处理，最后存到数据库 C，这个过程就可以用 Python 轻松完成（别忘了 Python 是一个工具），而且我们并不需要关注这些过程背后系统做了多少工作，有什么指令被 CPU 执行——这一切都被放在了一个黑盒子中，只要把想实现的逻辑告诉 Python 就够了。

1.2　Python 开发环境的搭建与使用

在 1.2.1 小节会介绍在主流操作系统上如何获取 Python，在 1.2.2~1.2.5 小节会介绍一些帮助我们更有效率地使用 Python 的工具。

1.2.1　获取 Python

在开始探索 Python 的世界之前，我们首先需要在自己的机器上安装 Python。值得高兴的是，Python 不仅免费、开源，而且坚持轻量级，安装过程并不复杂。如果使用 Linux 系统，可能已经内置了 Python（虽然版本有可能是较旧的）；使用苹果计算机（macOS 系统）

的话，一般也已经安装了命令行版本的 Python 2. x。在 Linux 或 macOS 系统上检测 Python 3 是否安装的最简单办法是使用终端命令，在终端（terminal）应用中输入 Python 3 命令并按〈Enter〉键执行，观察是否有对应的提示出现。至于 Microsoft Windows 系统，在目前最新的 Windows 10 版本上也并没有内置 Python，因此必须手动安装。

1. 在 Windows 上安装

访问 python. org/download/ 并下载与计算机架构对应的 Python 3 安装程序，一般而言只要有新版本，就应该选择最新的版本。这里需要注意的是选择对应架构的版本，为此我们先要搞清楚自己的系统是 32 位还是 64 位的，如图 1-1 所示。

Windows x86-64 embeddable zip file	Windows	for AMD64/EM64T/x64	04cc4f6f6a14ba74f6ae1a8b685ec471	7190516	SIG
Windows x86-64 executable installer	Windows	for AMD64/EM64T/x64	9e96c934f5d16399f860812b4ac7002b	31776112	SIG
Windows x86-64 web-based installer	Windows	for AMD64/EM64T/x64	640736a3894022d30f7babff77391d6b	1320112	SIG
Windows x86 embeddable zip file	Windows		b0b099a4fa479fb37880c15f2b2f4f34	6429369	SIG
Windows x86 executable installer	Windows		2bb6ad2ecca6088171ef923bca483f02	30735232	SIG
Windows x86 web-based installer	Windows		596667cb91a9fb20e6f4f153f3a213a5	1294096	SIG

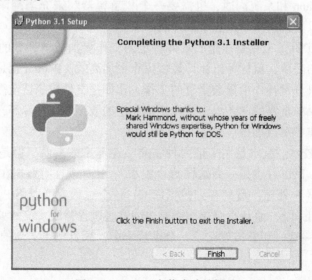

图 1-1　Python. org/download 页面（部分）

根据安装程序的导引一步步进行，就能完成整个安装。如果最终看到类似图 1-2 这样的提示，就说明安装成功。

图 1-2　Python 安装成功的提示

这时检查我们的“开始”菜单，就能看到 Python 应用程序，如图 1-3 所示，其中有一个“IDLE”（意为“integrated development environment”）程序，我们可以点击此项目开始在交互式窗口中使用 Python Shell，如图 1-4 所示。

图 1-3　安装完成后的“开始”菜单

2. 在 Ubuntu 和 macOS 上安装

Ubuntu 是诸多 Linux 发行版中受众较多的一个系列。我们可以通过 Applicatons（应用程序）中的添加应

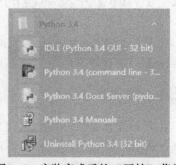

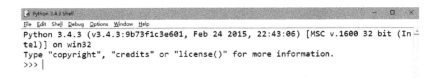

图 1-4　IDLE 的界面

用程序进行安装，在其中搜索 Python 3，并在结果中找到对应的包，进行下载。如果安装成功，我们将在 Applications 中找到 Python IDLE，进入 Python Shell 中。

访问 python. org/download/ 并下载对应的 Mac 平台安装程序，根据安装包的指示进行操作，我们最终将看到类似图 1-5 的成功提示。

图 1-5　Mac 上的安装成功提示

关闭该窗口，并进入 Applications（或者是从 LaunchPad 页面打开）中，就能找到 Python Shell IDLE，启动该程序，看到的结果应该和 Windows 平台上的结果类似。

1.2.2　IDLE

前面我们提到了集成开发环境（Integrated Development Environment，IDLE），那么什么是集成开发环境？集成开发环境是一种辅助程序开发人员开发软件的应用软件，在开发工具内部就可以辅助编写源代码文本，并编译打包成为可用的程序，有些甚至可以设计图形接口。

也就是说 IDLE 的作用就是把跟写代码有关的东西全部打包一起，方便程序员的开发。Python 在安装的时候就自带了一个简单的 IDLE，在 Windows 10 下可以通过直接搜索 IDLE 来启动，如图 1-6 所示。

图 1-6　启动 IDLE

对于其他的 Windows 系统，可以在开始菜单中找到 Python 的文件夹中选中 IDLE 启动。如图 1-7 所示，我们马上就看到了熟悉的界面。

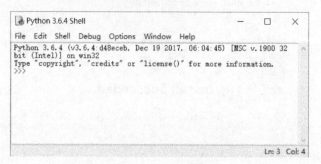

图 1-7　IDLE 启动界面

这就是所谓的集成，如果仔细观察上面的菜单栏，可以看到 IDLE 还有文件编辑和调试功能。接下来通过一个简单的例子来快速熟悉一下 IDLE 的基础使用和一些 Python 的基础知识。

1）首先在 IDLE 中输入以下代码，如图 1-8 所示。

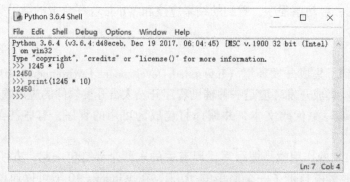

图 1-8　在 IDLE 中执行代码

这里出现了一个没见过的名字 print 和一种不同的语法，不用担心，这里只要知道 print
(...)会把括号中表达式的返回值打印到屏幕上就行了。

2）接下来选择 File→New File 建立一个新文件输入同样的两行代码，注意输入"print("
后就会出现相应的代码提示，而且全部输入后 print 也会被高亮，这是 IDE 的基本功能之一，
如图 1-9 所示。

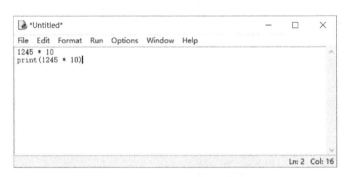

图 1-9　在 IDLE 中输入代码

3）然后选择 Run→Run Module 来运行这个脚本，这时候会提示保存文件，选择任意位
置保存后再运行可以得到如图 1-10 所示的结果。

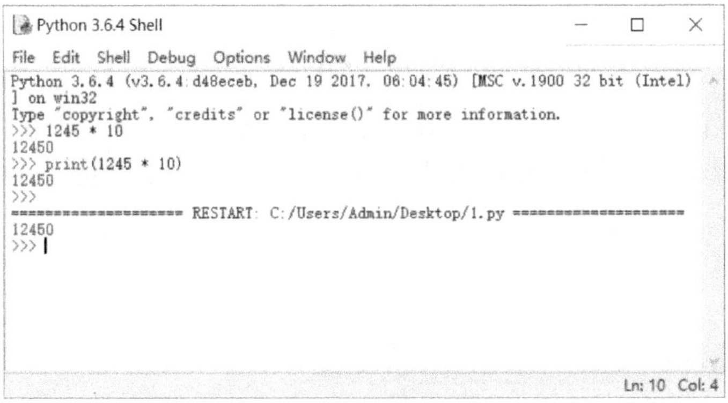

图 1-10　执行脚本结果

竟然只有一个 12450，那么刚才我们输入的第一句执行了吗？事实是的确执行了，因为
对于 Python 脚本来说，运行一遍就相当于每句代码放到交互式解释器里去执行。

那为什么第一句的返回值没有被输出呢？因为在执行 Python 脚本的时候返回值是不会
被打印的，除非用 print(...)要求把某些数值打印出来，这是 Python 脚本执行和交互式解释
器的区别之一。

当然这个过程也可以通过命令行完成，比如保存文件的路径是 C：\Users\Admin\Desk-
top.py\1.py，我们只要在命令提示符中输入 python C：\Users\Admin\Desktop.py\1.py 就可以
执行这个 Python 脚本，这跟在 IDLE 中 Run Module（执行脚本）是等价的，如图 1-11
所示。

除了直接执行脚本，很多时候还需要去调试程序，IDLE 同样提供了调试的功能，如
图 1-12 所示，我们在第二行上右击可以选择 Set Breakpoint 设置断点。

图 1-11　在命令提示符中执行

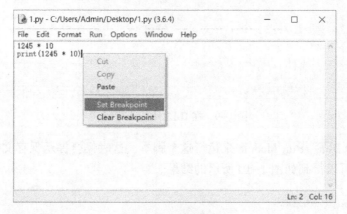

图 1-12　设置断点

4）然后选择 IDLE 主窗口的 Debug→Debugger 启动调试器，然后再在文件窗口的 Run→Run Module 运行脚本，这时候程序很快就会停在有断点的一行，如图 1-13 所示。

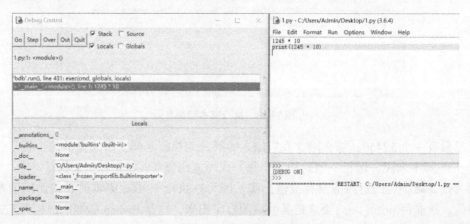

图 1-13　在第二行暂停

5）接下来可以在 Debug Control 中点击 Go 继续执行，也可以点击 Step 步进，还可以查看调用堆栈查看各种变量数值等。一旦代码变多变复杂，这样去调试是一种非常重要的排除程序问题的方法。

总体来说，IDLE 基本提供了一个 IDE 应该有的功能，但是其项目管理能力几乎没有，比较适合单文件的简单脚本开发。

1.2.3　Pycharm 的使用

虽然 Python 自带的 IDLE Shell 是绝大多数人对 Python 的第一印象，但如果通过 Python 语言编写程序、开发软件，它并不是唯一的工具，很多人更愿意使用一些特定的编辑器或者由第三方提供的集成开发环境软件（IDE）。借助 IDE 的力量，我们可以提高开发的效率，但对开发者而言，没有"最好的"，只有最适合自己的，习惯一种工具后再接受另一种总是不容易的。这里简单介绍一下 PyCharm——一个由 JetBrain 公司出品的 Python 开发工具，谈谈它的安装和配置。

可以在官网中下载到该软件：

https://www.jetbrains.com/pycharm/download/#section=windows

Pycharm 支持 Windows、Mac、Linux 三大平台，并提供 Professional 和 Community Edition 两种版本选择（见图 1-14）。其中前者需要购买正版（提供免费试用），后者可以直接下载使用。前者功能更为丰富，但后者也足以满足一些普通的开发需求。

图 1-14　PyCharm 的下载页面

选择对应的平台并下载后，安装程序（见图 1-15）将会导引我们完成安装，安装完成后，从"开始"菜单中（对于 Mac 和 Linux 系统是从 Applications 中）打开 PyCharm，就可以创建自己的第一个 Python 项目了（见图 1-16）。

图 1-15　PyCharm 安装程序（Windows 平台）

创建项目后，还需要进行一些基本的配置。可以在菜单栏中使用 File→Settings 打开 Py-Charm 设置。

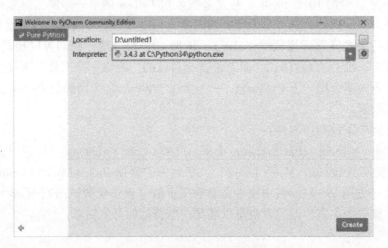

图 1-16　PyCharm 创建新项目

首先是修改一些 UI 上的设置，比如修改界面主题，如图 1-17 所示。

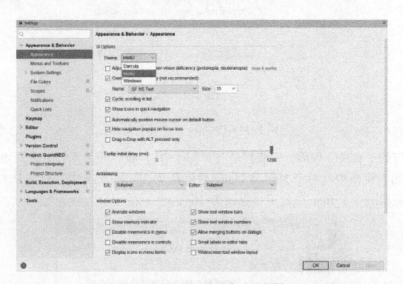

图 1-17　PyCharm 更改界面主题

在编辑界面中显示代码行号，如图 1-18 所示。

修改编辑区域中代码的字体和大小，如图 1-19 所示。

如果是想要设置软件 UI 中的字体和大小，可在 Appearance&Behavior 中修改，如图 1-20 所示。

在运行编写的脚本前，需要添加一个 Run/Debug 配置，主要是选择一个 Python 解释器，如图 1-21 所示。

还可以更改代码高亮规则，如图 1-22 所示。

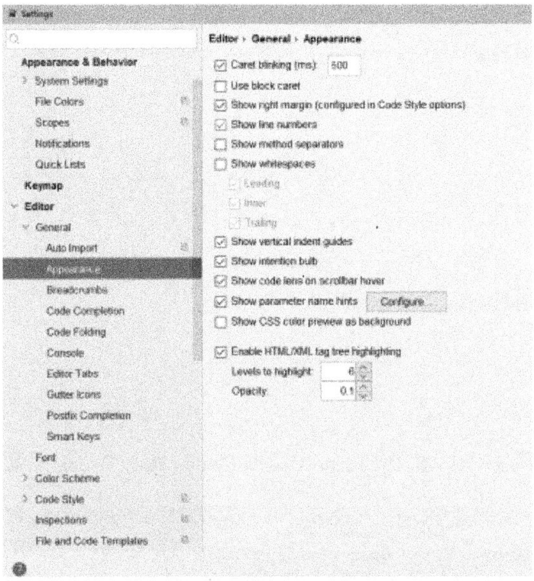

图 1-18　PyCharm 设置为显示代码行号

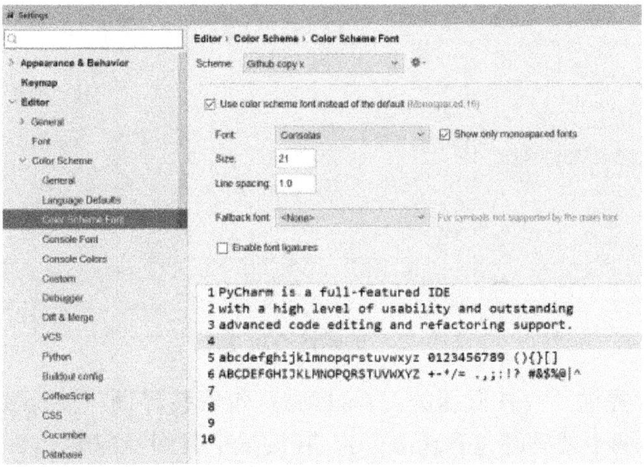

图 1-19　PyCharm 设置代码字体和大小

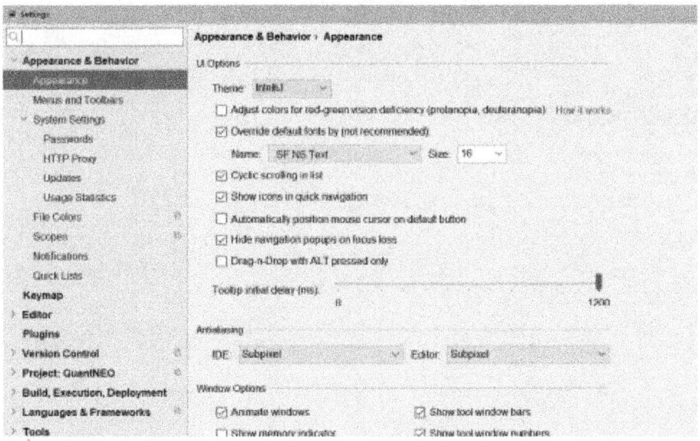

图 1-20　调整 PyCharm UI 界面的字体和大小

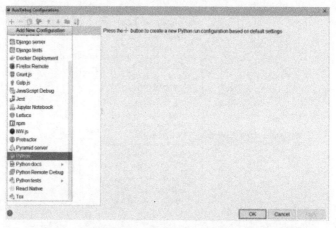

图 1-21　在 PyCharm 中添加 Python Run/Debug 配置

图 1-22　编辑代码高亮设置

最后，PyCharm 提供了一种便捷的（Package）包安装界面，使得我们不必使用 pip 或者 easyinstall 命令（两个常见的包管理命令）。在设置中找到当前的 Python Interpreter（解释器），点击右侧的"+"按钮，搜索想要安装的包名，点击安装即可，如图 1-23 所示。

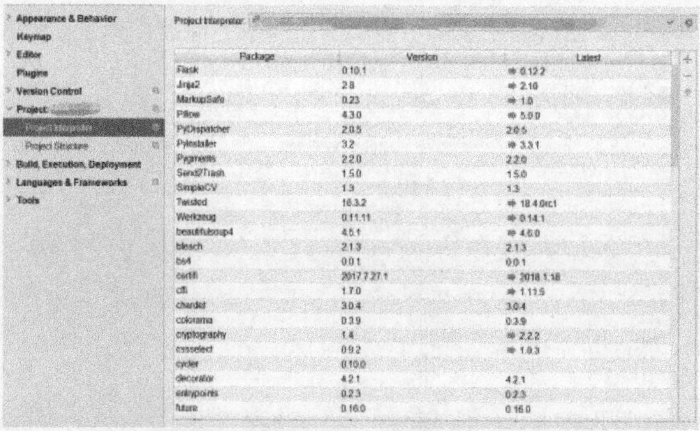

图 1-23　Interpreter 安装的 Package

1.2.4 Jupyter Notebook

Jupyter Notebook 并不是一个 IDE 工具, 正如它的名字, 这是一个类似于"笔记本"的辅助工具。Jupyter 是面向编程过程的, 而且由于其独特的"笔记"功能, 代码和注释在这里会显得非常整齐直观。我们可以使用"pip install jupyter"命令来安装。在 PyCharm 中也可以通过 Interpreter 管理来安装, 如图 1-24 所示。

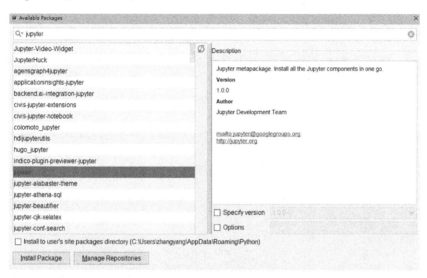

图 1-24 通过 PyCharm 安装 Jupyter

如果在安装过程中碰到了问题, 可访问 Jupyter 安装官网获取更多信息: https://jupyter. readthedocs. io/en/latest/install. html

在 PyCharm 中新建一个 Jupyter Notebook 文件, 如图 1-25 所示。

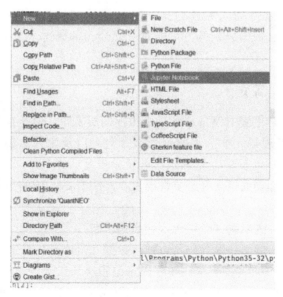

图 1-25 新建一个 Notebook 文件

点击"运行"按钮后，会要求输入 token，这里我们可以不输入，直接点击 Run Jupyter Notebook，按照提示进入笔记本页面，如图 1-26 所示。

```
[I 19:43:17.704 NotebookApp] Use Control-C to stop this server and shut down all kernels (twice to skip confirmation).
[C 19:43:17.711 NotebookApp]

    Copy/paste this URL into your browser when you connect for the first time,
    to login with a token:
```

图 1-26　点击 Run Jupyter Notebook 后的提示

Notebook 文档被设计为由一系列单元（Cell）构成，主要有两种形式的单元：代码单元用于编写代码，运行代码的结果显示在本单元下方；Markdown 单元用于文本编辑，采用 markdown 的语法规范，可以设置文本格式、插入链接、图片甚至数学公式，如图 1-27 所示。

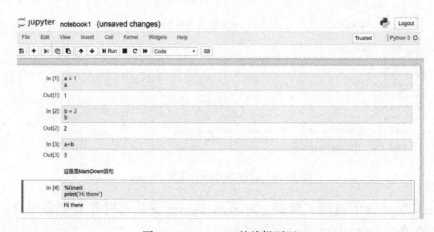

图 1-27　Notebook 的编辑页面

Jupyter Notebook 还支持插入数学公式、制作演示文稿、特殊关键字等。正因如此，Jupyter 在创建代码演示、数据分析等方面非常受欢迎，掌握这个工具将会使我们的学习和开发更为轻松快捷。

1.2.5　强大的包管理器 pip

包管理器是什么？常年使用 Windows 的人可能闻所未闻，但是在编程领域常见的 Linux 系统生来就伴随着包管理器。本节将学习什么是包，以及为什么专门要用包管理器去管理它。

本章会从包和包管理器的概念和必要性出发，介绍 Python 中的包管理器 pip。

1. 包

在介绍包管理器前，先明确一个概念，什么是"包"？

假设有这种场景，A 写了一段代码可以连接数据库，B 现在需要写一个图书馆管理系统要用 A 这段代码提供的功能，由于代码重复向来是程序员讨厌的东西，所以 A 就可以把代码打包后给 B 使用来避免重复劳动，在这种情况下 A 打包后的代码就是一个包，或者说这个包是 B 程序的一个依赖项。简单来说，包就是发布出来的具有一定功能的程序或代码库，它可以被别的程序使用。

2. 包管理器

包的概念看起来简单无比，只要 B 写代码的时候通过某种方式找到 A 分发的包就行了，然后 B 把这个包加到了自己的项目中，却无法正常使用，可能的原因是 A 写这个包的时候还依赖了 C 的包。于是 B 不得不再费一番周折去找 C 发布的包，然而却因为版本不对应仍然无法使用，B 又不得不浪费时间去配置依赖关系。

在真正的开发中，包的依赖关系很多时候可能会非常复杂，人工去配置不仅容易出错而且往往费时费力，在这种需求下包管理器就出现了，但是包管理器的优点可远不止这一点。

1）节省搜索时间：很多网龄稍微大一点的人可能还记得早些年百花齐放的"×××软件站"——相比每个软件都去官网下载，用这样的软件站去集中下载软件往往可以节省搜索的时间，包管理器也是如此，所有依赖都可以通过同一个源下载，非常方便。

2）减少恶意软件：刚才其实已经提到了，在包管理器中还有一个很重要的概念是"源"，也就是所有下载的来源。一般来说只要采用可信的源，就可以完全避免恶意软件。

3）简化安装过程：如果经常在 Windows 下使用各种各样的 Installer（安装工具）的话，大部分人可能已经厌倦于点击"我同意""下一步""下一步""完成"这种毫无意义的重复劳动，而包管理器可以一键完成这些操作。

4）自动安装依赖：正如一开始所说，依赖关系是一种非常令人头疼的问题，有时候在 Windows 上运行软件弹出类似"缺少 xxx. dll，因此程序无法运行"的错误就是依赖缺失导致的，而包管理器就很好地处理了各种依赖项的安装。

5）有效版本控制：在依赖关系里还有一点就是版本的问题，比如某个特定版本的包可能需要依赖另一个特定版本的包，而现在要升级这个包，依赖的包的版本该怎么处理呢？不用担心，包管理器会处理好一切。

所以在编程的领域，包管理器一直是一个不可或缺的工具。

3. pip

Python 之所以优美强大，优秀的包管理功不可没，而 pip 正是集上述所有优点于一身的 Python 包管理。

但是这里有一个问题，正如我们之前看到的那样，Python 有很多版本，对应的 pip 也有很多版本，仅仅用 pip 是无法区分版本的。所以为了避免歧义，在命令行使用 pip 的时候可以用 pip3 来指定 Python3. x 的 pip，如果同时还有多个 Python3 版本存在的话，那么还可以进一步用 pip3. 6 来指明 Python 版本，这样就解决了不同版本 pip 的问题。

我们先启动一个命令提示符，然后输入 pip3 就可以看到默认的提示信息，如图 1-28 所示。

这里对常见的几个 pip 指令进行介绍。

（1）pip3 search

pip3 search 用来搜索名字中或者描述中包含指定字符串的包，比如这里输入 pip3 search numpy，就会得到如图 1-29 所示的一个列表，其中左边一列是具体的包名和相应的最新版本，稍后安装的时候就指定这个包名，而右边一列是简单的介绍。由于 Python 的各种包都是在不断更新的，所以这里实际显示的结果可能会与书本上有所不同。

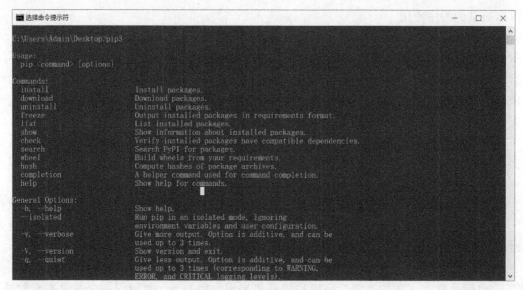

图 1-28 直接输入 pip3

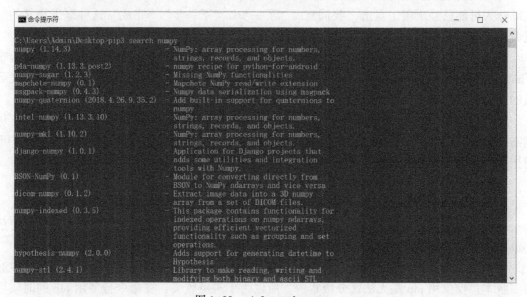

图 1-29 pip3 search numpy

（2）pip3 list

pip3 list 用来列出已经安装的包和具体的版本，如图 1-30 所示。

（3）pip3 check

pip3 check 用来手动检查依赖缺失问题，当然可能会有人质疑：之前不是讲包管理器会自动处理好一切吗，为什么还要手动检查呢？依旧是考虑一个实际场景，比如现在包 A 依赖包 B，同时包 B 依赖包 C，这时候用户卸载了包 C，对于包 A 来说依赖是满足的，但是对于包 B 来说就不是了，所以这时候就需要一个辅助手段来检查这种依赖缺失。由于我们还没有安装过很多包，所以现在检查一般不会有缺失的依赖，如图 1-31 所示。

图 1-30 pip3 list

图 1-31 pip3 check

（4）pip3 download

pip3 download 用来下载特定的 Python 包，但是不会安装，这里以 numpy 为例，如图 1-32 所示。

图 1-32 pip3 download numpy

要注意的是，默认会把包下载到当前目录下。

（5）pip3 install

当我们要安装某个包的时候，以 numpy 为例，只要输入 pip3 install numpy 然后等待安装完成即可，有包管理器的话比较简单高效。pip 会自动解析依赖项，然后安装所有的依赖项。

另外由于之前已经下载过了 numpy，所以这里安装的时候会直接用缓存中的包进行安装，如图 1-33 所示。

图 1-33　pip3 install numpy

在看到 Successfully installed 之后即表示安装成功。不过在安装 IPython 的时候会遇到一个小问题，那就是在 Windows 和 Linux 下普通用户是没有权限用 pip 安装的，所以在 Linux 下需要获取 root 权限，而在 Windows 下需要一个管理员命令提示符。如果安装失败并且提示了类似 "Permission denied" 的错误，请务必检查用户权限。

当然还有一个问题，这里下载的源是什么呢？其实是 Pypi，一个 Python 官方认可的第三方软件源，它的网址是 https://pypi.org/，在上面搜索手动安装的效果是跟 pip3 install 一样的。

（6）pip3 freeze

pip3 freeze 用于列出当前环境中安装的所有包的名称和具体的版本，如图 1-34 所示。

图 1-34　pip3 freeze

pip3 freeze 和 pip3 list 的结果非常相似，但是很重要的一个区别是，pip3 freeze 输出的内容对于 pip3 install 来说是可以用来自动安装的。如果将 pip3 freeze 的结果保存成文本文件，例如 requirements. txt，则可以用命令 pip3 install -r requirements. txt 来安装所有依赖项。

（7）pip3 uninstall

pip3 uninstall 用来卸载某个特定的包，要注意的是这个包的依赖项和被依赖项不会被卸载，比如以卸载 numpy 为例，如图 1-35 所示。

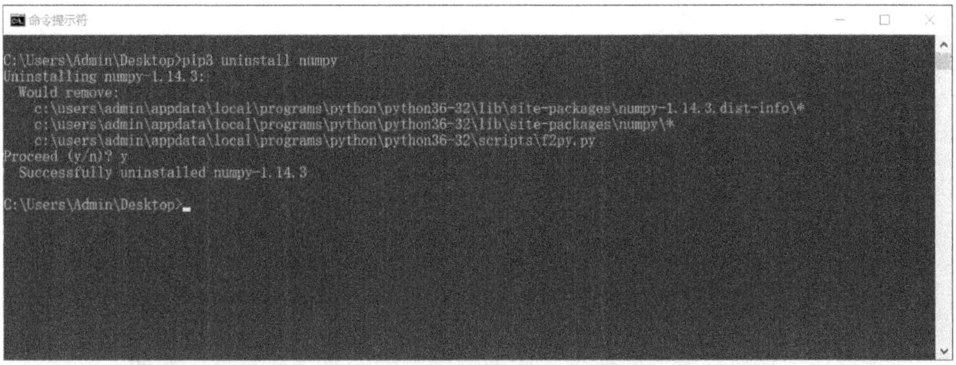

图 1-35　pip3 uninstall numpy

看到 Successfully uninstalled 就表示卸载成功了。

1.3　Python 编码规范

代码总是要给人看的，尤其是对于大项目而言，可读性往往跟鲁棒性的要求一样高。跟其他语言有所不同的是，Python 官方就收录了一套"增强提案"，也就是 Python Enhancement Proposal，其中第 8 个提案就是 Python 代码风格指导书，足以见得 Python 对编码规范的重视。

本节会重点介绍 PEP 8 提案，为写出一手漂亮的 Python 代码打下基础。本节内容可能需要结合后面章节知识学习。

PEP 8 就是 Python 增强提案 8 号，标题为 Style Guide for Python Code，主要涉及 Python 代码风格上的一些约定，其中值得一提的是 Python 标准库遵守的也是这份约定。

由于 PEP 8 涉及的内容相当多，下面选择一些比较重要的进行讲解。

1.3.1　代码布局

1. 空格还是 Tab

PEP 8 中提到，无论任何时候都应该优先使用空格来对齐代码块，Tab 对齐只有在原代码为 Tab 对齐时才应该使用（出于兼容考虑），同时在 Python3 中空格和 Tab 混用是无法执行的。

对于这个问题大部分编辑器或者 IDE 都有相应选项，可以把 Tab 自动转换为 4 个空格，图 1-36 就是 Notepad++ 中的转换选项。

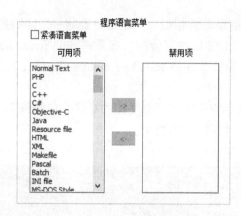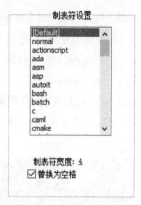

图 1-36　Noptepad++制表符设置

2. 缩进对齐

PEP 8 中明确了换行对齐的要求。

对于函数调用，如果部分参数换行，应该做到与分隔符垂直对齐，比如：

```
# Aligned with opening delimiter.
foo = long_function_name(var_one, var_two,
                         var_three, var_four)
```

但是如果是函数定义中全部参数悬挂的话，应该多一些缩进来区别正常的代码块，比如：

```
# More indentation included to distinguish this from the rest.
def long_function_name(
        var_one, var_two, var_three,
        var_four):
    print(var_one)
```

在函数调用中对于完全悬挂的参数也是同理，比如：

```
# Hanging indents should add a level.
foo = long_function_name(
    var_one, var_two,
    var_three, var_four)
```

但是对于 if 语句，由于 if 加上空格和左括号构成了四个字符的长度，因此 PEP 8 对 if 的换行缩进没有严格的要求，比如下面这三种情况都是完全合法的：

```
# No extra indentation.
if (this_is_one_thing and
    that_is_another_thing):
    do_something()

# Add a comment, which will provide some distinction in editors
if (this_is_one_thing and
```

```
       that_is_another_thing):
       # Since both conditions are true, we can frobnicate.
       do_something()

   # Add some extra indentation on the conditional continuation line.
   if (this_is_one_thing
           and that_is_another_thing):
       do_something()
```

此外，对于用于闭合的右括号、右中括号等有两种合法情况，一种是跟之前最后一行的缩进对齐，比如：

```
my_list = [
    1, 2, 3,
    4, 5, 6,
    ]
result = some_function_that_takes_arguments(
    'a', 'b', 'c',
    'd', 'e', 'f',
    )
```

但是也可以放在行首，比如：

```
my_list = [
    1, 2, 3,
    4, 5, 6,
]
result = some_function_that_takes_arguments(
    'a', 'b', 'c',
    'd', 'e', 'f',
)
```

此外如果有操作符的话，操作符应该放在每行的行首，因为可以简单地看出对每个操作数的操作是什么，比如：

```
# easy to match operators with operands
income = (gross_wages
          + taxable_interest
          + (dividends - qualified_dividends)
          - ira_deduction
          - student_loan_interest)
```

当然，去记忆这些缩进规则是非常麻烦的，如果浪费过多时间在调整格式上的话就是本末倒置了，之后我们会学习如何自动检查和调整代码，使其符合 PEP 8 的要求。

3. 每行最大长度

在 PEP 8 中明确约定了每行最大长度应该是 79 个字符。

之所以这么约定，主要是有三个原因：

● 限制每行的长度意味着在读代码的时候代码不会超出一个屏幕，提高阅读体验。

- 如果一行过长可能是这一行完成的事情太多，为了可读性应该拆成几个更小的步骤。
- 如果仅仅是因为变量名太长或者参数太多，应该按照上述规则换行对齐。

这里要注意的是，还有一种方法可以减少每行的长度，那就是续行符，比如：

```
with open('/path/to/some/file/you/want/to/read') as file_1, \
    open('/path/to/some/file/being/written', 'w') as file_2:    # 这里垂直对齐的原因马上会提到
    file_2.write(file_1.read())
```

虽然 with 的语法我们还没有提到，不过不影响阅读，只要知道反斜杠在这里表示续行就行了，也就是说这一段代码等价于：

```
with open('/path/to/some/file/you/want/to/read') as file_1,
open('/path/to/some/file/being/written', 'w') as file_2:
    file_2.write(file_1.read())
```

第二种是不是可读性要差很多？这就是限制每行长度的好处。

4. 空行

合理的空行可以很大程度上增加代码的段落感，PEP 8 对空行有以下规定：
- 类的定义和最外层的函数定义之间应该有 2 个空行。
- 类的方法定义之间应该有 1 个空行。类和方法的概念第 2 章会提到，这里有个印象就可以了。
- 多余的空行可以用来给函数分组，但是应该尽量少用。
- 在函数内使用空行把代码分为多个小逻辑块是可以的，但是应该尽量少用。

5. 导入

PEP 8 对 import（导入）也有相应的规范。

对于单独的模块导入，应该一行一个，比如：

```
import os
import sys
```

但是如果用 from ... import ...，后面的导入内容允许多个并列，比如：

```
from subprocess import Popen, PIP
```

但是应该避免使用 * 来导入，比如下面这样是不被推荐的：

```
from random import *
```

此外导入语句应该永远放在文件的开头，同时导入顺序应该为：
- 标准库导入。
- 第三方库导入。
- 本地库导入。

6. 字符串

在 Python 中既可以使用单引号也可以使用双引号来表示一个字符串，因此 PEP 8 建议在写代码的时候尽量使用同一种分隔符，但是如果在使用单引号字符串的时候要表示单引号，可以考虑混用一些双引号字符串来避免反斜杠转义，进而获得代码可读性的提升。

7. 注释

本章开始就接触到了注释的写法，并且自始至终一直在代码示例中使用，足以见得注释对提升代码可读性的重要程度。但是 PEP8 对注释也提出了要求：

- 和代码矛盾的注释不如不写。
- 注释更应该和代码保持同步。
- 注释应该是完整的句子。
- 除非确保只有和你使用相同语言的人阅读你的代码，否则注释应该用英文书写。

Python 中的注释以 # 开头，分为两类，第一种是跟之前代码块缩进保持一致的块注释，比如：

```
# This is a
# bloak comment
Some code...
```

另一种是行内注释，用至少两个空格和正常代码隔开，比如：

```
Some code... # This is a line comment
```

但是 PEP8 中提到这样会分散注意力，建议只有在必要的时候才使用。

8. 文档字符串

文档字符串即 Documentation Strings，是一种特殊的多行注释，可以给模块、函数、类或者方法提供详细的说明。更重要的是，文档字符串可以直接在代码中调用，比如：

```
def add_number(number1, number2):
    """
    calculate the sum of two numbers
    :param number1: the first number
    :param number2: the second number
    :return: the sum of the two numbers
    """
    return number1 + number2


print(add_number.__doc__)
```

这样就会输出：

```
calculate the sum of two numbers
:param number1: the first number
:param number2: the second number
:return: the sum of the two numbers
```

在 PyCharm 中只要输入三个双引号就可以自动创建一个文档字符串的模板。至于文档字符串的写作约定，PEP8 没有提到太多，更多的可以参考 PEP257。

9. 命名规范

PEP8 中提到了 Python 中的命名约定。在 Python 中常见的命名风格有以下这些：

- b 单独的小写字母。
- B 单独的大写字母。

- lowercase 全小写。
- lower_case_with_underscores 全小写并且带下划线。
- UPPERCASE 全大写。
- UPPER_CASE_WITH_UNDERSCORES 全大写并且带下划线。
- CamelCase 大驼峰。
- camelCase 小驼峰。
- Capitalized_Words_With_Underscores 带下划线的驼峰。

除了这些命名风格，在特殊的场景还有一些别的约定，这里只挑出一些常用的：

- 避免使用 l 和 o 为单独的名字，因为它们很容易被弄混。
- 命名应该是 ASCII 兼容的，也就是说应该避免使用中文名称，虽然是被支持的。
- 模块和包名应该是全小写并且尽量短的。
- 类名一般采用 CameCase 这种驼峰式命名。
- 函数和变量名应该是全小写的，下划线只有在可以改善可读性的时候才使用。
- 常量应该是全大写的，下划线只有在可以改善可读性的时候才使用。

有些概念我们还没有学习，可以只做了解。

1.3.2 自动检查调整

PEP8 的内容相当详细烦琐，纯手工调整格式显然是要浪费时间的，所以这里介绍两个工具来帮助我们写出符合 PEP8 要求的代码。

1. pycodestyle

pycodestyle 是一个用于检查代码风格是否符合 PEP8 并且给出修改意见的工具，我们可以通过 pip 安装它：

```
pip installpycodestyle
```

安装后，只要在命令行中继续输入：

```
pycodestyle -h
```

就可以看到所有的使用方法，这里借用官方给出的一个例子：

```
pycodestyle --show-source --show-pep8 testsuite/E40.py
testsuite/E40.py:2:10: E401 multiple imports on one line
import os, sys
         ^
    Imports should usually be on separate lines.

    Okay: import os\nimport sys
    E401: import sys, os
```

其中 --show-source 表示显示源代码，--show-pep8 表示为每个错误显示相应的 PEP8 具体文本和改进意见，而后面的路径表示要检查的源代码。

2. PyCharm

虽然 pycodestyle 使用简单，结果提示也清晰明确，但是这个检查不是实时的，而且我们总要额外切出来一个终端去执行指令，这都是不太方便的。这时候可以使用 PyCharm。

PyCharm 的强大功能之一就是实时的 PEP8 检查，比如对于上面的例子，在 PyCharm 中会出现提示，如图 1-37 所示。

并且我们只要把光标移动到相应位置后，按下 Alt+Enter 键就可以出现修改建议，如图 1-38 所示。

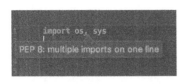

图 1-37　PyCharm PEP8 提示

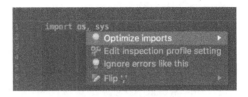

图 1-38　修改建议

选择 Optimize imports 后可以看到 PyCharm 把代码格式转换为符合 PEP8 的样式，如图 1-39 所示。

所以如果喜欢用简单的文本编辑器书写代码的话，可以使用 pycodestyle，但是如果更青睐使用 IDE 的话，PyCharm 的 PEP8 提示可以在写出漂亮代码的同时节省大量的时间。

图 1-39　修改后的代码

特殊地，PyCharm 也有一个代码批量格式化快捷键，在全选之后按下〈Ctrl+Alt+L〉键，即可格式化所有代码。

本章小结

Python 作为尚未接触过编程的初学者的第一门语言，有着以下无法取代的优势：

1）简单清晰的语法。

2）没有晦涩难懂的概念。

3）简短的代码可以实现复杂的逻辑。

4）所见即所得，非常具有鼓舞性，容易形成正反馈。

5）用最简单易懂的方式理解编程语言相通的一些概念。

在我们使用 Python 时，对于不同的任务，应该用不同的工具完成，比如简单计算器功能，直接用交互式解释器最快最方便，但是如果脚本稍微复杂一点，那么有代码提示的 IPython 毫无疑问就是更好的选择了。如果还需要保存代码和计算后的数据，那么这时候就要用上 IDLE 或者 PyCharm 了。总之，工具是用来解决问题的，而不是用来攀比的。

另外，在我们使用 Python 时不要忽略包管理。包管理器是一种可以简化安装过程、高效管理依赖关系、进行版本控制的工具，而 pip 正是 Python 最常用的包管理器，使用 pip 管理 Python 的依赖，往往可以事半功倍。

最后，在学习使用 Python 的全过程中，好的代码风格将使我们受益匪浅。学有余力的同学可以去 https://www.python.org/dev/peps/ 阅读 PEP 8 提案原文来进一步提升，同时国内也有一些中文翻译的版本可供参考。

习题

1. 使用 Python 命令行交互程序，计算简单加减法。
2. 使用 Python 命令行交互程序，计算带有括号优先级的算式。
3. 选择一个你认为有趣的 Python 应用，查阅相关资料，了解它都能做什么。
4. 先不去学习具体的使用，寻找你认为有趣的 Python 应用的 Demo（示例），并尝试运行。
5. 安装 PyCharm，练习创建项目等流程。
6. 修改 Hello World 例程，使其输出你想要的结果。
7. 通过多个 print 语句，输出多行的内容。
8. 使用 pip 安装 pillow 库，这是一个图像处理库。
9. 使用 pip 卸载 pillow 库。
10. 使用 pip 搜索 "image"，找找还有什么库与图像处理有关。
11. 打印所有安装过的包。

第 2 章　数据类型和基本计算

第 1 章我们已经接触到了如何用 Python 完成一些简单的计算，但是并没有涉及太多和 Python 相关的知识，这一章就从最简单的运算出发，去揭开 Python 神秘的面纱。

本章从基本计算出发讲解 Python 中的基本语法。

2.1　常用数值类型

新建并打开一个 Jupyter Notebook 文件，我们随意输入一些表达式：

```
In [1]: 1 + 2
Out[1]: 3

In [2]: 5 * 4
Out[2]: 20

In [3]: 3 / 5
Out[3]: 0.6

In [4]: 123 - 321
Out[4]: -198
```

可以看到 Out 就是表达式的结果，这跟在第 1 章做过的事情没有什么区别，接下来我们看看这个过程背后的知识有哪些。

如果仔细观察会发现，上面的运算中出现了整数和小数。当然从数学的角度来说它们都是实数完全没有区别，但是计算机只能处理离散有限的数据，小数因为有可能无限长，所以精度不可能无限高，而整数只要空间足够总能表示出精确值，因此整数和实数应该是两种不同的类型。

数学中的实数在计算机领域一般用"浮点数"来表达，从字面上理解就是小数点位置可变的小数，也就是说浮点数的整数部分和小数部分的位数是不固定的，当然也有位数固定的定点数，不过定点数实际上就是整数除以 2 的幂而已。

所以 Python 实际上有三种内置的数值类型，分别是整型（integer）、浮点数（float）和复数（complex）。此外还有一种特殊的类型叫布尔类型（bool）。这些数据类型都是 Python 的基本数据类型。

2.1.1　整型（integer）

从数学的角度来说，整型就是整数，下面叙述的过程中也不再严格区分这两种说法。

一般来说一个整数占用的内存空间是固定的，所以范围一般是固定的，比如在 C++ 中一个 int 在 32 位平台上占用 4 个字节也就是 32 位，表示整数的范围是 −2147483648 ~ 2147483647，如果溢出了就会损失精度。当然有人会说只要位数随着输入动态变化不就解决了，但是事实上动态变化总是伴随着代价的，所以 C++ 为了高效选择的是静态分配空间。不过 Python 从易用性出发选择的是动态分配空间，所以 Python 的整数是没有范围的，这跟数学中的概念是完全一致的，只要是整数运算，总可以确信结果不会溢出，从而一定是正确的。

所以我们可以随意地进行一些整数运算，比如：

```
In [5]: 2147483647 + 1        # 这个表达式的结果放到 C++ 的 int 中会导致溢出
Out[5]: 2147483648

In [6]: 2 ** 1024             # 这里计算的是 2 的 1024 次方,结果很大但是不会溢出!
Out
[6]: 179769313486231590772930519078902473361797697894230657273430081157732675805500963132708477322240750360211201138798713933576587897688144166224928474306394741243777678934248654852763022196012460941194530829520850057688381506823424628814739131105408272371633505106845862982399947245938479716304835356329642224137216
```

当然提到整数就不得不提到进制转换，我们首先看看不同进制的数字在 Python 中是怎么表示的：

```
In [7]: 12450       # 这是一个很正常的十进制数字
Out[7]: 12450

In [8]: 0b111       # 这是一个二进制表示的整数,0b 为前缀
Out[8]: 7

In [9]: 0xFF        # 这是一个十六进制表示的整数,0x 为前缀
Out[9]: 255

In [10]: 0o47       # 这是一个八进制表示的整数,0o 为前缀
Out[10]: 39
```

但是如果数值并不由我们输入，怎么转换呢？Python 提供了一些方便的内置函数：

```
In [11]: hex(1245)       # 转十六进制
Out[11]: '0x4dd'

In [12]: oct(1245)       # 转八进制
Out[12]: '0o2335'

In [13]: bin(1245)       # 转二进制
Out[13]: '0b10011011101'

In [14]: int("0xA", 16)   # 用 int() 转换,第一个参数是要转换的字符串,第二个参数是对应的进制
Out[14]: 10

In [15]: int("0b111", 2)
```

```
Out[15]: 7

In [16]: int("0o74", 8)
Out[16]: 60

In [17]: int("1245")          # 默认采用十进制
Out[17]: 1245
```

注意这里 *hex*( )、*oct*( )、*bin*( )、*int*( ) 都是函数，括号内用逗号隔开的是参数，虽然还没有介绍 Python 的函数，但是这里完全可以当作数学中函数的形式来理解，此外用单引号或者双引号括起来的"0xA""0b111"表示的是字符串，后面也会介绍。这里有一个细节是 *hex*( )、*oct*( )、*bin*( ) 返回的都是字符串，而 *int*( ) 返回的是一个整数。

此外要注意的是，进制只改变数字的表达形式，并不改变其大小。

2.1.2 浮点型（float）

在 Python 中输入浮点数的方法有以下几种：

```
In [18]: 1.            # 如果小数部分是 0 那么可以省略
Out[18]: 1.0

In [19]: 2.5e10        # 科学计数法
Out[19]: 25000000000.0

In [20]: 2.5e-10
Out[20]: 2.5e-10

In [21]: 2.5e308       # 上溢出
Out[21]: inf

In [22]: -2.5e308      # 上溢出
Out[22]: -inf

In [23]: 2.5e-3088     # 下溢出
Out[23]: 0.0

In [24]: 1.5
Out[24]: 1.5
```

要注意的是 Python 中的浮点数精度是有限的，也就是说有效数字位数不是无限的，所以浮点数过大会引起上溢出为+inf 或-inf，过小则会引起下溢出为 0.0。同时浮点数的表示支持科学计数法，可以用 e 或 E 加上指数来表示，比如 2.5e10 就表示 $2.5 * 10^{10}$。

2.1.3 复数类型（complex）

Python 内置了对复数类型的支持，对于科学计算来说是非常方便的。Python 中输入复数的方法为"实部+虚部 j"，注意与数学中常用 i 来表示复数单位不同，Python 使用 j 来表示，比如：

```
In [25]: 1            # 返回值是个整型!
Out[25]: 1

In [26]: a = 1 + 0j   # 这里是创建一个变量 a 并且赋值为 1+0j,后面会提到什么是变量和赋值运算符

In [27]: a. real      # 实部
Out[27]: 1.0

In [28]: a. imag      # 虚部
Out[28]: 0.0

In [29]: abs(a)       # 模
Out[29]: 1.0
```

这里要强调的一点是,如果想创建一个虚部为 0 的复数,一定要指定虚部为 0,不然得到的会是一个整型。

2.1.4 布尔型(bool)

布尔型是一种特殊的数值,它只有两种值,分别是 *True* 和 *False*。注意这里要大写首字母,因为 Python 是大小写敏感的语言。在下面讲解二元运算符的时候,我们会看到布尔型的用法和意义。

2.2 数值类型转换

上述就是 Python 的内置数值类型了,但是在处理数据的时候,往往类型不是一成不变的,那么如何把一种类型转换为另一种类型呢?

在 Python 里内置类型的转换很容易完成,只要把想转换的类型当作函数使用就行了,比如:

```
In [30]: a = 12345.6789      # 创建一个变量并赋值为 12345.6789

In [31]: int(a)              # 转为整型
Out[31]: 12345

In [32]: complex(a)          # 转为复数
Out[32]: (12345.6789+0j)

In [33]: float(a)            # 本来就是浮点数,所以再转为浮点数也不会有变化
Out[33]: 12345.6789
```

还有需要注意的一点是,Python 在类型转换的过程中为了避免精度损失会自动升级。例如对于整型的运算,如果出现浮点数,那么计算的结果会自动升级为浮点数。这里升级的顺序为 complex>float>int,所以 Python 在计算的时候跟我们平时的直觉是完全一致的,比如:

```
In [34]: 1 + 9/5 + (1 + 2j)
Out[34]: (3.8+2j)

In [35]: 1 + 9/5
Out[35]: 2.8
```

可以看到计算结果是逐步升级的，这样就避免了无谓的精度损失。

2.3 基本计算

2.3.1 变量

在程序中，我们需要保存一些值或者状态之后再使用，这种情况就需要用一个变量来存储它，这个概念跟数学中的"变量"非常类似，比如下面一段代码：

```
In [36]: a = input()         # input()表示从终端接收字符串后赋值给 a
Type something here.

In [37]: print(a)            # print 把 a 原样打印到屏幕上
Type something here.
```

在 36 行按〈Enter〉键后并不会出现新的一行，而是光标在最左端闪动等待用户输入，我们输入任意内容，比如 Type something here，按〈Enter〉键后才会出现新的一行，这时候 a 中就存储了我们输入的内容。显然，根据输入内容的不同，a 的值也是不同的，所以说 a 是一个变量。

要注意的是，在编程语言中单个等号"="一般不表示"相等"的语义，而是表示"赋值"的语义，即把等号右边的值赋给等号左边的变量，后面讲解运算符的时候会有更加详细的解释。

在 Python 中声明一个变量是非常简单的事情，如果变量的名字之前没有被声明过的话，只要直接赋值就可以声明新变量了，比如：

```
In [38]: a = 1              # 声明了一个变量为 a 并赋值为 1

In [39]: b = a              # 声明了一个变量为 b 并用 a 的值赋值

In [40]: c = b              # 声明了一个变量为 c 并用 b 的值赋值
```

考虑下面这段代码：

```
In [41]: a = 1              # 声明一个变量 a 并赋值为整型 1

In [42]: a = 1.5            # 赋值为浮点数 1.5

In [43]: a = 1 + 5j         # 赋值为虚数 1+5j

In [44]: a = True           # 赋值为布尔型 True
```

29

注意到了吗？a 的类型是在不断变化的，这也是 Python 的特点之一——动态类型，即变量的类型可以随着赋值而改变，这样很符合直觉，同时也易于程序的编写。

变量的名称叫作标识符，而开发者可以近乎自由地为变量取名。之所以说是"近乎"自由，是因为 Python 的变量命名还是有一些基本规则的。

- 标识符必须由字母、数字、下划线构成。
- 标识符不能以数字、开头。
- 标识符不能是 Python 关键字。

什么是关键字呢？关键字也叫保留字，是编程语言预留给一些特定功能的专有名字。Python 具体的关键字列表如下：

False	*class*	*finally*	*is*	*return*
None	*continue*	*for*	*lambda*	*try*
True	*def*	*from*	*nonlocal*	*while*
and	*del*	*global*	*not*	*with*
as	*elif*	*if*	*or*	*yield*
assert	*else*	*import*	*pass*	
break	*except*	*in*	*raise*	

这些关键字的具体功能会在后续章节覆盖到，比如马上就会遇到 *True*、*False*、*and*、*or*、*not* 这几个关键字。

2.3.2 算术运算符

运算符用于执行运算，运算的对象叫操作数。比如对于"+"运算符，在表达式 1+2 中，操作数就是 1 和 2。运算符根据操作数的数量不同有一元运算符、二元运算符和三元运算符。在 Python 中，根据功能还可分为算术运算符、比较运算符、赋值运算符、逻辑运算符、位运算符、成员运算符、身份运算符。其中算术运算符、比较运算符、赋值运算符、逻辑运算符和位运算符比较基础也比较常用。而剩下两种，成员运算符和身份运算符，则需要一些前置知识才方便理解，将在后面的章节认识它们。

Python 除了支持之前提到的四则运算，它还支持取余、乘方、取整除这三种运算。这些运算都是二元运算符，也就是说它们需要接受两个操作数，然后返回一个运算结果。

为了方便举例，我们定义两个变量，*alice = 9* 和 *bob = 4*，具体的运算规则如表 2-1 所示。

表 2-1　算术运算符

算术运算符	作　用	举　例
+	两个数字类型相加	*alice + bob* 返回 13
-	两个数字类型相减	*alice - bob* 返回 5
*	两个数字类型相乘	*alice * bob* 返回 36
/	两个数字类型相除	*alice / bob* 返回 2.25
%	两个数字类型相除的余数	*alice % bob* 返回 1
**	alice 的 bob 次幂，相当于 $alice^{bob}$	*alice ** bob* 返回 6561
//	alice 被 bob 整除	*alice // bob* 返回 2

值得注意的是，通过 duck typing 其实可以让上述运算符支持任意两个对象之间的运算，这是 Python 中很重要的一种特性，我们会在面向对象编程中提到它，这里简单理解为算术运算符只用于数字类型运算就可以了。

特殊的，+和 −还是两个一元运算符，例如 −alice 可以获得 alice 的相反数。

1. 比较运算符和逻辑运算符

比较运算符，顾名思义，是将两个表达式的返回值进行比较，返回一个布尔型变量。它也是二元运算符，因为需要两个操作数才能产生比较。

逻辑运算符，是布尔代数中最基本的三个操作，也就是与、或、非，比如：

```
In [45]: 1 + 2 > 2          # 注意运算符也有优先级,之后会具体提到
Out[45]: True

In [46]: 5 * 3 < 10
Out[46]: False

In [47]: 3 + 3 == 6          # 两个等号一起表示"相等"的语义,之后会详解
Out[47]: True
```

要注意的是，这些表达式最后输出的值只有两种—— True 和 False，这跟之前介绍的布尔型变量取值只有两种是完全吻合的。其实与其理解为两种取值，不如理解为两种逻辑状态，即一个命题总有一个值，真或者假。

所有的比较运算符运算规则如表 2-2 所示。

表 2-2　比较运算符

比较运算符	作　　用	举　　例
==	判断两个操作数的值是否相等，相等为真	alice == bob
!=	判断两个操作数的值是否不等，不等为真	alice != bob
>	判断左边操作数是不是大于右边操作数，大于为真	alice > bob
>=	判断左边操作数是不是大于或等于右边操作数，大于或等于为真	alice >= bob
<	判断左边操作数是不是小于右边操作数，小于为真	alice < bob
<=	判断左边操作数是不是小于或等于 bob，小于或等于为真	alice <= bob

注意这里正如之前提到的，单个等号的语义为"赋值"，而两个等号放一起的语义才是"相等"。

但是如果我们想同时判断多个条件，那么这时候就需要逻辑运算符了，比如：

```
In [48]: 1 > 2 or 2 < 3
Out[48]: True

In [49]: 1 == 1 and 2 > 3
Out[49]: False

In [59]: not 5 < 4
Out[59]: True
```

In [51]: 1 > 2 or 3 < 4 and 5 > 6   # 这里也和优先级有关系
Out[51]: False

通过逻辑运算符，我们可以连接任意个表达式进行逻辑运算，然后得出一个布尔类型的值。

逻辑运算符的只有 and，or 和 not，具体的运算规则如表 2-3 所示。

表 2-3　逻辑运算符

逻辑运算符	作　　用	举　　例
and	两个表达式同时为真结果才为真	1 < 2 and 2 < 3
or	两个表达式有一个为真结果就为真	1 > 2 or 2 < 3
not	表达式结果为假，结果为真，表达式为真，结果为假	not 1 > 2

2. 赋值运算符

二元运算符中最常用的就是赋值运算符 "＝"，它的意思是把等号右边表达式的值赋值给左边的变量，当然要注意这么做的前提是赋值运算符的左值必须是可以修改的变量。如果我们赋值给了不可修改的量，就会产生如下的错误：

```
In [52]: 1 = 2
  File "<ipython-input-77-c0ab9e3898ea>", line 1
    1 = 2
      ^
SyntaxError: can't assign to literal

In [53]: True  = False
  File "<ipython-input-78-ee10fad43c38>", line 1
    True  = False
        ^
SyntaxError: can't assign to keyword
```

对一个字面量或者关键词进行赋值操作，这显然是没有意义并且不合理的，所以它报错的类型是 SyntaxError，意思是语法错误。这里是我们第一次接触到了 Python 的异常机制，后面的章节会更加详细地介绍，因为这是写出一个强鲁棒性程序的关键。

3. 复合赋值运算符

很多时候操作数本身就是赋值对象，比如 i=i+1。由于这样的语句会经常出现，所以为了方便和简洁，就有了算术运算符和赋值运算符相结合的复合赋值运算符。它们相当于将一个变量本身作为左侧的操作数，然后将相关的运算结果赋给本身。

算术运算符对应的复合赋值运算符，如表 2-4 所示。

表 2-4　复合赋值运算符

复合赋值运算符	作　　用	举　　例
+=	赋值为相加的结果	alice += 2
-=	赋值为相减的结果	alice -= 1

复合赋值运算符	作　　用	举　　例
* =	赋值为相乘的结果	*alice* * = 3
/ =	赋值为除以一个数的结果	*alice* / = 2
% =	赋值为除以一个数的余数	*alice* % = 2
** =	赋值为它本身的 n 次幂	*alice* ** = 3
// =	赋值为除以一个数的商的整数部分	*alice* // = 2

我们来动手试一试复合赋值运算符，代码如下：

```
In [54]: a = 1

In [55]: a += 2          # 等价于 a = a + 2

In [56]: a
Out[56]: 3

In [57]: a *= 2          # 等价于 a = a * 2

In [58]: a
Out[58]: 6

In [59]: a //= 4         # 等价于 a = a // 4

In [60]: a
Out[60]: 1
```

可以看到复合赋值运算符的确简化了代码，同时也增强了可读性。

4. 位运算符

所有的数值类型在计算机中都是二进制存储的，比如对于一个整数 30 而言，在计算机内的存储形式可能就是 0011110，而位运算就是以二进制位为操作数的运算。

所有的位运算符如表 2-5 所示。

表 2-5　位运算符

位运算符	作　　用	举　　例
<<	按位左移	2 << 1
>>	按位右移	2 >> 1
&	按位与	2 & 1
|	按位或	2 | 1
^	按位异或，注意不是乘方	2 ^ 1
~	按位取反	~ 2

位运算比较抽象，下面举例说明。

（1）移位运算

先看按位左移和右移，代码如下：

```
In [61]: a = 211

In [62]: bin(a)                    # a 的二进制表示
Out[62]: '0b11010011'

In [63]: a << 1                    # a 左移一位后的数值大小
Out[63]: 422

In [64]: bin(a << 1)              # a 左移一位后的二进制表示
Out[64]: '0b110100110'

In [65]: a >> 1                    # a 右移一位后的数值大小
Out[65]: 105

In [66]: bin(a >> 1)              # a 右移一位后的二进制表示
Out[66]: '0b1101001'
```

a 是一个十进制表示为 211，二进制表示为 11010011 的整数，我们对它进行左移 1 位，得到了 422。不难发现，这就是乘以 2。从二进制的角度来看，就是在这个数最后加了个 0，但是从位运算的角度看，实际的操作是所有的比特位全都向左移动了一位，而新增的最后一位用 0 补上。这里要注意的是，移位运算符的右操作数是移动的位数。

我们用一个表来精细对比下前后的二进制表示，其中表的第一行是二进制表示的位数，低位在右边，高位在左边，如表 2-6 所示。

表 2-6　按位左移

位	8	7	6	5	4	3	2	1	0
左移前	0	1	1	0	1	0	0	1	1
左移后	1	1	0	1	0	0	1	1	0

对于左移而言，所有的二进制位会向左移动数位，空出来的位用 0 补齐。如果丢弃的位中没有 1，也就是说没有溢出的话，等价于原来的数乘以 2。

类似地，右移就是丢弃最后几位，剩下的位向右移动，空出来的位使用 0 补齐。从十进制的角度来看，这就是整除以 2，如表 2-7 所示。

表 2-7　按位右移

位	7	6	5	4	3	2	1	0
右移前	1	1	0	1	0	0	1	1
右移后	0	1	1	0	1	0	0	1

（2）与运算

先看一个例子：

```
In [67]: a = 211

In [68]: bin(a)                    # a 的二进制表示
```

Out[68]: '0b11010011'

In [69]: a & 0b0110000   # a 与运算后的结果
Out[69]: 16

In [70]: bin(a & 0b0110000)   # a 与运算结果的二进制表示
Out[70]: '0b10000'

这里给出与运算的运算规则，在离散数学中这也叫真值表，如表2-8所示。

对于与运算的规则其实非常好理解，只要参与运算的两个二进制位中任意一位为0那么结果就是0，是不是觉得和之前讲的逻辑运算符 and 有点像？实际上从逻辑运算的角度来看，二者就是等价的。

表2-8　与运算真值表

与运算	0	1
0	0	0
1	0	1

直接看可能与运算有些难理解，我们用一个表格来说明，如表2-9所示。

表2-9　与运算

位	7	6	5	4	3	2	1	0
左操作数	1	1	0	1	0	0	1	1
右操作数	0	0	1	1	0	0	0	0
结果	0	0	0	1	0	0	0	0

从低位到高位一位一位地分析刚才这个例子。

- 第0位，1 & 0 = 0
- 第1位，1 & 0 = 0
- 第2位，0 & 0 = 0
- 第3位，0 & 0 = 0
- 第4位，1 & 1 = 1
- 第5位，0 & 1 = 0
- 第6位，1 & 0 = 0
- 第7位，1 & 0 = 0

所以就得到了结果00010000。与运算有一个常见的应用就是掩码，比如我们想获得某个整数二进制表示中的前三位，那么就可以把这个整数和7相与，因为7的二进制表示是0b00000111，这样一来结果中除了前三位以外所有的二进制位都是0，而结果中前三位和原来前三位是一样的，也就是说利用与运算可以获得一个整数二进制表示中的任何一位，这就是"掩码"的作用。

（3）或运算

仍然是先看一个例子：

In [71]: a = 211

In [72]: bin(a)

Out[72]: '0b11010011'

In [73]: a | 0b0110000
Out[73]: 243

In [74]: bin(a | 0b0110000)
Out[74]: '0b11110011'

这里给出或运算的规则，如表2-10所示。

对于或运算来说，参与运算的两个二进制位只要有一个为1结果就为1，这跟之前讲过的or运算符是一致的。

我们再用表格分析上述或运算，如表2-11所示。

表2-10　或运算真值表

或运算	0	1
0	0	1
1	1	1

表2-11　或运算

位	7	6	5	4	3	2	1	0
左操作数	1	1	0	1	0	0	1	1
右操作数	0	0	1	1	0	0	0	0
结果	1	1	1	1	0	0	1	1

从低位到高位一位一位地分析这个例子。

- 第0位，1 | 0 = 1
- 第1位，1 | 0 = 1
- 第2位，0 | 0 = 0
- 第3位，0 | 0 = 0
- 第4位，1 | 1 = 1
- 第5位，0 | 1 = 1
- 第6位，1 | 0 = 1
- 第7位，1 | 0 = 1

所以就得到了结果11110011。或运算可以用来快速把二进制中某些位置1，比如我们想把某个数的前三位置1，只要跟7或运算即可，因为7的二进制表示是0b00000111，可以确保前三位运算的结果一定是1，而其他位和原来一致。

5. 按位取反

按位取反是一个一元运算符，因为它只有一个操作数，它的用法如下：

In [75]: a = 211

In [76]: bin(a)
Out[76]: '0b11010011'

In [77]: ~a
Out[77]: -212

In [78]: bin(~a)

Out[78]: '-0b11010100'

In [79]: ~1
Out[79]: -2

按位取反的运算规则，如表 2-12 所示。

也就是每一位如果是 0 就变成 1，如果是 1 就变成 0。按照这个运算规则，运算的结果应该如表 2-13 所示。

表 2-12 按位取反真值表

位表示	0	1
按位取反	1	0

表 2-13 按位取反

输入	7	6	5	4	3	2	1	0
取反前	1	1	0	1	0	0	1	1
取反后	0	0	1	0	1	1	0	0

但是上面的例子中按位取反后的二进制表示有点奇怪，它竟然有一个负号，而且也跟上面表格中的结果不太一样，问题出在哪了呢？

我们回想一下，计算机内所有数据都是以二进制存储的，负号也是一样，为了处理数据方便，计算机采用了一种叫作"补码"的方法来存储负数，具体的做法是二进制表示的最高位为符号位，0 表示正数，1 表示负数，对于一个用补码表示的二进制整数 $w_{n-1}w_{n-2}...w_1$，它的实际数值为 $(-1)^{w_{n-1}} * 2^{n-1} + \sum_{i=0}^{n-2} w_i * 2^i$。

这看起来非常抽象，为了方便叙述回到上面这个例子，对于 211 来说，因为 Python 输出二进制的时候省略了符号位，只用正负号表示，所以它的二进制表示其实应该是 011010011，按照上述给的公式计算的话就是 $2^7+2^6+2^4+2^1+2^0=221$，接着按照取反的运算规则会得到 100101100，同样按照公式计算的话有 $-2^8+2^5+2^3+2^2=-212$，结果和例子中是一样的。

所以就本例而言，取反得到的负数在计算机内的存储形式的确是 100101100。但是由于 Python 输出二进制的时候没有符号位，只有正负号，也就是说如果原样输出 0b100101100，最高位 1 其实不是符号位，实际表示的是正数 0100101100（这里最高位 0 表示正数），这是不合理的，所以 Python 输出的是-0b11010100，因为 0b11010100 表示的整数是 011010100，即 212。

6. 异或运算

仍然是先看一个例子：

```
In [80]: a = 211

In [81]: bin(a)
Out[81]: '0b11010011'

In [82]: a ^ 0b0110000
Out[82]: 227
```

异或的具体规则如表 2-14 所示。

异或的运算规则是参与运算的两个二进制位相异（不同）则为 1，相同则为 0。

再用表格分析上述异或运算，如表 2-15 所示。

表 2-14　异或运算真值表

异或运算	0	1
0	0	1
1	1	0

表 2-15　异或运算

位	7	6	5	4	3	2	1	0
左操作数	1	1	0	1	0	0	1	1
右操作数	0	0	1	1	0	0	0	0
结果	1	1	1	0	0	0	1	1

从低位到高位一位一位地分析：
- 第 0 位，$1 \wedge 0 = 1$
- 第 1 位，$1 \wedge 0 = 1$
- 第 2 位，$0 \wedge 0 = 0$
- 第 3 位，$0 \wedge 0 = 0$
- 第 4 位，$1 \wedge 1 = 0$
- 第 5 位，$0 \wedge 1 = 1$
- 第 6 位，$1 \wedge 0 = 1$
- 第 7 位，$1 \wedge 0 = 1$

所以就得到了结果 0b11100011。

7. 复合赋值运算符

位运算也有相应的复合赋值运算符，如表 2-16 所示。

表 2-16　位运算对应的复合赋值运算符

复合赋值运算符	作　用	举　例
<<=	赋值为一个数左移后的值	*alice* <<= *2*
>>=	赋值为一个数右移后的值	*alice* >>= *1*
&=	赋值为和一个数相与后的值	*alice* &= *3*
|=	赋值为和一个数相或后的值	*alice* |= *2*
^=	赋值为和一个数异或后的值	*alice* ^= *2*

2.3.3　运算符优先级

Python 中不同的运算符具有不同的优先级，高优先级的运算符会优先于低优先级的运算符计算，比如乘号的优先级应该比加号高，幂运算的优先级应该比乘法高，看一个简单的例子：

```
In [84]: 1 + 2 * 3
Out[84]: 7

In [85]: (1 + 2) * 3
Out[85]: 9
```

但是 Python 的运算符远不止加减乘除几个，表 2-17 中按照优先级从高到低列出了常用的运算符。其中的 is 表示内存地址的一致，is not 表示内存地址的不一致，in 表示某个元素在列表中，not in 表示某个元素不在列表中。

表 2-17 运算符优先级

运　算　符	作　　　用
**	乘方
~, +, −	按位取反、数字的正负
*, /, %, //	乘、除、取模、取整除
+, −	二元加减法
<<, >>	移位运算符
&	按位与
^	按位异或
		按位或
>=, >, <=, <, ==, ! =, is, is not, in, not in	大于等于、大于、小于等于、小于、is、is not、in、not in
= += −= *= /= **= ...	复合赋值运算符
not	逻辑非运算
and	逻辑且运算
or	逻辑或运算

如果需要改变优先级，可以通过圆括号( )来提升优先级。( )优先于一切运算符号，程序会优先运算最内层的( )的表达式。

本章小结

本章在介绍 Python 简单计算的同时，也介绍了 Python 中类型和变量等基本知识，可以看到这些基础语法都是相当符合直觉的，这也是 Python 的优点之一。

但是光有这些运算语句是没法组成一个完整的程序的，下一章会看到一个程序的逻辑是如何构成的，以及如何用 Python 去控制程序的逻辑。

习题

1. 使用 Python 计算多项式 $255 \times x^5 + 127 \times x^3 - \dfrac{63}{x}$ 在 $x = 5$ 时的值。

2. 使用比较运算符，判断数字 100^{99} 和 99^{100} 的大小关系。

3. 使用数值转换，输出$(128)_{10}$的二进制表示、八进制表示和十六进制表示。

4. 定义一个变量 *alice* = 1，通过移位运算使其扩大 1024 倍。

5. 给定三角形三边 *a* = 3，*b* = 4，*c* = 5，通过 Python 判断并输出它是不是直角三角形，是不是等腰三角形。

6. 定点数是小数点固定的小数，进而小数部分和整数部分的二进制位数也是固定的，假设一种定点数的整数部分有 23 位，小数部分有 9 位，并且这 32 位连续存储，想一想给定一个 32 位整数怎么转为定点数？提示：可以使用刚学到的位运算。

7. 给定任意一个负数，想一想怎么快速得到它的补码表示？（提示：可以参考维基 https://zh.wikipedia.org/wiki/补码 进一步学习补码相关知识）

第3章 控制语句和函数

Python 除了拥有进行基本运算的能力，同时也具有写出一个完整程序的能力，那么对于程序中各种复杂的逻辑该怎么控制呢？这时控制语句就能派上用场了。

对于一个结构化的程序来说，一共只有三种执行结构，如果用圆角矩形表示程序的开始和结束，直角矩形表示执行过程，菱形表示条件判断，那么三种执行结构可以分别用下面三张图表示。

顺序结构：就是做完一件事后紧接着做另一件事，如图 3-1 所示。

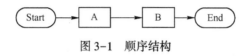

图 3-1　顺序结构

选择结构：在某种条件成立的情况下做某件事，反之做另一件事，如图 3-2 所示。

循环结构：反复做某件事，直到满足某个条件为止，如图 3-3 所示。

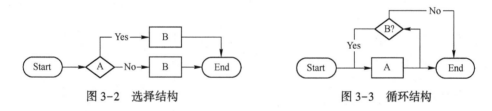

图 3-2　选择结构　　　　　图 3-3　循环结构

程序语句的执行默认就是顺序结构，而条件结构和循环结构分别对应条件语句和循环语句，它们都是控制语句的一部分。

那什么是控制语句呢？这个词出自 C 语言，对应的英文是 Control Statements。它的作用是控制程序的流程，以实现各种复杂逻辑。下面将重点介绍 Python 中实现选择结构、循环结构。

3.1　选择结构

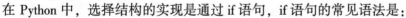

在 Python 中，选择结构的实现是通过 if 语句，if 语句的常见语法是：

```
if 条件 1:
    代码块 1
elif 条件 2:
    代码块 2
elif 条件 3:
    代码块 3
    ...
    ...
```

```
elif 条件 n-1:
    代码块 n-1
else
    代码块 n
```

这表示的是，如果条件 1 成立就执行代码块 1；如果条件 1 不成立而条件 2 成立就执行代码块 2；如果条件 1 到条件 n-1 都不满足，那么就执行代码块 n。

另外，其中的 elif 和 else 以及相应的代码块是可以省略的，也就是说最简单的 if 语句格式是：

```
if 条件:
    代码段
```

要注意的是，这里所有代码块前应该是 4 个空格，原因稍后会提到，这里先看一段具体的 if 语句。

```
a= 4
if a < 5:
    print('a is smaller than 5.')
elif a < 6:
    print('a is smaller than 6.')
else:
    print('a is larger than 5.')
```

很容易得到结果：

```
a is smaller than 5.
```

这段代码表示的含义就是，如果 a 小于 5 则输出'a is smaller than 5.'，如果 a 不小于 5 而小于 6 则输出'a is smaller than 6.'，否则就输出'a is larger than 5.'。这里值得注意的是，虽然 a 同时满足 a<5 和 a<6 两个条件，但是由于 a<5 在前面，所以最终输出为'a is smaller than 5.'。

if 语句的语义非常直观易懂，但是这里还有一个问题没有解决，那就是为什么我们要在代码块之前空 4 格？

依旧是先看一个例子：

```
if 1 > 2:
    print('Impossible!')
print('done')
```

运行这段代码可以得到：

```
done
```

但是如果稍加改动，在 print('done')前也加 4 个空格：

```
if 1 > 2:
    print('Impossible! ')
    print('done')
```

再运行的话什么也不会输出。

它们的区别是什么呢？对于第一段代码，print('done')和if语句是在同一个代码块中的，也就是说无论if语句的结果如何，print('done')一定会被执行。而在第二段代码中，print('done')和print('Impossible!')是在同一个代码块中的，也就是说如果if语句中的条件不成立，那么print('Impossible!')和print('done')都不会被执行。

我们称第二个例子中这种拥有相同缩进的代码为一个代码块。虽然Python解释器支持使用任意多但是数量相同的空格或者制表符来对齐代码块，但是一般约定用4个空格作为对齐的基本单位。

另外值得注意的是，在代码块中是可以再嵌套另一个代码块的，以if语句的嵌套为例：

```
a = 1
b = 2
c = 3
if a > b:  # 第4行
    if a > c:
        print('a is maximum. ')
    elif c > a:
        print('c is maximum. ')
    else:
        print('a and c are maximum. ')
elif a < b:  # 第11行
    if b > c:
        print('b is maximum. ')
    elif c > b:
        print('c is maximum. ')
    else:
        print('b and c are maximum. ')
else:  # 第19行
    if a > c:
        print('a and b are maximum')
    elif a < c:
        print('c is maximum')
    else:
        print('a, b, and c are equal')
```

首先最外层的代码块是所有的代码，它的缩进是0，接着它根据if语句分成了三个代码块，分别是第5~10行，第12~18行，第20~27行，它们的缩进是4，接着在这三个代码块内又根据if语句分成了三个代码块，其中每个print语句是一个代码块，它们的缩进是8。

从这个例子中可以看到代码块是有层级的，是嵌套的，所以即使这个例子中所有的print语句拥有相同的空格缩进，仍然不是同一个代码块。

但是单有顺序结构和选择结构是不够的，有时候某些逻辑执行的次数本身就是不确定的或者说逻辑本身具有重复性，那么这时候就需要循环结构了。

3.2 循环结构

Python 的循环结构有两个关键字可以实现，分别是 while 和 for。

3.2.1 While 循环

while 循环的常见语法是：

```
while 条件:
    代码块
```

这个代码块表达的含义就是，如果条件满足就执行代码块，直到条件不满足为止；如果条件一开始不满足，那么代码块一次都不会被执行。

我们看一个例子：

```
a = 0
while a < 5:
    print(a)
    a += 1
```

运行这段代码可以得到输出如下：

```
0
1
2
3
4
```

对于 while 循环，其实和 if 语句的执行结构非常接近，区别就是从单次执行变成了反复执行，以及条件除了用来判断是否进入代码块以外，还被用来判断是否终止循环。

对于上面这段代码，结合输出不难看出，前五次循环的时候 a < 5 为真，因此循环继续，而第六次经过的时候，a 已经变成了 5，条件就为假，自然也就跳出了 while 循环。

3.2.2 For 循环

for 循环的常见语法是：

```
for 循环变量 in 可迭代对象:
    代码段
```

Python 的 for 循环比较特殊，它并不是 C 系语言中常见的 for 语句，而是一种 foreach（其他语言中用于遍历迭代对象的语法）的语法，也就是说本质上是遍历一个可迭代的对象，这听起来实在是太抽象了，我们看一个例子：

```
for i in range(5):
    print(i)
```

运行后这段代码输出如下：

```
0
1
2
3
4
```

for 循环实际上用到了迭代器的知识，但是在这里展开还为时尚早，我们只要知道用 range 配合 for 可以写出一个循环即可，比如计算整数 0~100 的和：

```
sum = 0
for i in range(101):        # 别忘了 range(n)的范围是[0, n-1)
    sum += i
print(sum)
```

那如果想计算整数 50~100 的和呢？实际上 range 产生区间的左边界也是可以设置的，只要多传入一个参数：

```
sum = 0
for i in range(50, 101):       # range(50 ,101) 产生的循环区间是 [50, 101)
    sum += i
print(sum)
```

有时候我们希望循环是倒序的，比如从 10 循环到 1，那该怎么写呢？只要再多传入一个参数作为步长即可：

```
for i in range(10, 0, -1):       # 这里循环区间是 (1, 10],但是步长是 -1
    print(i)
```

也就是说 range 的完整用法应该是 range(start, end, step)，循环变量 i 从 start 开始，每次循环后 i 增加 step，直到超过 end 跳出循环。

3.2.3　两种循环的转换

其实无论是 while 循环还是 for 循环，本质上都是反复执行一段代码，这就意味着二者是可以相互转换的，比如之前计算整数 0~100 的代码，也可以用 while 循环完成，如下所示：

```
sum = 0
i = 0
while i<=100:
    sum += i
    i ++
print(sum)
```

但是这样写之后至少存在三个问题：

● while 写法中的条件为 i<=100，而 for 写法是通过 range()来迭代，相比来说后者显然更具可读性。

● while 写法中需要在外面创建一个临时的变量 i，这个变量在循环结束依旧可以访问，但是 for 写法中 i 只有在循环体中可见，明显 while 写法增添了不必要的变量。

● 代码量增加了两行。

当然这个问题是辩证性的，有时候 while 写法可能是更优解，但是对于 Python 来说，大多时候推荐使用 for 这种可读性强也更优美的代码。

3.3 Break，Continue，Pass

学习了三种基本结构，我们已经可以写出一些有趣的程序了，但是 Python 还有一些控制语句可以让代码更加优美简洁。

3.3.1 Break，Continue

Break 和 Continue 只能用在循环体中，通过一个例子来认识一下作用：

```
i= 0
while i <= 50:
    i += 1
    if i = = 2:
        continue
    elif i = = 4:
        break
    print(i)
print('done')
```

这段代码会输出：

```
1
3
done
```

这段循环中如果没有 continue 和 break 的话应该是输出 1 到 51 的，但是这里输出只有 1 和 3，为什么呢？

首先考虑当 i 为 2 的那次循环，它进入了 if i = = 2 的代码块中，执行了 continue，这次循环就被直接跳过了，也就是说后面的代码包括 print(i) 都不会再被执行，而是直接进入下一次 i = 3 的循环。

接着考虑当 i 为 4 的那次循环，它进入了 elif i = = 4 的代码块中，执行了 break，直接跳出了循环到最外层，然后接着执行循环后面的代码输出了 done。

总结一下，continue 的作用是跳过剩下的代码进入下一次循环，break 的作用是跳出当前循环然后执行循环后面的代码。

这里有一点需要强调的是，break 和 continue 只能对当前循环起作用，也就是说如果在循环嵌套的情况下想对外层循环起控制作用，需要多个 break 或者 continue 联合使用。

3.3.2 Pass

pass 很有意思，它的功能就是没有功能。看一个例子：

```
a= 0
if a >= 10:
```

```
    pass
else:
    print('a is smaller than 10')
```

要想在 *a > 10* 的时候什么都不执行，但是如果什么都不写的话又不符合 Python 的缩进要求，为了使得语法上正确，这里使用了 pass 来作为一个代码块，但是 pass 本身不会有任何效果。

3.4 函数的定义与使用

还记得第 2 章提到过的一个"内置函数"max 吗？对于不同的 List 和 Tuple，这个函数总能给出正确的结果——当然有人说用 for 循环实现也很快很方便，但是有多少个 List 或 Tuple 就要写多少个完全重复的 for 循环，这是很让人厌烦的，这时候就需要函数出场了。

本章会从数学中的函数引入，详细讲解 Python 中函数的基本用法。

3.4.1 认识 Python 的函数

函数的数学定义为：给定一个数集 A，对 A 施加对应法则 f，记作 $f(A)$，得到另一个数集 B，也就是 $B=f(A)$，那么这个关系式就叫函数关系式，简称函数。

数学中的函数其实就是 A 和 B 之间的一种关系，我们可以理解为从 A 中取出任意一个输入都能在 B 中找到特定的输出，在程序中，函数也是完成这样的一种输入到输出的映射，但是程序中的函数有着更大的意义。

它首先可以减少重复代码，因为我们可以把相似的逻辑抽象成一个函数，减少重复代码，其次它有可以使程序模块化并且提高可读性。

以之前多次用到的一个函数 print 为例：

```
print('Hello, Python!')
```

由于 print 是一个函数，因此我们不用再去实现一遍打印到屏幕的功能，减少了大量的重复代码，同时看到 print 就可以知道这一行是用来打印的，可读性自然也提高了，另外如果打印出现问题只要去查看 print 函数的内部就可以了，而不用再去看 print 以外的代码，这体现了模块化的思想。

但是，内置函数的功能非常有限，我们需要根据实际需求编写自己的函数，这样才能进一步提高程序的简洁性、可读性和可扩展性。

3.4.2 函数的定义和调用

1. 定义

和数学中的函数类似，Python 中的函数需要先定义才能使用，比如：

```
def ask_me_to(string):
    print(f'You want me to {string}?')
    if string == 'swim':
        return 'OK!'
```

```
        else:
            return "Don't even think about it. "
```

这是一个基本的函数定义，其中第 1、4、6 行是函数特有的，其他我们都已经学习过了。

先看第 1 行：

```
def ask_me_to(string):
```

这一行有四个关键点：

- *def*：函数定义的关键字，写在最前面。
- *ask_me_to*：函数名，命名要求和变量一致。
- *(string)*：函数的参数，多个参数用逗号隔开。
- 结尾冒号：函数声明的语法要求。

然后看第 2 到第 5 行：

```
print(f'You want me to {string}? ')
if string == 'swim':
    return 'OK!'
else:
    return "Don't even think about it. "
```

它们都缩进了四个空格，意味着它们构成了一个代码块，同时从第 2 行可以看到函数内是可以接着调用函数的。

接着再看第 4 行：

```
return 'OK! '
```

这里引入了一个新关键字：return，它的作用是结束函数并返回到之前调用函数处的下一句。返回的对象是 return 后面的表达式，如果表达式为空则返回 None。第 6 行跟第 4 行功能相同，这里不再赘述。

2. 调用

在数学中函数需要一个自变量才会得到因变量，Python 的函数也是一样，只是定义的话并不会执行，还需要调用，比如：

```
print(ask_me_to('dive'))
```

注意这里是两个函数嵌套，首先调用的是我们自定义的函数 ask_me_to，接着 ask_me_to 的返回值传给了 print，所以会输出 ask_me_to 的返回值：

```
You want me to dive?
Don't even think about it.
```

定义和调用都很好理解，接下来了解函数的参数怎么设置。

3.4.3 函数的参数

Python 的函数参数非常灵活，我们已经学习了最基本的一种，比如：

```
def ask_me_to(string):
```

它拥有一个参数，名字为 *string*。

函数参数的个数可以为 0 个或多个，比如：

```
def random_number():
    return 4   # 刚用骰子扔的,绝对随机
```

我们可以根据需求去选择参数个数，但是要注意的是，即使没有参数，括号也不可省略。

Python 的一个灵活之处在于函数参数形式的多样性，有以下几种形式。

- 不带默认参数的：*def func(a)*:
- 带默认参数的：*def func(a, b=1)*:
- 任意位置参数：*def func(a, b=1, *c)*:
- 任意键值参数：*def func(a, b=1, *c, **d)*:

第一种就是我们刚才讲到的一般形式，下面介绍剩下三种如何使用。

3.4.4 默认参数

有时候某个函数参数大部分时候为某个特定值，于是我们希望这个参数可以有一个默认值，这样就不用频繁指定相同的值给这个参数了。默认参数的用法看一个例子：

```
def print_date(year, month=1, day=1):
    print(f'{year:04d}-{month:02d}-{day:02d}')
```

这是一个格式化输出日期的函数，注意其中的月份和天数参数，用一个等号表明赋了默认值。于是可以分别以 1，2，3 个参数调用这个函数，同时也可以指定某个特定参数，比如：

```
print_date(2018)
print_date(2018, 2, 1)
print_date(2018, 5)
print_date(2018, day=3)
print_date(2018, month=2, day=5)
```

这段代码会输出：

```
2018-01-01
2018-02-01
2018-05-01
2018-01-03
2018-02-05
```

我们依次看一下这些调用：

1）print_date(*2018*)这种情况下由于默认参数的存在等价于 print_date(2018, 1, 1)。

2）*print_date(2018, 2, 1)*这种情况下所有参数都被传入了，因此和无默认参数的行为是一致的。

3）*print_date(2018, 5)*省略了 *day*，因为参数是按照顺序传入的。

4）*print_date(2018, day=3)*省略了 *month*，由于和声明顺序不一致，所以必须声明参数

名称。

5）*print_date*(*2018*, *month*=*2*, *day*=*5*)全部声明也是可以的。

使用默认参数可以让函数的行为更加灵活。

3.4.5　任意位置参数

如果函数想接收任意数量的参数，那么可以这样声明使用：

```
def print_args( * args):
    for arg in args:
        print(arg)

print_args(1, 2, 3, 4)
```

诊断代码会输出：

```
1
2
3
4
```

任意位置参数的特点就是它只占一个参数，并且以 * 开头。其中 args 为一个 List，包含了所有传入的参数，顺序为调用时候的传参的顺序。

3.4.6　任意键值参数

除了接受任意数量的参数，如果我们希望给每个参数一个名字，那么可以这么声明参数：

```
def print_kwargs( ** kwargs):
    for kw in kwargs:
        print(f'{kw} = {kwargs[kw]}')

print_kwargs(a=1, b=2, c=3, d=4)
```

这段代码会输出：

```
a = 1
b = 2
c = 3
d = 4
```

跟之前讲过的任意位置参数使用非常类似，但是 kwargs 这里是一个 Dict（字典），其中 Key 和 Value 为调用时候传入的参数的名称和值，顺序和传参顺序一致。

3.4.7　组合使用

我们现在知道了这四类参数，它们可以同时使用，但是需要满足一定的条件，比如：

```
def the_ultimate_print_args(arg1, arg2=1, * args, ** kwargs):
    print(arg1)
```

```
        print(arg2)
        for arg in args:
            print(arg)
        for kw in kwargs:
            print(f'{kw} = {kwargs[kw]}')
```

可以看出，四种参数在定义时应该满足这样的顺序：非默认参数、默认参数、任意位置参数、任意键值参数。

调用的时候，参数分为两类：位置相关参数和无关键词参数，比如：

```
the_ultimate_print_args(1, 2, 3, arg4=4)    # 1,2,3 是位置相关参数,arg4=4 是关键词参数
```

这句代码会输出：

```
1
2
3
arg4 = 4
```

其中前三个就是位置相关参数，最后一个是关键词参数。位置相关参数是顺序传入的，而关键词参数则可以乱序传入，比如：

```
the_ultimate_print_args(arg3=3, arg2=2, arg1=3, arg4=4)    # 这里 arg1 和 arg2 是乱序的!
```

这句代码会输出：

```
3
2
arg3 = 3
arg4 = 4
```

总之在调用的时候，参数顺序应该满足的规则是：
- 位置相关参数不能在关键词参数之后。
- 位置相关参数优先。

这么看有些抽象，不如看看两个错误用法，第一个错误用法：

```
the_ultimate_print_args(arg4=4, 1, 2, 3)
```

这句代码会报错：

```
Traceback (most recent call last):
  File "/Users/jiangjiao/PycharmProjects/LearnPythonWithPractice/Chapter 8/Parameters.py", line 43
    the_ultimate_print_args(arg4=4, 1, 2, 3)
                                    ^
SyntaxError: positional argument follows keyword argument
```

报错的意思是位置相关参数不能在关键词参数之后。也就是说，必须先传入位置相关参数，再传入关键词参数。

再看第二个错误用法：

```
the_ultimate_print_args(1, 2, arg1=3, arg4=5)
```

这句代码会报错：

```
Traceback (most recent call last):
    File "/Users/jiangjiao/PycharmProjects/LearnPythonWithPractice/Chapter 8/Parameters.py", line 41, in
<module>
        the_ultimate_print_args(1, 2, arg1=3, arg4=5)
TypeError: the_ultimate_print_args() got multiple values for argument 'arg1'
```

报错的意思是函数的参数 arg1 接收到了多个值。也就是说，位置相关参数会优先传入，如果再指定相应的参数，那么就会发生错误。

3.4.8 修改传入的参数

先补充有关传入参数的两个重要概念：

- 按值传递：复制传入的变量，传入函数的参数是一个和原对象无关的副本。
- 按引用传递：直接传入原变量的一个引用，修改参数就是修改原对象。

在有些编程语言中，可能是两种传参方式同时存在、可供选择，但是 Python 只有一种传参方式就是按引用传递，比如：

```
list1 = [1, 2, 3]
def new_element(mylist):
        mylist.append(4)    # mylist 是一个引用！


new_element(list1)
print(list1)
```

注意在函数内通过 append 修改了 mylist 的元素，由于 mylist 是 list1 的一个引用，因此实际上修改的就是 list1 的元素，所以这段代码会输出：

```
[1, 2, 3, 4]
```

这是符合我们的预期的，但是看另一个例子：

```
num = 1
def edit_num(number):
        number += 2
edit_num(num)
print(num)
```

按照之前的理论，number 应该是 num 的一个引用，所以这里应该输出 3，但是实际上的输出是：

```
1
```

为什么会这样呢？在第 6 章提到：特别地，字符串是一个不可变的对象。实际上，包括字符串在内，数值类型和 Tuple 也是不可变的，而这里正是因为 num 是不可变类型，所以函数的行为不符合我们的预期。

为了深入探究其原因，我们引入一个新的内建函数 id，它的作用是返回对象的 id。对象的 id 是唯一的，但是可能有多个变量引用同一个对象，比如下面这个例子：

```
alice = 32768
bob = alice                # 看起来我们赋值了
print(id(alice))
print(id(bob))
alice += 1                 # 这里要修改 alice
print(id(alice))
print(id(bob))
print(alice)
print(bob)
```

我们可以得到这样的输出（这里 id 的输出不一定跟本书一致，但是第 1，2，4 个 id 应该是相同的）：

```
4320719728
4320719728
4320720144
4320719728
32769
32768
```

其实除了函数参数是引用传递，Python 变量的本质就是引用。这也就意味着在把 alice 赋值给 bob 的时候，实际上是把 alice 的引用给了 bob，于是这时候 alice 和 bob 实际上引用了同一个对象，因此 id 相同。

接下来修改了 alice 的值，可以看到 Bob 的值并没有改变，这符合我们的直觉。但是从引用上看，实际发生的操作是，bob 的引用不变，但是 alice 获得了一个新对象的引用，这个过程充分体现了数值类型不可变的性质——已经创建的对象不会修改，任何修改都是新建一个对象来实现的。

实际上，对于这些不可变类型，每次修改都会创建一个新的对象，然后修改引用为新的对象。在这里，alice 和 bob 已经引用两个完全不同的对象了，这两个对象占用的空间是完全不同的。

那么回到最开始的问题，为什么这些不可变对象在函数内的修改不能体现在函数外呢？虽然函数参数的确引用了原对象，但是我们在修改的时候实际上是创建了一个新的对象，所以原对象不会被修改，这也就解释了刚才的现象。如果一定要修改的话，可以这么写：

```
num = 1
def edit_num(number):
    number += 2
    return number
num = edit_num(num)
print(num)    # 会输出 3
```

这样输出就是我们预期的 3 了。

特殊地，这里举例用了一个很大的数字是有原因的。由于 0~256 这些整数使用地比较频繁，为了避免小对象的反复内存分配和释放造成内存碎片，所以 Python 对 0~256 这些数字建立了一个对象池。

```
alice = 1
bob = 1
print(id(alice))
print(id(bob))
```

我们可以得到输出（这里输出的两个 id 应该是一致的，但是数字不一定跟本书中的相同）为：

```
4482894448
4482894448
```

可以看出，虽然 alice 和 bob 无关，但是它们引用的是同一个对象，所以为了方便说明之前取了一个比较大的数字用于赋值。

3.4.9 函数的返回值

1. 返回一个值

函数在执行的时候，会在执行到结束或者 return 语句的时候返回调用的位置。如果我们的函数需要返回一个值，那需要用 return 语句，比如最简单地返回一个值：

```
def multiply(num1, num2):
    return num1 * num2

print(multiply(3, 5))
```

这段代码会输出：

```
15
```

这个 multiply 函数将输入的两个参数相乘，然后返回结果。

2. 什么都不返回

如果我们不想返回任何内容，可以只写一个 return，它会停止执行后面代码的立即返回，比如：

```
def guess_word(word):
    if word != 'secret':
        return     # 等价于 return None
    print('bingo')

guess_word('absolutely not this one')
```

这里只要函数参数不是'secret'就不会输出任何内容，因为 return 后面的代码不会被执行。另外 return 跟 return None 是等价的，也就是说默认返回的是 None。

3. 返回多个值

和大部分编程语言不同，Python 支持返回多个参数，比如：

```
def reverse_input(num1, num2, num3):
    return num3, num2, num1

a, b, c = reverse_input(1, 2, 3)
```

```
print( a )
print( b )
print( c )
```

这里要注意接收返回值的时候不能再像之前用一个变量，而是要用和返回值数目相同的变量接收，其中返回值赋值的顺序是从左到右的，跟直觉一致。

```
3
2
1
```

所以这个函数的作用就是把输入的三个变量顺序翻转一下。

3.4.10 函数的嵌套

我们可以在函数内定义函数，这对于简化函数内重复逻辑很有用，比如：

```
def outer( ):
    def inner( ):
        print('this is inner function')
    print('this is outer function')
    inner( )

outer( )
```

这段代码会输出：

```
this is outer function
this is inner function
```

需要注意的一点是，内部的函数只能在它所处的代码块中使用，在上面这个例子中，inner 在 outer 外面是不可见的，这个概念叫作作用域。

1. 作用域

作用域是一个很重要的概念，我们看一个例子：

```
def func1( ):
    x1 = 1

def func2( ):
    print(x1)

func1( )
func2( )
```

这里函数 func2 中能正常输出 x1 的值吗？

答案是不能。为了解决这个问题，需要用到 Python 的变量名称查找顺序，即 LEGB 原则：

- L：Local（本地）是函数内的名字空间，包括局部变量和形参。
- E：Enclosing（封闭）外部嵌套函数的名字空间（闭包中常见）。

- G：Global（全局）全局函数定义所在模块的名字空间。
- B：Builtin（内建）内置模块的名字空间。

LEGB 原则的含义是，Python 会按照 LEGB 这个顺序去查找变量，一旦找到就拿来使用，否则就到更外面一层的作用域去查找，如果都找不到就报错。

可以通过一个例子来认识 LEGB，比如：

```
a = 1                    # 对于 func3 和 inner 来说都是 Global
def func3( ):
    b = 2                # 对于 func3 来说是 Local,对于 inner 来说是 Enclosing
    def inner( ):
        c = 3            # 对于 inner 来说是 Local,func3 不可见
```

其中要注意的是 func3 没有 Enclosing 作用域，至于闭包是什么会在后面的章节中介绍到，这里只要理解 LEGB 原则就可以了。

2. global 和 nonlocal

根据上述 LEGB 原则，我们在函数中是可以访问到全局变量的，比如：

```
d = 1
def func4( ):
    d += 2


func4( )
```

但是 LEGB 规则仿佛出了点问题，因为会报错：

```
Traceback (most recent call last):
    File    "/Users/jiangjiao/PycharmProjects/LearnPythonWithPractice/Chapter    8/Function    within
Function. py", line 36, in <module>
    func4( )
    File    "/Users/jiangjiao/PycharmProjects/LearnPythonWithPractice/Chapter    8/Function    within
Function. py", line 33, in func4
    d += 2
UnboundLocalError: local variable 'd' referenced before assignment
```

这并不是 Python 的问题，反而是 Python 的一个特点，也就是说 Python 会在阻止用户在不知情的情况下修改非局部变量，那么怎么访问非局部变量呢？

为了修改非局部变量，需要使用 global 和 nonlocal 关键字，其中 nonlocal 关键字是 Python3 中才有的新关键字，看一个例子：

```
d = 1
def func4( ):
    global d
    e = 5
    d += 2                 # 访问到了全局变量 d
    def inner( ):
        nonlocal e
        e += 3             # 访问到了闭包中的变量 e
```

```
        inner()
        print(e)

func4()
print(d)
```

也就是说 global 会使得相应的全局变量在当前作用域内可见，而 nonlocal 可以让闭包中非全局变量可见，所以这段代码会输出：

```
8
3
```

3.4.11 使用轮子

这里的"使用轮子"可不是现实中那种使用轮子，而是指直接使用别人写好并封装好的易于使用的库，进而极大地减少重复劳动，提高开发效率。

Python 自带的标准库就是一堆鲁棒性强，接口易用，涉猎广泛的"轮子"，善于利用这些轮子可以极大地简化代码，这里简单介绍一些常用的库。

1. 随机库

Python 中的随机库用于生成随机数，比如：

```
import random
print(random.randint(1, 5))
```

它会输出一个随机的 [1,5) 范围内的整数。我们无需关心它的实现，只要知道这样可以生成随机数就可以了。

其中 import 关键字的作用是导入一个包，有关包和模块的内容后面章节会细讲，这里只讲基本使用方法。

用 import 导入的基本语法是：import 包名，包提供的函数的用法是 包名. 函数名。当然不仅函数，包里面的常量和类都可以通过类似的方法调用，不过我们这里会用函数就够了。

此外如果不想写包名，也可以这样：

```
from random import randint
```

然后就可以直接调用 randint 而不用写前面的 random 了。

如果有很多函数要导入的话，我们还可以这么写：

```
from random import *
```

这样 random 包里的一切就都包含进来了，可以不用 random 直接调用。不过不太推荐这样写，因为不知道包内都有什么，容易造成名字的混乱。

特殊地，import random 还有一种特殊写法：

```
import random as rnd
print(rnd.randint(1, 5))
```

它和 import random 没有本质区别，仅仅是给了 random 一个方便输入的别名 rnd。

2. 日期库

这个库可以用于计算日期和时间，比如：

```
import datetime
print(datetime.datetime.now())
```

这段代码会输出：

```
2018-04-29 20:40:21.164027
```

3. 数学库

这个库有着常用的数学函数，比如：

```
import math
print(math.sin(math.pi / 2))
print(math.cos(math.pi / 2))
```

这段代码会输出：

```
1.0
6.123233995736766e-17
```

其中第二个结果其实就是 0，但是限于浮点数的精度问题无法精确表示为 0，所以我们在编写代码涉及浮点数比较的时候一定要这么写：

```
EPS= 1e-8
print(abs(math.cos(math.pi / 2)) < EPS)
```

这里 EPS 就是指允许的误差范围。也就是说浮点数没有真正的相等，只是在一定误差范围内的相等。

4. 操作系统库

这个库包含操作系统的一些操作，例如列出目录：

```
import os
print(os.listdir('.'))
```

在之后的文件操作章节还会见到这个库。

5. 第三方库

可以用第 3 章讲过的 pip 来方便地安装各种第三方库，比如：

```
pip install numpy
```

通过一行指令我们就可以安装 numpy 这个库了，然后就可以在代码中正常 import 这个库：

```
importnumpy
```

这也正是 pip 作为包管理器强大的地方，方便易用。

本章小结

本章介绍了三种执行结构和 Python 的控制语句，并且引入了代码块这个重要的概念，只要完全掌握这些内容，理论上就可以写出任何程序了，所以一定要在理解的基础上熟练使用 Python 的各种控制语句，打下良好的基础。

通过本章的学习我们还看到 Python 的函数定义简单，而且无论是在参数设置上还是结果返回上都具有极高的灵活性，同时借助函数也接触到了作用域这个重要的概念，最后学习了库的简单使用。善用函数，往往可以使代码更加简洁优美。

习题

1. 通过选择结构把一门课的成绩转化成绩点并输出，其中绩点的计算为了简单，采用 90~100 分 4.0，80~89 分 3.0，70~79 分 2.0，60~69 分 1.0 的规则。

2. 给定一个分段函数，在 $x \geq 0$ 的时候，$y=x$，在 $x<0$ 的时候，为 $x=0$，实现这个函数的计算逻辑。

3. 给定三个整数 a，b，c，判断哪个最小。

4. 使用循环计算 1~100 中所有偶数的和。

5. 水仙花数是指一个 n 位数（n≥3），它的每个位上的数字的 n 次幂之和等于它本身。输出所有三位数水仙花数。

6. 斐波那契数列是一个递归定义的数列，它的前两项为 1，从第三项开始每项都是前面两项的和。输出 100 以内的斐波那契数列。

7. 输入一个数字，判断它在不在斐波那契数列中。

8. 通过自学递归的概念，构造一个递归函数实现斐波那契数列的计算。

9. 通过使用默认参数，实现可以构造一个等差数列的函数，参数包括等差数列的起始、结束以及公差，注意公差可以为负数。

10. 写一个日期格式化函数，使用键值对传递参数。

11. 实现能够返回 List 中第 n 大的数字的函数，n 由输入指定。

12. 写一个函数，求两个数的最大公约数。

13. 通过循环和函数，写一个井字棋游戏，并写一个井字棋的 AI。

14. 查询日期库文档，写代码完成当前时间从 UTC +8（北京时间）到 UTC−5 的转换。

15. 查询随机库文档，写一个投骰子程序，要求可以指定骰子面数和数量，并计算投掷的数学期望。

第4章 数据结构

在这一章开始之前，先思考一个问题，现实世界和我们编写的程序有什么关系？

现实世界的事物关系种类非常繁多复杂，例如排队的人之间的关系，超市的货架上货物的关系等等，而我们编写程序的第一步正是要用结构化的逻辑结构来抽象出这些复杂关系中的内在联系，这就是计算机数据结构的来源。如果没有一个良好的数据结构，那么我们进一步编写程序的时候就会举步维艰。

本章会从数据结构的概念出发，介绍 Python 中的基本数据结构 Tuple，List，Dict 和字符串。

4.1　什么是数据结构

数据结构是指相互之间存在一种或多种特定关系的数据元素的集合，是计算机存储组织数据的形式。

如图 4-1 所示，我们可以将生活中的事物联系抽象为特定的四种数据结构——集合结构、线性结构、树形结构、图状结构。

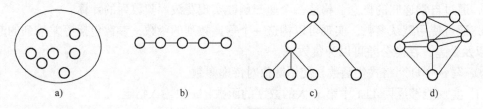

a)　　　　　　　b)　　　　　　　c)　　　　　　　d)

图 4-1　数据结构

a）集合结构　b）线性结构　c）树形结构　d）图状结构

1. 集合结构

在数学中集合的朴素定义是指具有某种特定性质的事物的总体，具有无序性和确定性。计算机中的集合结构顾名思义正是对生活中集合关系的抽象，比如对于一筐鸡蛋，筐就是一个集合，其中的元素就是每个鸡蛋。

2. 线性结构

线性结构和集合结构非常类似，但是线性结构是有序的并且元素之间有联系，比如排队中的人就可以看作一个线性结构，每个人是一个元素同时每个人记录自己前面和后面的人是谁，这样存储到计算机中后就可以从任意一个人访问到另一个人。

3. 树形结构

树形结构直观来看就好像是把现实中的一棵树倒过来一样，从根节点开始，一个节点对应多个节点而每个节点又可以对应多个节点，比如本书的章节结构就可以看作是一个树形结构。

4. 图状结构

树形结构从本质上还是一对多的关系，但是图状结构是多对多的关系。对于生活中最复杂的关系，例如人脉，网络基础设施，老师、学生、课程的关系，用图状关系表达是非常清晰明了的。

我们暂时不去关心后两种复杂的结构，而会以前两种为主进行学习，因为它们直接对应了 Python 的基本数据类型。

接下来，依次认识 Tuple，List，Dict 和 字符串。

4.2 Tuple（元组）

Tuple 又叫元组，是一个线性结构，它的表达形式是这样的：

```
tuple = (1, 2, 3)
```

即用一个圆括号括起来的一串对象就可以创建一个 Tuple，之所以说它是一个线性结构是因为在元组中元素是有序的，比如我们可以这样去访问它的内容：

```
tuple1 = (1, 3, 5, 7, 9)
print(f'the second element is {tuple1[1]}')
```

这段代码会输出：

```
the second element is 3
```

这里可以看到，我们通过"[ ]"运算符直接访问了 Tuple 的内容，这个运算符在上一章已经见过了，但是没有深入讲解。这里先详细学习切片操作符，因为它是一个非常常用的运算符，尤其在 Tuple 和 List 中应用广泛。

4.2.1 切片

1. 背景

切片操作符和 C/C++的下标运算符非常像，但是在 C/C++ 中，"[ ]"只能用来取出指定下标的元素，所以它在 C/C++ 中叫作下标运算符。

在 Python 中，这个功能被极大地扩展了——它不但能取一个元素，还能取一串元素，甚至还能隔着取、倒着取、反向取等。由于取一串元素的操作更像是在切片，所以我们称它为切片操作符。

灵活使用切片操作符，往往可以大大简化代码，这也是 Python 提供的便利之一。

2. 取一个元素

如果有一个 Tuple，并且我们想取出其中一个元素，可以使用具有一个参数的下标运算符：

```
tuple1 = (1, 3, 5, 7, 9)
print(tuple1[2])          # 取第三个元素而不是第二个
```

绝大部分编程语言下标都是从 0 开始的，也就是说在 Python 中对于一个有 n 个元素的 Tuple，自然数下标的范围是 0~n-1。

所以这里会输出 tuple1 中下标为 2 的第 3 个元素：

```
5
```

这是切片操作符最简单的形式，它只接收一个参数就是元素的下标，也就是上面例子里的 2。

特别地，Python 支持负数下标表示从结尾倒着取元素，比如如果想取出最后一个元素：

```
print(tuple1[-1])
```

但是要注意的是负数下标是从 -1 开始的，所以对于一个含有 n 个元素的 Tuple，它的负数下标范围为 -1 ~ -n，因此这里得到的是下标为 4 的最后一个元素，输出为：

```
9
```

如果我们取了一个超出范围的元素：

```
print(tuple1[5])
```

那么 Python 解释器会抛出一个 IndexError 异常：

```
Traceback (most recent call last):
    File "/Users/jiangjiao/PycharmProjects/LearnPythonWithPractice/Chapter 7/Slice.py", line 6, in <module>
        print(tuple1[5])
IndexError: tuple index out of range
```

这个异常的详细信息是下标超出了范围。如果遇到这种情况，需要检查一下代码是不是访问了不存在的下标。

3. 取连续的元素

先看一个例子：

```
tuple1 = (1, 3, 5, 7, 9)
print(tuple1[0:3])
```

这段代码会输出：

```
(1, 3, 5)
```

我们会发现结果仍然是一个 Tuple，由第 1 个到第 4 个元素之间的元素构成，其中包含第 1 个元素，但是不包含第 4 个元素。

这种切片操作接收两个参数，开始下标和结束下标，中间用分号隔开，也就是上面例子中的 0 和 3，但是要注意的是元素下标区间是左闭右开的。如果对之前讲循环时候的 range 还有印象的话，可以发现它们的区间都是左闭右开的，这是 Python 中的一个规律。

特殊地，如果从第 0 个元素开始取，或者要一直取到最后一个，我们可以省略相应的参数，比如：

```
print(tuple1[:3])
print(tuple1[3:])
```

第一句表示从第 1 个元素取到第 3 个元素，第二句表示从第 4 个元素取到最后一个元素，所以输出为：

```
(1, 3, 5)
(7, 9)
```

同样地，这里也可以使用负下标，比如：

```
print(tuple1[:-1])
```

表示从第 1 个元素取到倒数第 2 个元素，所以输出为：

```
(1, 3, 5, 7)
```

4. 以固定间隔取连续的元素

上述取连续元素的操作其实还可以进一步丰富，比如下面这个例子：

```
tuple1 = (1, 3, 5, 7, 9)
print(tuple1[1:4:2])
```

这段代码会输出：

```
(3, 7)
```

这里表示的含义就是从第 2 个元素取到第 5 个元素，每 2 个取第 1 个元素。于是我们取出了第 2 个和第 4 个元素。这也是切片操作符的完整形式，即 [开始：结束：间隔]，例如上面的 [1:4:2]。

特殊地，这个间隔可以是负数，表示反向间隔，例如：

```
print(tuple1[::-1])
```

这句代码会输出：

```
(9, 7, 5, 3, 1)
```

可以看出就是翻转了整个 Tuple。

4.2.2 修改

这里说的"修改"并不是原位的修改，因为 Tuple 的元素一旦指定就不可再修改，而是通过创建一个新的 Tuple 来实现修改，比如下面这个例子：

```
tuple1 = (1, 3, 5, 7, 9)
tuple2 = (2, 4, 6, 8)
tuple3 = tuple1 + tuple2
print(tuple3)
tuple4 = tuple1 * 2
print(tuple4)
```

这段代码会输出：

```
(1, 3, 5, 7, 9, 2, 4, 6, 8)
(1, 3, 5, 7, 9, 1, 3, 5, 7, 9)
```

可以看到我们通过创建 tuple3 和 tuple4，"修改"了 tuple1 和 tuple2。

同时要注意的是，之前在讲字符串的时候提到的加法和乘法对 Tuple 的操作也是类似的，效果分别是两个 Tuple 元素合并为一个新的 Tuple 和重复自身元素返回一个新的 Tuple。

4.2.3　遍历

遍历有两种方法：

```
# for 循环遍历
for item in tuple1:
    print(f'{item} ', end='')

# while 循环遍历
index = 0 # 下标
while index < len(tuple1):
    print(f'{tuple1[index]} ', end='')
    index += 1
```

这段代码会输出：

```
1 3 5 7 9 1 3 5 7 9
```

这里，在 print 函数中加了一个使结束符为空的参数，这个用法会在下一章函数中讲到，这里只要知道这样会使 print 不再自动换行就可以了。

我们可以通过一个 for 循环或者 while 循环直接顺序访问元组的内容。显然 for 循环不仅可读性高而且更加简单，在大多数情况下应该优先采用 for 循环。

另外值得一提的是，之所以 Tuple 可以这样用 for 遍历是因为 Tuple 包括后面马上要提到的 List 和 Dict 对象本身是可迭代的对象，这个概念之后会细讲，这里只要学会 for 循环的用法就可以了。

4.2.4　查找

在 Tuple 中查找元素可以用 in，比如：

```
. if 3 in tuple1:
    print('We found 3! ')
else:
    print('No 3! ')
```

这段代码会输出：

```
We found 3!
```

in 是一个使用广泛的用于判断包含的运算符，类似地还有 not in。in 的作用就是判断特定元素是否在某个对象中，如果包含就返回 True，否则返回 False。

4.2.5　内置函数

此外有一些内置函数可以作用于 Tuple 上，比如：

```
print(len(tuple1))
print(max(tuple1))
print(min(tuple1))
```

从上到下分别是求 tuple1 的长度、tuple1 中最大的元素、tuple2 中最小的元素。

这些函数对接下来即将讲到的 List 和 Dict 也有类似的作用。

4.3　List（列表）

List 又叫列表，也是一个线性结构，它的表达形式是：

```
list1 = [1, 2, 3, 4, 5]
```

List 的性质和 Tuple 是非常类似的，上述 Tuple 的操作都可以用在 List 上，但是 List 有一个最重要的特点就是元素可以修改，所以 List 的功能要比 Tuple 更加丰富。

由于 List 的查找和遍历语法与 Tuple 是完全一致的，所以这里就不再赘述了，我们把主要精力放到 List 的特性上。

4.3.1　添加

之前已经提到了，List 是可以修改的，因此可以在尾部添加一个元素，比如：

```
list1 = [1, 2, 3, 4, 5]

# 下面是一种标准的错误做法
# list1[5] = 6
# 这样会报 IndexError

# 下面才是正确做法
list1.append(6)
print(list1)
```

这段代码会输出：

```
[1, 2, 3, 4, 5, 6]
```

append 方法的作用是在 List 后面追加一个元素，类似地，还有 *extend* 和 *insert* 可以用于添加元素，比如：

```
list2 = [8, 9, 10, 11]
list1.extend(list2)
print(list1)
list1.insert(0, 8888)
print(list1)
```

这段代码会输出：

```
[1, 2, 3, 4, 5, 6, 8, 9, 10, 11]
[8888, 1, 2, 3, 4, 5, 6, 8, 9, 10, 11]
```

extend 接收一个参数，内容为要合并进这个 list 的一个可迭代对象，所以这里可以传入一个 List 或者 Tuple。

insert 接收两个参数，分别是下标和被插入的对象，可以在指定下标位置插入指定对象。

4.3.2　删除

由于 List 元素是可以修改的，因此删除也是允许的，List 删除元素有三种方法。

1. del 操作符

del 是一个 Python 内建的一元操作符，只有一个参数是被删除的对象，比如：

```
list1 = [1, 2, 3, 4, 5]
del list1[1]

print(list1)
```

这段代码会输出：

```
[1, 3, 4, 5]
```

del 一般用来删除指定位置的元素。

2. pop 方法

pop 方法没有参数，默认删除最后一个元素，比如：

```
list1 = [1, 2, 3, 4, 5]
print(list1.pop())

print(list1)
```

这段代码会输出：

```
5
[1, 2, 3, 4]
```

3. remove 方法

remove 方法接收一个参数，为被删除的对象，比如：

```
list1 = [1, 1, 2, 3, 5]
list1.remove(1)

print(list1)
```

这段代码会输出：

```
[1, 2, 3, 5]
```

同时也可以看出 remove 是从前往后查找，删除遇到第一个相等的元素。

4.3.3 修改

List 可以在原位进行修改，直接用下标访问就可以，比如：

```
list1 = [1, 2, 3, 4, 5]
list1[2] = 99999

print(list1)
```

这段代码会输出：

```
[1, 2, 99999, 4, 5]
```

这样第三个元素就被修改了。

还记得我们刚刚学习的切片操作符吗？对于 List 来说可以一次修改一段值，比如：

```
list1 = [1, 2, 3, 4, 5]
list1[2:4] = [111, 222]

print(list1)
```

这段代码会输出：

```
[1, 2, 111, 222, 5]
```

也可以等间隔赋值：

```
list1 = [1, 2, 3, 4, 5]
list1[::2] = [111, 222, 333]

print(list1)
```

这段代码会输出：

```
[111, 2, 222, 4, 333]
```

很多时候我们希望在遍历过程中修改值，那么就有了新的问题，如果删除了一个值，那么之后会不会遍历到已删除的值？而如果在尾部添加了一个值，那么之后新添加的值会不会被遍历到？在 Python 中遍历 List 时修改值是完全安全的，不会遍历到删除的值并且新添加的值会正常遍历，我们看一个例子：

```
#这样不能修改内容,因为 item 是一个拷贝
for item in list1:
    item += 1

print(list1)                    # 依旧是[1, 2, 3, 4, 5]

# 我们需要访问原来的 List
for index, item in enumerate(list1):
    list1[index] += 1            # 这样访问是安全的
    if index == 3:
```

```
list1. append(6)            # append 也是安全的,添加的 6 也会被遍历到

print(list1)                # 输出是[2, 3, 4, 5, 6, 7]
```

在 for 循环中建立的循环变量 item 只是原对象 list1 中元素的一个拷贝,所以直接修改 item 不会对 list1 造成任何影响,我们依旧需要用下标或者 List 的方法来修改 list1 的值。

之前我们都是通过 while 来完成跟下标有关的循环的,这里介绍如何用 for 来进行下标相关的循环,那就是利用 enumerate 返回一个迭代器,这个迭代器可以同时生成下标和对应的值用于遍历。当然由于还没有讲到函数和面向对象的相关知识,这里只要有个印象即可,能模仿使用更好。

4.3.4 排序和翻转

很多时候,我们希望数据是有序的,而 List 提供了 sort 方法用于排序和 reverse 方法用于翻转,比如:

```
list1 = [1, 2, 3, 4, 5]
list1. reverse()
print(list1)
list1. sort()
print(list1)
list1. sort(reverse=True)
print(list1)
```

这段代码会输出:

```
[5, 4, 3, 2, 1]
[1, 2, 3, 4, 5]
[5, 4, 3, 2, 1]
```

第一个 reverse 方法的作用就是将 List 前后翻转,第二个 sort 方法是将元素从小到大排列,第三个 sort 加了一个 reversed=True 的参数,所以它会从大到小排列元素。

4.3.5 推导式

列表推导式是一种可以快速生成 List 的方法。

比如想生成一个含有 0~100 中所有偶数的列表可能会这么写:

```
list1 = []

for i in range(101):
    if i%2 == 0:
        list1. append(i)

# 现在 list1 含有 0-100 中所有偶数
```

但是如果使用列表推导式,只用一行即可:

```
list1 = [i for i in range(101) if i%2 == 0]    # 和上述写法的效果等价
```

怎么理解这个语法呢？这里的语法很像经典集合论中对集合的定义，其中最开始的 i 是代表元素，而后面的 for i in range(101) 说明了这个元素的取值范围，最后的一个 if 是限制条件。

同时代表元素还可以做一些简单的运算，比如：

```
list1 = [i * i for i in range(10)]
print(list1)
```

这里输出的结果是：

```
[0, 1, 4, 9, 16, 25, 36, 49, 64, 81]
```

这里依靠列表推导式就快速生成了 100 以内的完全平方数。

另外值得一提的是，列表推导式不仅简洁、可读性高，更关键的是相比之前的循环生成，列表推导式的效率要高得多，因此在写 Python 代码中应该善于使用列表推导式。

4.4 Dict（字典）

Dict 中文名为字典，与上面的 Tuple 和 List 不同，是一种集合结构，因为它满足集合的三个性质，即无序性、确定性和互异性。创建一个字典的语法是：

```
zergling = {'attack': 5, 'speed': 4.13, 'price': 50}
```

这段代码我们定义了一个 zergling，它拥有 5 点攻击力，具有 4.13 的移动速度，消耗 50 块钱。

Dict 使用花括号，里面的每一个对象都需要有一个键，称之为 Key，也就是冒号前面的字符串，当然它也可以是 int、float 等基础类型。冒号后面的是值，称之为 Value，同样可以是任何基础类型。所以 Dict 除了被叫作字典以外还经常被称为键值对、映射等。

Dict 的互异性体现在它的键是唯一的，如果我们重复定义一个 Key，后面的定义会覆盖前面的，比如：

```
#请不要这么做
zergling = {'attack': 5, 'speed': 4.13, 'price': 50, 'attack': 6}
print(zergling['attack'])
```

这段代码会输出：

```
6
```

相比 Tuple 和 List，Dict 的特点就比较多了：
- 查找比较快。
- 占用更多空间。
- Key 不可重复，且不可变。
- 数据不保证有序存放。

这里最重要的特点就是查找速度快，对于一个 Dict 来说无论元素有 10 个还是 10 万个，查找某个特定元素花费的时间都是相近的，而 List 或者 Tuple 查找特定元素花费的时间却会随着元素数目的增长而线性增长。

4.4.1 访问

Dict 的访问和 List 与 Tuple 类似，但是必须要用 Key 作为索引：

```
print(zergling['price'])
# 注意 Dict 是无序的,所以没有下标
# print(zergling[0])
```

这里会输出：

```
50
```

如果执行注释里的错误用法，会抛出 KeyError 异常，因为 Dict 是无序的，所以无法用下标去访问，报错为：

```
Traceback (most recent call last):
  File "/Users/jiangjiao/PycharmProjects/LearnPythonWithPractice/Chapter 7/Dict.py", line 8, in <module>
    print(zergling[0])
KeyError: 0
```

为了避免访问不存在的 Key，这里有三种办法。

1. 使用 *in*

第一种办法是使用 in 操作符，比如：

```
if 'attack' in zergling:
    print(zergling['attack'])
```

in 操作符会在 Dict 所有的 Key 中进行查找，如果找到就会返回 True，反之返回 False，因此可以确保访问的时候 Key 一定是存在的。

2. 使用 *get* 方法

第二种办法是使用 get 方法，比如：

```
print(zergling.get('attack'))
```

get 方法可以节省一个 if 判断，它如果访问了一个存在的 Key，则会返回对应的 Value，反之返回 None。

3. 使用 *defaultdict*

这种办法需要用到一个 import，它的作用是导入一个外部的包，这里仅作了解。

```
from collections import defaultdict
zergling = defaultdict(None)
zergling['attack'] = 5
print(zergling['armor'])
```

这段代码会输出：

```
None
```

可以看到 defaultdict 在访问不存在的 Key 的时候会直接返回 None。

4.4.2 修改

修改 Dict 中 Value 非常简单，和 List 类似，只要直接赋值即可：

```
zergling['speed'] = 5.57
```

4.4.3 添加

添加的方式和 Python 中声明变量的方法类似，比如：

```
zergling['targets'] = 'ground'   # zergling 中原来并没有 targets 这个 Key！
```

和 List 不同的是，由于 Dict 没有顺序，所以 Dict 不使用 append 等方法进行添加，而是只要对要添加的 Key 直接赋值就会自动创建新的 Key，当然如果 Key 已经存在的话会覆盖原来的值。

还有一种与上面 get 方法对应的操作，就是调用 setdefault 方法：

```
zergling = {'attack': 5, 'speed': 4.13, 'price': 50}
print(zergling.setdefault('targets', 'ground'))   # 不存在 targets 这个 Key,因此赋值为 ground
print(zergling.setdefault('speed', 5.57))          # 存在 speed 这个 Key,因此什么都不做
```

这段代码会输出：

```
ground
4.13
```

setdefault 是一个复合的 get 操作，它接收两个参数，分别是 Key 和 Value。首先它会尝试去访问这个 Key，如果存在，则返回它对应的值；如果不存在，则创建这个 Key 并将值设置为 Value，然后返回 Value。

4.4.4 删除

和之前 List 的删除类似，可以使用 del 来删除，比如：

```
del zergling['attack']
```

当然除了 del，Dict 也提供了 pop 方法来删除元素，不过稍有区别，比如：

```
zergling.pop('attack')
```

可以看到 Dict 删除元素的时候需要一个 Key 作为参数，那么有没有像 List 那种方便的 pop 呢？这就要用到 popitem 了，比如：

```
zergling.popitem()
```

但是要注意的是，由于 Dict 本身的无序性，这里 popitem 删除的是最后一次插入的元素。

4.4.5 遍历

由于 Dict 由 Key 和 Value 构成，因此 Dict 的遍历是跟 Tuple 和 List 有些区别的。我们先

看看如何单独获得 Key 和 Value 的集合：

```
zergling = {'attack': 5, 'speed': 4.13, 'price': 50}
print(zergling.keys())
print(zergling.values())
```

这段代码会输出：

```
dict_keys(['attack', 'speed', 'price'])
dict_values([5, 4.13, 50])
```

我们注意到，这两个输出前面带有 dict_keys 和 dict_values，因为这两个方法的返回值是特殊的对象而不是 List，所以不能直接使用下标访问，比如：

```
print(zergling.keys()[0])# 错误!
```

直接下标访问会报错：

```
Traceback (most recent call last):
    File "/Users/jiangjiao/PycharmProjects/LearnPythonWithPractice/Chapter 7/Dict.py", line 30, in <module>
      print(zergling.keys()[0])
TypeError: 'dict_keys' object does not support indexing
```

它们的用途是遍历，我们可以用 for 循环去遍历：

```
for key in zergling.keys():
    print(key, end=' ')    # 避免换行
```

这段代码会输出：

```
attack speed price
```

类似地，还有一个 items 方法，可以同时遍历 Key、Value 对，和之前讲到的 enumerate 非常类似，比如：

```
for key, value in zergling.items():
    print(f'key={key}, value={value}')
```

这段代码会输出：

```
key=attack, value=5
key=speed, value=4.13
key=price, value=50
```

这样就可以遍历整个 Dict 了，不过有一点要注意的是，在遍历过程中可以修改但是不能添加删除，比如：

```
for k,v inzergling.items():
    zergling['attack'] = 'ground'  # attack 本身不存在,改变了 Dict 的大小,错误!
```

这样是会报错的，但是修改已有的值是没有问题的，比如：

```
for k,v inzergling.items():
    zergling['speed'] = 4.5   # 修改是安全的
```

这一点要尤其注意。

4.4.6 嵌套

只有 Tuple、List、Dict 往往是不够的，有时候需要表示更加复杂的对象，因此这时候就需要嵌套使用这三种类型，比如如果想表示一艘航空母舰：

```
carrier = {
    'cost': {
        'mineral': 350,
        'gas': 250,
        'supply': 6,
        'build_time': 86
    },
    'type': [
        'air',
        'massive',
        'mechanical'
    ],
    'sight': 12,
    'attack': 0,
    'armor': 2
}
```

有了这种操作，就可以存储关系非常复杂的数据了，然后可以通过如下的方式去访问嵌套的元素：

```
if 'air' in carrier['type']:
    print('这个单位需要对空火力才能被攻击')

print(f'这个单位生成需要 {carrier["cost"]["mineral"]} 晶矿, {carrier["cost"]["gas"]} 高能瓦斯。')
```

这段代码会输出：

```
这个单位需要对空火力才能被攻击
这个单位生成需要 350 晶矿, 250 高能瓦斯。
```

可以看出，如果使用嵌套的 Tuple、List、Dict，可以通过一层一层地去访问或者修改，比如 carrier 本身就是一个 Dict，因此我们可以用 Key 访问，接着 carrier["cost"] 又返回了一个 Dict，于是我们依旧需要用 Key 访问，所以最终是用 carrier["cost"]["mineral"] 这种方式访问到了我们想要的数据。

4.5 字符串与输入

字符串是计算机与人交互过程中使用最普遍的数据类型。我们在计算机上看到的一切文本，实际上就是一个个字符串。

在之前几章的学习里，输出的内容都非常的简单，只有一个数字或者一句话。本章会介绍如何从屏幕上输入内容以及如何按照特定的需求来构造字符串。

4.5.1　字符串表示

我们先来看一下字符串的表示方式，实际上在之前输出 hello world 的时候已经用过了，代码如下：

```
str1 = "I'm using double quotation marks"
str2 = 'I use "single quotation marks"'
str3 = """I am a
multi-line
double quotation marks string.
"""
str4 = '''I am a
multi-line
single quotation marks string.
'''
```

这里使用了 4 种字符串的表示方式。

str1 和 str2 使用了一对双引号或单引号来表示一个单行字符串。而 str3 和 str4 使用了三个双引号或单引号来表示一个多行字符串。

那么使用单引号和双引号的区别是什么？仔细观察一下 str1 和 str2，在 str1 中，字符串内容包含单引号；在 str2 中，字符串内容包括双引号。

如果在单引号字符串中使用单引号又会怎么样呢？会出现如下报错：

```
In [1]: str1 = 'I'm a single quotation marks string'
  File "<ipython-input-1-e9eb8bee0cd7>", line 1
    str1 = 'I'm a single quotation marks string'
            ^
SyntaxError: invalid syntax
```

其实在输入的时候就可以看到字符串的后半段完全没有正常的高亮，而且回车执行后还报了 SyntaxError 的错误。这是因为单引号在单引号字符串内不能直接出现，Python 不知道单引号是字符串内本身的内容，还是要作为字符串的结束符来处理。所以两种字符串最大的差别就是可以直接输出双引号或单引号，这是 Python 特有的一种方便的写法。

但是另一个问题出现了，如果要同时输出单引号和双引号呢？也就是说我们要用一种没有歧义的表达方式来告诉 Python 这个字符是字符串本身的内容而不是结束符，这就需要用到转义字符了。

4.5.2　转义字符

如表 4-1 所示是 Python 中的转义字符。

表 4-1 转义字符

转 义 字 符	描 述	转 义 字 符	描 述
\（在行尾时）	续行符	\v	纵向制表符
\\	反斜杠符号	\t	横向制表符
\'	单引号	\r	回车
\"	双引号	\f	换页
\a	响铃	\oyy	八进制数 yy 代表的字符，例如：12 代表换行
\b	退格（Backspace）	\xyy	十进制数 yy 代表的字符，例如：0a 代表换行
\000	空	\other	其他的字符以普通格式输出
\n	换行		

实际上所有的编程语言都会使用转义字符，因为没有哪种编程语言会不支持字符串，只不过不同的编程语言可能略有差别。

使用转义字符就能输出所有不能直接输出的字符了，例如：

```
str1 = 'Hi, I\'m using backslash! And I come with a beep! \a'
print(str1)
```

我们可以在 IPython 或者 PyCharm 中执行这两句代码，然后会听到一声"哔"。这是因为 \a 是控制字符而不是用于显示的字符，它的作用就是让主板蜂鸣器响一声。

特殊地，如果想输出一个不加任何转义的字符串，可以在前面加一个 r，表示 raw string（原始字符串），比如：

```
str2 = r'this \n will not be new line'
print(str2)
```

这段代码会输出：

```
this \n will not be new line
```

可以看到其中的 \n 并没有被当作换行输出。

4.5.3 格式化字符串

如果仅仅是输出一个字符串，那么通过 print 函数就可以直接输出。但是我们可能会遇到以下几种应用情景：

- 今天是 2000 年 10 月 27 日。
- 今天的最高气温是 26.7 摄氏度。
- 我们支持张先生。

上面三个字符串中，第一个字符串，我们希望其中的年、月、日是可变的，第二个字符串，我们希望温度是可变的，第三个字符串，我们希望姓氏是可变的。

我们一共有三种方式可以完成这种操作，其中一种方法只支持 Python 3.6 以上的版本，使用时需要注意。

我们先看看 Python 3.6 之前的两种方法。

第一种是类似 C 语言中 printf 的格式化方式：

```
str1 = '今天是 %d 年 %d 月 %d 日' % (2000, 10, 27)        # %d 表示一个整数
str2 = '今天的最高气温是 %f 摄氏度' % 26.7                 # %f 表示一个浮点数
str3 = '我们支持%s 先生' % '张'                            # %s 表示一个字符串
print(str1)
print(str2)
print(str3)
```

对于字符串中的%d，%f，%s，可以简单理解为一个指定了数据类型的占位符，会由百分号后面的数据依次填充进去。

这段代码的输出为：

```
今天是 2000 年 10 月 27 日
今天的最高气温是 26.700000 摄氏度
我们支持张先生
```

这个 26.700000 跟我们想象的结果不太一样，有效数字太多了，那么我们怎么控制呢？

实际上在使用格式化字符串的时候，发生了浮点数到字符串的转换，这种转换存在一个默认的精度。要想改变这个精度，需要在格式化字符串的时候添加一些参数：

```
str4 = '今天的最高气温是 %.1f 摄氏度' % 26.7
print(str4)
```

这样的话，就会输出：

```
今天的最高气温是 26.7 摄氏度
```

这样就只保留了一位小数。对于 %f 来说，控制有效数字的方法是 %整数长度.小数长度f，其中两个长度都是可以省略的。

这是第一种格式化字符串的方式，但是它需要指定类型才能输出，要记这么多占位符比较麻烦也不太人性化，所以接下来讲解一种更加灵活的办法，就是字符串的 format 方法。

这里出现了一个陌生的名词"方法"，一个面向对象程序设计里的概念。举个例子来简单说明：

```
object.dosomething(arg1, arg2, arg3)
```

由于还没有接触过函数的概念，因此这行代码暂时可以这么理解：我们对 object 这个对象以 arg1，arg2，arg3 的方式做了 dosomething（该对象的一个方法，可以理解为一个自定义的函数）的操作，其中点表示调用相应对象的方法。这里只要有一个模糊的认知并且知道语法就行了，具体的原理会随着学习的深入逐渐明了。

回到正题，对于字符串的 format 的方法，我们依旧是从一个例子入手：

```
str1 = '今天是 {} 年 {} 月 {} 日'.format(2000, 10, 27)
str2 = '今天的最高气温是 {} 摄氏度'.format(26.7)
str3 = '我们支持{}先生'.format('张')
print(str1)
```

```
print(str2)
print(str3)
```

format 中的参数被依次填入到了之前字符串的大括号中，所以输出为：

```
今天是 2000 年 10 月 27 日
今天的最高气温是 26.7 摄氏度
我们支持张先生
```

如果我们想改变一下浮点数输出的精度，则需要：

```
str4 = '今天的最高气温是 {0=>3.3f} 摄氏度'.format(26.7)
print(str4)
```

"3.3f"，表示整数 3 位小数 3 位，前面的"0=>"表示什么呢？在这之前我们先看 0 是什么意思，看另一个例子：

```
str5 = '今天是 {2} 年 {1} 月 {0} 日'.format(27, 10, 2000)
print(str5)
```

这段代码会输出：

```
今天是 2000 年 10 月 27 日
```

结合例子不难看出，"0=>"前面的 0 其实是格式化的顺序，也就是说默认格式化顺序是从左到右的，但是我们也可以显示指定这个顺序，不过如果需要用到自定义格式，则这个顺序必须显式给出。

特别地，字符串在 Python 中是一个不可变的对象，format 方法的本质是创建了一个新的字符串作为返回值，而原字符串是不变的，这浪费了空间也浪费了时间，而在 Python 3.6 引入的格式串可以有效地解决这个问题。

关于格式串看一个例子：

```
year = 2000
month = 10
day = 27
str1 = f'今天是 {year} 年 {month} 月 {day} 日'
temp = 26.7
str2 = f'今天的最高气温是 {temp:2.1f} 摄氏度'
lastname = '张'
str3 = f'我们支持{lastname}先生'
print(str1)
print(str2)
print(str3)
```

字符串前加一个 f 表示这是一个格式串，接下来 Python 就会在当前语境中寻找大括号中的变量然后填进去，如果变量不存在，则会报错。

对于上面这个例子，会输出如下结果：

```
今天是 2000 年 10 月 27 日
今天的最高气温是 26.7 摄氏度
我们支持张先生
```

相对前两种格式化字符串的方式，这种方式非常灵活，比如：

```python
#字符串嵌套表达式
a = 1.5
b = 2.5
str1 = f'a + b = {a + b}'

# 字符串排版,^表示居中,数字是宽度
str2 = f'a：{a:^10}, b：{b:^10}.'

# 指定位数和精度
# 这种新格式化方式可以嵌套使用{}
width = 3
precision = 5
str3 = f'a：{a:{width}.{precision}}.'

# 进制转换
str4 = f'int：31, hex：{31:x}, oct：{31:o}'

print(str1)
print(str2)
print(str3)
print(str4)
```

这段代码的输出是：

```
a + b = 4.0
a：    1.5    , b：    2.5    .
a: 1.5.
int：31, hex：1f, oct：37
```

另外值得一提的是，如果需要取消转义，可以连用 'f' 和 'r'，比如：

```python
str5= fr'this \n will not be new line'
print(str5)
```

特殊地，如果在格式串中想输出花括号，需要两个相同的花括号连用，例如：

```python
str6= f'{{ <- these are braces -> }}'
print(str6)
```

这段代码的输出为：

```
{ <- these are braces -> }
```

可以看到花括号被正常输出。

4.5.4　字符串输入

Python 有一个内建的输入函数，input。我们可以通过这个函数来获取一行用户输入的文本，比如：

```
number = int(input('input your favorite number:'))   # input 中的参数是输出的提示
print(f'your favorite number is {number}')
```

由于 input 返回的是输入的字符串，如果我们需要的不是字符串，那么需要对 input 进行一次类型转换。

运行后输入 123，就可以得到这样的输出：

```
input your favorite number:123
your favorite number is 123
```

另外需要注意的是，input 一次只获取一行的内容，也就是说只要回车（按〈Enter〉键），input 就会立即返回当前这一行的内容，并且不会包含换行符。

4.5.5　字符串运算

字符串也是可以进行一些运算的，我们先看一个例子：

```
alice = 'my name is '
bob = 'Li Hua! '
print(alice + bob)
print(bob * 3)
print('Li' in bob)
print('miaomiao' not in bob)
print(alice[0:7])
```

这段代码会输出：

```
my name is Li Hua!
Li Hua! Li Hua! Li Hua!
True
True
my name
```

不难发现，字符串支持如表 4-2 所示的操作符。

表 4-2　字符串操作符

操　作　符	作　　用	操　作　符	作　　用
+	连接两个字符串，返回连接的结果	not in	判断字符串是否不包含
*	重复一个字符串	[]	截取一个或一段字符串，这个操作叫作切片
in	判断字符串是否包含		

在下一章学习的时候，我们还会看到这些运算，这里作为了解就够了。

4.5.6 字符串内建方法

像刚刚的 format 一样，字符串还有几十种内建的方法。这里会选择一些常用的简单介绍，其余的方法读者可以自行探索。要注意的是，所有这些方法都不会改变字符串本身的值，而是会返回一个新的字符串。

表 4-3 均摘录自 Python 官方的文档，其中中括号表明是可选参数。

表 4-3 字符串内建方法

方 法 名	作 用	方 法 名	作 用
count(sub[, start[, end]])	返回 sub 在字符串非重叠出现的次数，可选指定开始和结束位置	replace(old, new[, count])	替换原字符串中出现的 old 为 new，可选指定最大替换次数
find(sub[, start[, end]])	检查 sub 是否在字符串出现过，可选指定开始和结束位置	rstrip([chars])	移除字符串右边的连续空格，如果指定字符的话则移除指定字符
isalpha()	判断字符串是不是不为空，并且全是字母	split(sep=None, maxsplit=-1)	将字符串以 sep 字符为间隔分割成一个字符串数组，如果 sep 未设置，则以一个或多个空格为间隔
isdigit()	判断字符串是不是不为空，并且全是数字	startswith(prefix[, start[, end]])	判断一个字符串是否以一个字符串开始
join(iterable)	以字符串为间隔，将 iterable 内的所有元素合并为一个字符串	strip([chars])	等同于同时执行 lstrip 和 rstrip
lstrip([chars])	移除字符串左边的连续空格，如果指定字符的话则移除指定字符	zfill(width)	用 '0' 在字符串前填充至 width 长度，如果开头有 +/- 符号会自动处理

下面举一些例子来看这些方法怎么使用。

1. count(sub[, start[, end]])

其中，start 和 end 均为可选参数，默认是字符串开始和结束位置，比如：

```
print('这个字在这句话出现了多少次？'.count('这'))
```

输出是：

```
2
```

2. find(sub[, start[, end]])

默认返回第一次出现的位置，找不到则返回 -1，比如：

```
print('这个字在这句话出现了多少次？'.find('这'))
print('这个字在这句话出现了多少次？'.find('不存在的'))
```

输出是：

```
0
-1
```

3. isalpha() 和 isdigit()

用来判断是不是纯数字或者纯字母，比如：

80

```
print('aaaaa'. isalpha())
print('11111'. isdigit())
print('a2a3a4'. isalpha())
```

输出是：

```
True
True
False
```

4. join(iterable)

理解 join 需要用到后面的知识，这里只要有一个直观的感觉就好了，比如：

```
print('. '. join(['8', '8', '4', '4']))
```

输出：

```
8. 8. 4. 4
```

就是以特定的分隔符把一个可迭代对象连接成字符串。

5. lstrip([chars]), rstrip([chars]) 和 strip([chars])

这三个非常方法的功能接近，比如：

```
a = '   abc   '   # abc 前后均有三个空格
print(repr(a. lstrip()))
print(repr(a. rstrip()))
print(repr(a. strip()))
```

输出是：

```
'abc   '
'   abc'
'abc'
```

这里为了能够清晰地看到数据的内容，我们引入了一个新的内建函数 repr，它的作用是将一个对象转化成供可解释器读取的字面量，所以我们能看到转义符和两边的引号等字符，因为它的输出是可以直接写到源代码的。

从输出可以看出前后的空格被移除的情况。如果指定参数，则移除的就不是默认的空格，而是指定的字符了。

6. split(sep=None, maxsplit=-1)

默认以空格为分隔符进行分割，返回分割的结果，另外可以指定分隔符和最大分割次数，比如：

```
a = 'This sentence will be split to word list. '
print(a. split())
```

输出是：

```
['This', 'sentence', 'will', 'be', 'split', 'to', 'word', 'list. ']
```

此外需要注意，split() 和 split(" ") 是有区别的，后者在遇到连续多个空格的时候会分割出多个空字符串。

7. startswith(prefix[, start[, end]])

判断字符串是否具有某个特定前缀，比如：

```
filename = 'image000015'
print( filename. startswith( 'image') )
```

输出是：

```
True
```

类似的还有 endswith 方法，用来判断后缀。

8. zfill(width)

指定一个宽度，如果数字的长度大于宽度则什么也不做，但是如果小于宽度则剩下的位会用 0 补齐，比如：

```
index = '15'
filename = 'image' + index. zfill( 6)
print( filename)
```

输出是：

```
image000015
```

4.5.7 访问

字符串实际上和 Tuple 非常相似，它本身可以像 Tuple 一样去用下标访问单个字符，但是其不能修改，比如：

```
str1 = 'En Taro Tassadar'
print( str1[ 0]) # 输出 E

# 这样是错误的
# str1[ 0] = 'P'
```

如果按照注释里修改的话，会报错：

```
Traceback ( most recent call last):
    File "/Users/jiangjiao/PycharmProjects/LearnPythonWithPractice/Chapter 7/String. py", line 5, in <module>
        str1[ 0] = 'P'
TypeError: 'str' object does not support item assignment
```

正如 Tuple 一样，字符串也是一种不可修改的类型，任何形式的"修改"都是创建一个新的对象来完成。

4.5.8 遍历

和 Tuple 类似，字符串也可以用 for 循环来遍历：

```
for char in str1:
    print(char, end="")
```

这段代码会输出:

En TaroTassadar

本章小结

Tuple, List 和 Dict 是 Python 中非常重要的三种基本类型,其中 Tuple 和 List 有许多共性,但是 Tuple 是不可修改的,List 允许修改要更灵活一些,而 Dict 是最灵活的,它可以存储任何类型的键值对而且可以快速地查找,同时三种类型又可以相互嵌套形成更复杂的数据结构,这对组织结构化的数据是极有帮助的,所以一定要完全掌握它们的用法。

字符串是一种非常常见的数据类型,也是我们在设计程序过程中经常打交道的对象,本章介绍了 Python 中字符串如何构造和处理以及如何获得用户输入的字符串,可以看到 Python 对字符串操作还是提供了相当丰富的支持,但是这些方法不必全部记住,只要熟练掌握常用的几个方法,其他的在用的时候再查即可。

习题

1. 统计英文句子 "python is an interpreted language" 有多少个单词。
2. 统计英文句子 "python is an interpreted language" 有多少个字母 'a'。
3. 使用 input 输入一个字符串,遍历每一个字符来判断它是不是全是小写英文字母或者数字。
4. 输入一个字符串,反转它并输出。
5. 统计一个英文字符串中每个字母出现的次数。
6. 输出前 20 个质数。
7. 设计一个嵌套结构,使它可以表示一个学生的全部信息——包括姓名、年龄、学号、班级、所有课的成绩等。
8. 输入一个数字 n,然后输出 n 个 '*'。
9. 输出输入的字符串中字母 'a' 出现的次数。
10. 写一个猜数字小游戏,要求能提示大了还是小了,并且有轮数限制。
11. 输入一个年份,判断是不是闰年。
12. 输入一个年月日的日期,输出它的后一天。
13. 通过搜索了解 ISBN 的校验规则,输入一个 ISBN 号,输出它是否正确。
14. 输入一个字符串,判断它是不是回文字符串。

第5章 文件读写

很多时候我们希望程序可以保存一些数据，比如日志、计算的结果等。比如用 Python 来处理实验数据，如果能把各种结果保存到一个文件中，即使关闭了终端或者 IDE，下次不用再完全跑一遍也可以直接查看结果，这时候就需要 Python 中有关文件的操作了。

本章会详细讲解在 Python 中的文件操作和文件系统相关知识。

5.1 打开文件

用 Python 打开一个文件需要用到内建的 open 函数。这个函数的原型是：

open(file, mode = 'r', buffering = -1, encoding = None, errors = None, newline = None, closefd = True, opener = None)

其中 file, mode, encoding 三个参数比较重要。

5.1.1 file

file 参数就是文件名，文件名可以是相对路径，也可以是绝对路径，总之可以定位到这个文件就行。

绝对路径非常好理解，比如一个文件的完整路径是 C:\Users\user1\file. txt，那么它的绝对路径就是 C:\Users\user1\file. txt。

这就好比在二维坐标系上，一旦 x 和 y 值确定了，那么这个点的位置就确定了。

介绍相对路径需要引入工作路径的概念。事实上任何一个程序在运行的时候都会有一个工作路径，所有的相对路径都是相对这个工作路径而言的，在 Python 中我们可以这样查看当前工作路径：

```
import os
print( os. getcwd( ) )
```

这段代码一个可能的输出是：

/Users/jiangjiao/PycharmProjects/LearnPythonWithPractice/Chapter　　12

不难发现，这个路径就是文件所在的文件夹。但是要注意的是，工作路径不一定总是这样，如图 5-1 所示。

有蓝色条开头的是用户输入，没有蓝色条开头的是程序的输出，这里上面终端中发生了以下行为。

- 第一行：cd 命令用于切换工作路径，这里是切换到了 Path. py 所在的目录，注意这时候工作路径就是 Path. py 所在的目录。
- 第二行：使用 Python 解释器启动了工作路径下的 Path. py，注意这里使用的就是相对

图 5-1　相对路径

路径。

- 第三行：Path. py 输出了工作路径为当前目录。
- 第四行：使用 Python 解释器启动了 Path. py，但是这次使用了绝对路径。
- 第五行：将工作路径转到了当前用户根目录下，这是 Mac osx 或者 Linux 在 cd 没有参数时的默认操作。在 Windows 下可以使用 cd/来切换到当前驱动器的根目录。
- 第六行：再次执行 Path. py，但是这里使用了绝对路径，可以看到工作路径并不是文件所在路径了，而是当前终端的工作路径。
- 第七行：如果这时候使用相对路径访问 Path. py，会提示 No such file or directory，意味着用相对路径找不到这个文件或目录。

从这个例子中可以看到相对路径和绝对路径的关系，那就是 绝对路径 = 工作路径 + 相对路径。比如工作路径是 C:\Users\user1，这时候用相对路径 file. txt 去定位文件，实际上是跟绝对路径 C:\Users\user1\file. txt 等价的，也就是说相对路径是相对工作路径而言的。

特殊地，我们可以用 . 表示当前目录和用 .. 表示父目录，比如在工作路径 C:\Users\user1 下用 . 就表示 C:\Users\user1，而用 .. 就表示 C:\User。

如果还用之前二维坐标系的例子来描述的话，相对路径就好比是一个点相对另一个点的偏移 Δx 和 Δy，一旦相对的点和偏移确定了，这个点就确定了。

5.1.2　mode

mode 参数表示打开这个文件的时候要采取的行为，一共有如表 5-1 所示的模式。

表 5-1　模式

模　式	解　释
'r'	r 表示读，即以只读方式打开文件。这是默认模式，所以如果用只读方式打开文件，这个参数可以省略
'w'	w 表示写，新建一个文件只用于写入。如文件已存在则会覆盖旧文件
'x'	x 表示创建新文件，如果文件已存在则报错

（续）

模　式	解　释
'a'	a 表示追加，打开一个文件用于追加，后续的写入会从文件的结尾开始。如果该文件不存在，则创建新文件
'b'	二进制读写模式
't'	文本模式
'+'	以更新的方式打开一个文件

这些开关可以自由组合，但是需要注意的是前四种至少要选择一个，同时默认情况下是用文本模式读写，如果需要二进制读写必须单独指明。

表 5-2 给出一些常用的模式组合。

表 5-2　常用模式组合

模　式	解　释
rb	b 表示二进制读写模式，配合 r 的意思就是二进制只读方式打开
r+	+表示更新，打开一个文件用于更新。文件指针将会放在文件的开头。如文件不存在则报错。r+ 会覆盖写原来的文件，覆盖位置取决于文件指针的位置
rb+	相比 r+ 不同之处在于是二进制读写
wb	二进制写入
w+	新建一个文件用于写入，如果文件已经存在则会清空文件内容
wb+	相比 w+ 不同之处是二进制写入
ab	相比 a 不同之处是二进制追加
a+	相比 a 不同之处是可以读写
ab+	相比 a+ 不同之处是二进制读写

这里出现了一个新名词：文件指针，实际上只要把它理解为 word 中的光标就好了，它代表了我们下次写入或者读取的起始位置。

5.1.3　encoding

这个单词的意思是编码，在这里指的是文件编码，比如 GB18030，UTF-8 等。有的时候我们打开一个文件乱码，就可以尝试修改这个参数。一般来说推荐无论读写都使用 UTF-8 来避免乱码问题。

5.2　关闭文件

对文件操作后应该关闭文件，否则可能会丢失写入的内容，同时如果是写模式打开一个文件却不关闭，那么这个文件会一直被占用，所以一定要养成关闭文件的好习惯。

文件的关闭非常简单，只需要调用 close 方法即可：

```
file = open('file.txt', 'r')
file.close()  # 别忘记关闭文件
```

5.3 读文件

读文件一般有四种方式，即 read，readline，readlines 和迭代。

下面要读取的 file.txt 中的内容为：

> *Hello, this is a test file.*
> *Let's read some lines from The Matrix.*
> *This is your last chance.*
> *After this, there is no turning back.*
> *You take the blue pill—the story ends, you wake up in your bed and believe whatever you want to believe.*
> *You take the red pill—you stay in Wonderland, and I show you how deep the rabbit hole goes.*
> *Remember：all I'm offering is the truth.*
> *Nothing more.*

5.3.1 read

read 方法的原型是：

```
read(size=-1)
```

它用于读取指定数量的字符，默认参数 -1 表示读取文件中的全部内容。注意如果直到文件末尾还没有读取够 size 个字符，那么会直接返回，也就是说 size 只表示最多读取的字符数量。

比如读取前 10 个字符可以这么写：

```
file = open('file.txt', 'r')
result = file.read(10)
print(result)
file.close()    # 别忘记关闭文件
```

这段代码会输出：

```
Hello, thi
```

5.3.2 readline

readline 的原型是：

```
readline(size=-1)
```

和 read 类似，size 指定了最多读入的字符数量，但是 readline 一次会读入一整行，也就是说遇到换行符 \n 会返回一次，比如我们希望读第一行可以这么写：

```
file = open('file.txt', 'r')
result = file.readline()
print(result)
file.close()    # 别忘记关闭文件
```

这段代码会输出：

> *Hello, this is a test file.*

5.3.3　readlines

readlines 的原型是：

> *readlines(hint=-1)*

它表示一次读取多行，如果没有指定参数则默认读到最后一行，比如如果我们想读取文件中所有行可以这么写：

```
file = open('file.txt', 'r')
result = file.readlines()
print(result)
file.close()    # 别忘记关闭文件
```

这段代码会输出：

> `['Hello, this is a test file.\n', "Let's read some lines from The Matrix.\n", 'This is your last chance.\n', 'After this, there is no turning back.\n', 'You take the blue pill—the story ends, you wake up in your bed and believe whatever you want to believe.\n', 'You take the red pill—you stay in Wonderland, and I show you how deep the rabbit hole goes.\n', "Remember: all I'm offering is the truth.\n", 'Nothing more.']`

这里可以看到返回的 List 中每个元素就代表文件中的一行。

5.3.4　迭代

此外其实文件对象本身也是一个可迭代对象，也就是说可以用 for 循环来遍历每一行，比如：

```
file = open('file.txt', 'r')
for line in file:
    print(line, end="")    # 文件中每一行本身有一个换行,所以用 end="" 让 print 不换行
file.close()    # 别忘记关闭文件
```

这段代码会输出：

> *Hello, this is a test file.*
> *Let's read some lines from The Matrix.*
> *This is your last chance.*
> *After this, there is no turning back.*
> *You take the blue pill—the story ends, you wake up in your bed and believe whatever you want to believe.*
> *You take the red pill—you stay in Wonderland, and I show you how deep the rabbit hole goes.*
> *Remember: all I'm offering is the truth.*
> *Nothing more.*

5.4 写文件

5.4.1 write 和 writelines

写文件有两种方法，write 和 writelines，比如：

```
file2 = open('file2.txt', 'w')
file2.write('hello world! \n')
file2.writelines(('this ', 'is ', 'a\n', 'file! '))
file2.close()    # 别忘记关闭文件
```

会得到这样一个文件：

```
hello world!
this is a
file!
```

要注意的是，写入的时候不会像 print 那样自动在最后添加一个换行符，因此如果想换行的话需要自己添加换行符。

5.4.2 flush

另外如果想在不关闭文件的前提下把内容写入到文件中，可以使用 flush，比如：

```
from time import sleep
file2 = open('file3.txt', 'w')
file2.write('hello world! \n')
file2.writelines(('this ', 'is ', 'a\n', 'file! '))
file2.flush()
sleep(60)                # 这时候去查看文件,已经有写入的内容
file2.close()            # 但是文件依旧需要正常关闭
```

这个函数的作用就是立即把刚才要写入的内容立即写到文件中。

5.5 定位读写

刚才在讲模式的时候提到过文件指针的概念，实际上还可以像在 Word 里移动光标一样定位或者移动这个指针来为读写做准备。

5.5.1 tell

tell 用来返回光标的位置，或者说是相对文件起始的偏移，比如：

```
file = open('file.txt', 'a')
print(file.tell())
file.close()              # 别忘记关闭文件
```

这段代码会输出：

因为我们使用了 'a' 模式，打开的时候指针在文件的末尾。

5.5.2 seek

seek 的原型是：

```
seek(offset[, whence])
```

offset 表示要设置的偏移量，以字节为单位，正数表示正向偏移，负数表示反向偏移。whence 表示偏移的基准，0 表示相对文件起始，1 表示相对当前文件指针位置，2 表示相对文件结尾。如果导入了 io 模块的话还可以相应地使用 io.SEEK_SET、io.SEEK_CUR 和 io.SEEK_END 表示偏移的基准来提高可读性。

比如我们可以这样使用：

```
import io

file3 = open('file3.txt', 'w+')
file3.write('congratulations, you mastered this skill! ')
print(file3.tell())
file3.seek(35)
print(file3.tell())
file3.write('tool! ')
file3.close()
```

会输出一个这样的文本文件：

```
congratulations, you mastered this tool!!
```

可以看到定位到 skill 这个单词的位置，然后修改了它。

5.6 数据序列化

有时候除了希望把变量的值存起来，还希望下次读取的时候可以用这些数据直接恢复当时变量的状态，这时候就需要用到序列化的技术。

5.6.1 Pickle

Pickle 是 Python 内建的序列化工具。它有序列化和反序列化两个过程，对应的就是变量的存储和读取。

我们直接看一个完整的例子：

```
import pickle
import datetime

list1 = ['hello', 1, 'world! ']
dict1 = {'key': 'random value'}
```

```
time = datetime. datetime. now()

file = open('pickle. pkl', 'wb+')

# 序列化
pickle. dump(list1, file)
pickle. dump(dict1, file)
pickle. dump(time, file)

file. close()

file = open('pickle. pkl', 'rb+')

# 反序列化
data = pickle. load(file)
print(data)
print(type(data))
data = pickle. load(file)
print(data)
print(type(data))
data = pickle. load(file)
print(data)
print(type(data))

file. close()
```

这段代码会输出：

```
['hello', 1, 'world! ']
<class 'list'>
{'key': 'random value'}
<class 'dict'>
2018-02-24 11:50:31. 931213
<class 'datetime. datetime'>
```

可以看到这里核心方法是 pickle. dump 和 pickle. load，前者用于把数据序列化到文件中，后者用于把数据从文件中反序列化赋值给变量。

要注意的是由于 pickle 使用的协议是使用二进制来序列化，因此生成的文件用普通的编辑器是不可读的，而且在 dump 方法中传入的文件对象应该是以 'b' 模式（Python 自带模式）打开的。

5. 6. 2　JSON

JSON 是一种轻量化的数据交换格式，它并不是专门为 Python 服务的，但是由于 JSON 数据格式跟 Python 中的 List、Dict 非常相近，因此 JSON 和 Python 的亲和度相当高，所以也常用 JSON 来序列化数据，而且相比之前的 Pickle，JSON 序列化产生的是文本文件，也就是说依旧是可读可编辑的。

比如可以轻松地序列化和反序列化这种嵌套式的变量：

```
import json

dict1 = {
    'Name': 'Steve Jobs',
    'Birth Year': 1955,
    'Company Owned': [
        'Apple',
        'Pixar',
        'NeXT'
    ]
}

file = open('data.json', 'w+')

# 序列化
json.dump(dict1, file)

file.close()

file = open('data.json', 'r+')

# 反序列化
data = json.load(file)
print(data)
print(type(data))

file.close()
```

这段代码可以输出：

```
{'Name': 'Steve Jobs', 'Birth Year': 1955, 'Company Owned': ['Apple', 'Pixar', 'NeXT']}
<class 'dict'>
```

用任意文本编辑器打开刚刚生成的 JSON 文件，可以看到文件内容是：

```
{"Name": "Steve Jobs", "Birth Year": 1955, "Company Owned": ["Apple", "Pixar", "NeXT"]}
```

可以发现数据的格式基本是跟 Python 中的表示方法是一样的。

如果想进一步提高可读性，可以简单修改一下序列化时候的参数：

```
#把 json.dump(dict1, file) 修改为
json.dump(dict1, file, indent=4)
```

这样序列化的数据就会变成：

```
{
    "Name": "Steve Jobs",
    "Birth Year": 1955,
    "Company Owned": [
        "Apple",
```

```
            "Pixar",
            "NeXT"
        ]
}
```

但是在 Python 中用 JSON 序列化数据也是有缺陷的，如果我们想序列化一个自己写的类，还需要自己写一个 Encoder 和 Decoder 用于编码和解码对象，相比 Pickle 来说就复杂得多了。

5.7 文件系统操作

对于文件系统，Python 提供了一个专门的库 os，其中封装了许多跟操作系统相关的操作，但是其中有的函数只能在特定的平台上使用，比如 chmod 只能在 Linux/OSX 上获得完整的支持，而在 Windows 上只能用于设置只读，虽然 Python 是跨平台的，但是毕竟不同平台的特性相差太多，os 中的很多方法都有这样的平台依赖性。

接下来会介绍一些和文件系统相关的方法。

1. os. listdir(*path* =*'. '*)

这个函数可以列出一个目录下的所有文件，path 是路径，如果不指定则是当前的工作路径，比如：

```
print( os. listdir( ))
```

会输出：

```
[ 'file2. txt', 'file. txt', 'pickle. pkl', 'file3. txt', 'OS. py', 'data. json', 'File. py', 'Pickle. py', 'Path. py', '
Json. py']
```

2. os. mkdir(*path* , *mode* =*0o777*)

这个函数可以创建一个目录，path 是路径，mode 是 Linux/OSX 上的文件权限，在 Windows 中这个参数是不可用的。

3. os. makedirs(*name*, *mode* =*0o777*, *exist_ok* =*False*)

os. mkdir 只能创建一个目录，但是 os. makedirs 可以创建包括子目录在内的多个目录。exist_ok 参数决定了如果目录存在会不会报错，如果设置为 False，那就是会报错。

我们看一个例子就能明白 makedirs 的方便之处：

```
os. mkdir( 'testdir')
os. makedirs( 'testdir2/testdir')
```

可以看到创建出了两种目录，如图 5-2 所示。

其中在创建第二个 testdir 的时候不存在父目录 testdir2，而 makedirs 自动为我们创建了这个目录。

4. os. remove(*path*)

删除指定路径的文件，不能用来删除目录。

5. os. rmdir(*path*)

删除一个空目录，比如：

图 5-2 创建目录

os. rmdir('testdir')

但是如果尝试删除 testdir2 就会报错，因为它非空。

6. os. removedirs(*name*)

递归删除一个具有子目录的目录。使用这个函数，就可以删除 testdir2 了，比如：

os. removedirs('testdir2')

7. os. rename(*src, dst*)

重命名一个文件。src 是源文件，dst 是目标文件，比如：

os. rename('data. json', 'data')

8. os. path. exists(*path*)

可以判断一个文件是否存在。比如：

os. path. exists('. /Path. py')

9. os. path. isfile (*path*)

可以判断一个路径是不是文件，而不是目录或者其他类型。比如：

os. path. isfile('. /Path. py')

10. os. path. join(*path, paths*)

这是一个很常用的计算路径的函数，它的作用是将一串 path 按照正确的方式起来，比如：

print(os. path. join('home', 'dir1', 'dir2/dir3', 'something. txt'))

这句代码会输出：

home/dir1/dir2/dir3/something. txt

11. os. path. split(*path*)

这个函数用于分离目录和文件名，比如：

94

```
print( os. path. split( 'home/dir1/dir2/dir3/something. txt') )
```

这句代码会输出：

```
('home/dir1/dir2/dir3', 'something. txt')
```

至于 os 模块中其他的方法的使用以及不同方法在不同平台上的限制，都可以通过查阅文档获知，这里只列出了一些最常用的文件系统操作方法。

本章小结

Python 中与文件的交互是非常简单的，读取文件可以按字节读取也可以按行读取，而写文件的时候可以按字符串写入也可以按行写入，同时 Python 也支持传统的文件指针移动。

习题

1. 通过文件操作，写一个记录用户输入的小程序。
2. 写一个给图片按照日期批量重命名的小程序。
3. 写一个文本文件搜索工具，可以在一个文本文件中搜索指定字符串。
4. 通过 Pickle 和 JSON 来序列化学生的信息，学生的信息应该至少包括姓名、学号、班级、年龄、性别。

第6章 类和对象

类和对象是面向对象编程的两个核心概念。在编程领域，对象是对现实生活中各种实体和行为的抽象。比如现实中一辆小轿车就可以看成是一个对象，它有四个轮子，一个发动机，五个座位，同时可以加速和减速。拥有这些特性的所有的小轿车可以被称作一个"类"。

本章将系统介绍类和对象，以及二者之间的关系。

6.1 类

类是具有相同属性和服务的一组对象的集合。类在 Python 中对应的关键字是 class，我们先看一段类定义的代码：

```python
class Vehicle：
    def __init__(self)：
        self.movable = True
        self.passengers = list()
        self.is_running = False

    def load_person(self, person: str)：
        self.passengers.append(person)

    def run(self)：
        self.is_running = True

    def stop(self)：
        self.is_running = False
```

这里定义了一个交通工具类，我们先看关键的部分。

- 第 1 行：包含了类的关键词 class 和一个类名 Vehicle，结尾有冒号，同时类里所有的代码为一个新的代码块。
- 第 2、7、10、13 行：这些都是类方法的定义，它们定义的语法跟正常函数是完全一样的，但是它们都有一个特殊的 self 参数。
- 其他的非空行：类方法的实现代码。

这段代码实际上定义了一个属性为所有乘客和乘客的相关状态，方法为载人、开车、停车的交通工具类，但是这个类到目前为止还只是一个抽象，也就是说，通过这个类仅仅能够知道有这么一类交通工具，还没有创建相应的对象。

6.2 对象

对象是系统中用来描述客观事物的一个实体，是构成系统的一个基本单位。按照一个抽象的、描述性的类创建对象的过程，叫作实例化。比如对于刚刚定义的交通工具类，可以创建两个对象，分别表示自行车（bike）和小轿车（car），代码如下：

```
car = Vehicle()
bike = Vehicle()
car.load_person('old driver')    # 对象加一个点再加上方法名可以调用相应的方法
car.run()
print(car.passengers)
print(car.is_running)
print(bike.is_running)
```

几行代码的说明如下：

- 第 1 行：通过 Vehicle() 即类名加括号来构造 Vehicle 的一个实例，并赋值给 car。要注意的是，每个对象在被实例化的时候都会先调用类的 __init__ 方法，更详细的用法会在后面介绍。
- 第 2 行：构造 Vehicle 实例，赋值给 bike。
- 第 3 行：调用 car 的 load_person 方法，并装载了一个 old driver 作为乘客。方法的调用方式是一个点加上方法名。
- 第 4 行：调用 car 的 run 方法。
- 第 5 行：输出 car 的 passengers 属性。属性的访问方式是一个点加上属性名。
- 第 6 行：输出 car 的 is_running 属性。
- 第 7 行：输出 bike 的 is_running 属性。

同时这段代码会输出：

```
['old driver']
True
False
```

根据上述结果可知，自行车和小轿车是从同一个类实例化得到的，但是却有着不同的状态，这是因为自行车和小轿车是两个不同的对象。

6.3　类和对象的关系

如果之前从未接触过面向对象的编程思想，那么有人可能会产生一个问题：类和对象有什么区别？

类将相似的实体抽象成相同的概念，也就是说类本身只关注实体的共性而忽略特性，比如对于自行车、小轿车甚至是公共汽车，我们只关注它们能载人并且可以正常运动停止，所以抽象成了一个交通工具类。而对象是类的一个实例，有跟其他对象独立的属性和方法，比如通过交通工具类我们还可以实例化出一个摩托车，它跟之前的自行车、小轿车是互相独立的对象。

如果用一个形象的例子来说明类和对象的关系，不妨把类看作是设计汽车的蓝图，上面有一辆汽车的各种基本参数和功能，而对象就是用这张蓝图制造的所有汽车，虽然它们的基本构造和参数是一样的，但是颜色可能不一样，比如有的是蓝色的而有的是白色的。

6.4 面向过程还是面向对象

对于交通工具载人运动这件事，难道用我们之前学过的函数不能抽象吗？当然可以，比如：

```python
def get_car():
    return {'movable': True, 'passengers': [], 'is_running': False}

def load_passenger(car, passenger):
    car['passengers'].append(passenger)

def run(car):
    car['is_running'] = True

car = get_car()
load_passenger(car, 'old driver')
run(car)
print(car)
```

这段代码是"面向过程"的——就是说对于同一件事，我们抽象的方式是按照事情的发展过程进行的。所以这件事就变成了获得交通工具、乘客登上交通工具、交通工具运动起来这三个过程。但是反观面向对象的方法，一开始就是针对交通工具这个类设计的，从这件事情中抽象出了交通工具这个类，然后思考它有什么属性，能完成什么事情。

虽然面向过程更加符合人类的思维方式，但是随着学习的深入，我们会逐渐意识到面向对象是程序设计的一个利器，因为它把一个对象的属性和相关方法都封装到了一起，在设计复杂逻辑时，可以有效降低工作负担。

但是面向过程和面向对象不是冲突的，有时候面向对象也会用到面向过程的思想，反之亦然，二者没有优劣性可言，也不是对立的，都是为了解决问题而存在。

6.5 类的定义

对面向对象有了一个整体的概念后，下面介绍 Python 中相应的具体语法。面向对象的重要概念之一是类，而类在 Python 中由三部分组成：类名、属性和方法。

1. 类名

类名的定义写在类定义的第一行，和函数的定义写法很像，但是关键词不同，比如之前交通工具类的类名定义如下：

```python
class Vehicle:
```

需要注意的是，类名的定义还可以扩展，在下一章介绍继承的时候会进一步说明。

2. 属性

类的属性分两种，分别是类属性和实例属性。

类属性只要在类的定义内、类的方法在定义外即可，而实例属性有些特殊，如下所示：

```
class Vehicle：
    class_property = 0                          # 没有 self,并且写在方法外,这是类属性

    def __init__(self)：
        temporary_var = -1                      # 写在方法里,但是没有 self,这是一个局部变量
        self. instance_property = 1             # 有 self,这里创建了一个实例属性
        Vehicle. class_property += 1            # 操作类属性需要写类名
```

这段代码中，对于实例属性并不用特别地声明，它跟 Python 的变量很像，只要直接赋值就可以创建。那么二者有什么区别呢？我们可以尝试实例化两个对象，如下所示：

```
car1 = Vehicle( )
print(f'class：{Vehicle. class_property}')
print(f'instance：{car1. instance_property}')

car2 = Vehicle( )
print(f'class：{Vehicle. class_property}')
print(f'instance：{car2. instance_property}')
```

这段代码会输出：

```
class：1
instance：1
class：2
instance：1
```

这里可以看到随着两个对象的实例化，类的 __init__ 函数被执行了两次，两个对象的实例属性相互独立都是 1，但是类属性由 1 变成了 2。这里可以这么理解，类属性就是一个类的"全局变量"，比如对于一个小轿车类，它的销量就可以当作是一个类属性，每实例化一个小轿车销量就加 1，也就是说类属性是所有对象共享的一个变量，而实例属性就好比小轿车的颜色，每个对象之间是相互独立的。

3. 方法

类属性是共享的，而实例属性是针对特定对象的，所以访问类变量的时候前面应该是类名，访问实例变量的时候前面应该是具体的对象，否则就会出现一些意想不到的情况，比如下边这段代码：

```
car3 = Vehicle( )
print( car3. class_property )                   # 错误! 应该用类名访问,但是也能返回正确的值
car3. class_property = 0                        # 错误!
print( Vehicle. class_property )                # 正确
```

这段代码会输出：

```
3
3
```

虽然我们尝试修改类属性，但是并没有成功，这是因为当用类名来访问的时候访问到的一定是类属性，但是用特定对象访问类属性的时候，如果是赋值操作，那么 Python 解释器

99

会直接创建一个新的同名实例变量或者覆盖已有的实例变量；如果是读取操作，那么Python 解释器会优先寻找实例属性，否则就返回类属性。这段解释不太好理解，可以结合代码看看 Python 解释器具体做了什么工作，代码如下所示：

```
car3= Vehicle( )   # 创建了一个 Vehicle 实例,它有一个类属性 class_property
print(car3. class_property)   # 尝试读取 car3 的实例变量 class_property 但是没有找到,然后才从类属性找到返回
car3. class_property = 0   # 这是个赋值操作,直接创建一个实例属性 class_property 并赋值为 0
print(Vehicle. class_property)   # 直接读取 Vehicle 类的类属性 class_property
```

最后，car3 拥有一个类属性 class_property 值为 3，同时也拥有一个实例属性 class_property 值为 0，所以如果这时候我们这样访问：

```
print(car3. class_property)
```

是完全合法的，因为 car3 的确有一个名为 class_ property 的实例属性了。

6.6　类的方法

类的方法有三种，静态方法、类方法、实例方法。

1.　静态方法
静态方法英文名称为 staticmethod，要注意的是静态方法要在方法定义前一行加上 @staticmethod，这是一个装饰器，我们会在后面的章节介绍，这里只要知道定义的时候必须加上就可以了。所以定义一个静态方法的语法如下：

```
class Vehicle:
    @ staticmethod
    def static_method( ):
        print('Old driver, take me! ')
```

调用的时候直接用类名进行调用：

```
Vehicle. static_method( )
```

这段代码会输出：

```
Old driver, take me!
```

其实一个静态方法跟模块内正常的函数定义除了语法之外是完全等价的，也就是说这段代码可以写成如下形式：

```
def static_method( ):
    print('Old driver, take me! ')

static_method( )
```

那么静态方法存在的意义是什么呢？当有一些单独的函数跟某个类关系非常紧密的时候，为了统一性也为了易于使用，可以把这些函数放到这个类中作为静态函数使用。比如现在有这样一个名为 is_car 的函数：

```
def is_car(car):
    # 一些判定逻辑
    return True
```

该函数不会访问到 Vehicle 的任何属性和方法，但是它的意义跟 Vehicle 非常相近，所以希望用户可以直接调用该函数，代码如下：

```
Vehicle.is_car(car)    # 让 is_car 成为 Vehicle 的静态方法
```

这样用户只要导入了 Vehicle 就可以使用这个方法，相当方便。

2. 类方法

类方法的英文名称是 classmethod，和定义静态方法类似，定义类方法时也需要一个装饰器 @ classmethod，定义一个名为 class_method 的类方法，代码如下：

```
class Vehicle:
    class_property = 0

    @ classmethod
    def class_method(cls):
        print(cls.class_property)
```

可以通过类名调用它：

```
Vehicle.class_method()
```

输出的结果如下：

```
0
```

这里和静态方法最大的不同就是，class_method 有一个参数 cls，但在调用这个类方法的时候该参数并没有被显式指定。

另外这里要注意的是，在类方法中只能访问类属性和其他的类方法，因此只有类名没有具体的对象。

3. 实例方法

最重要的也是最常见的方法就是实例方法了，它对应的英文名称是 instance method，在类中定义方法时默认就是实例方法，所以它不需要任何装饰器修饰，比如回到 6.1 节一开始的例子：

```
class Vehicle:
    class_property = 0
    def __init__(self):                      # __init__ 是一个实例方法,但是它很特殊
        temporary_var = -1
        self.instance_property = 1
        Vehicle.class_property += 1

        self.passengers = list()
```

```
        def load_passengers(self, new_passengers): # load_passengers 也是一个实例方法
            self.passengers.extend(new_passengers)
car1 = Vehicle()

car1.load_passengers(['alice', 'bob'])
print(car1.passengers)
```

这段代码会输出：

```
['alice', 'bob']
```

在这段代码中出现了两个实例方法，__init__和load_passengers，我们先看后者。

实例方法的定义和普通函数的定义如出一辙，但是有些不同的地方是实例方法第一个参数一定是 self，并且类似类方法，这里的 self 也是隐式传入的，目的就是调用这个方法的实例自身。也就是说，在上面这段代码中，当 car1 调用 load_passengers 的时候，第一个隐式传入的参数就是 car1 自身。

另外，根据输出结果可知，load_passengers 这个方法将 ['alice', 'bob'] 这个 List 里的两个字符串装进了 car1 的实例属性 passengers 里。这就是实例方法存在的意义——对相应的实例操作，表现对象的特性。

本章小结

面向对象相比之前学习的面向过程来说是一种全新的思维方式，它依托于两个重要概念：类和对象，把现实中的有共性的实体抽象成一个有自己的属性和行为的类，然后通过实例化多个对象来完成复杂的逻辑关系。

本章主要讲述了类和对象的基础使用方法，但是面向对象的精髓远远不止这些。面向对象有三大特性：封装、继承和多态，学有余力的同学可以查询相关资料深入学习。

习题

1. 编写一个 Circle 类，实现可以传入半径的方法。
2. 对 Circle 类进行扩展，重载大小比较方法。
3. 编写一个 Circle 类的面积、周长的计算函数。

第 7 章　Python GUI 开发

在此前的章节中，程序都是在控制台运行且完成用户交互（例如，输入、输出数据）的。单调的命令行界面不仅让没有太多计算机专业背景的用户难以接受，还极大地限制了程序使用效率。20 世纪 80 年代，苹果公司首先将 GUI（Graphical User Interface，图形化用户界面）引入计算机领域，其提供的 Macintosh 系统以其全鼠标、下拉菜单式操作和直观的图形界面，引发了微机人机界面的历史性的变革。GUI 的应用极大地提升了终端用户的使用感受和使用效率。

使用 Python 语言，可以通过多种 GUI 开发库进行 GUI 开发，包括内置在 Python 中的 Tkinter，以及优秀的跨平台 GUI 开发库 PyQt 和 wxPython 等。在本章中，将以 Tkinter 为例介绍 Python 中的 GUI 开发。

7.1　GUI 开发简介

7.1.1　窗口与组件

GUI 开发过程中，会首先创建一个顶层窗口，该窗口是一个容器，可以存放程序所需的各种按钮、下拉框、单选框等组件。每种 GUI 开发库都拥有大量的组件，可以说一个 GUI 程序就是由各种不同功能的组件组成的。

顶层窗口作为一个容器，包含了所有的组件；而组件本身亦可充当一个容器，包含其他的一些组件。这些包含其他组件的组件被称为父组件，被包含的组件被称为子组件。这是一种相对的概念，组件的所属关系通常可以用树来表示。

7.1.2　事件驱动与回调机制

当每个 GUI 组件都构建并布局完毕之后，程序的界面设计阶段就算完成了。但是此时的用户界面只能看而不能用，接下来还需要为每个组件添加相应的功能。

用户在使用 GUI 程序时，会进行各种操作，例如鼠标移动、鼠标点击、按下键盘按键等，这些操作均称为事件。同时，每个组件也对应着一些自己特有的事件，例如在文本框中输入文本、拖拉滚动条等。可以说，整个 GUI 程序都是在事件驱动下完成各项功能的。GUI 程序从启动时就会一直监听这些事件，当某个事件发生时，程序就会调用对应的事件处理函数做出相应的响应，这种机制被称为回调，而事件对应的处理函数被称为回调函数。

因此，为了让一个 GUI 界面具有预期功能，只需为每个事件编写合理的回调函数即可。

7.2　Tkinter 的主要组件

Tkinter 是标准的 Python GUI 库，它可以快速地完成一个 GUI 应用程序的开发。使用

Tkinter 库创建一个 GUI 程序只需要以下几个步骤：

- 导入 Tkinter 模块。
- 创建 GUI 应用程序的主窗口（顶层窗口）。
- 添加完成程序功能所需要的组件。
- 编写回调函数。
- 进入主事件循环，对用户触发的事件做出响应。

代码清单 7-1 展示了前两个步骤，通过这段代码就可以创建出如图 7-1 所示的一个空白主窗口。

图 7-1　空白窗口

代码清单 7-1　blankWindow.py

```
1    #coding:utf-8
2
3    importTkinter             #导入 Tkinker 模块
4
5    top =Tkinter. Tk( )       #创建应用程序主窗口
6    top. title( u "主窗口" )
7    top. mainloop( )          #进入事件主循环
```

在本节接下来的部分中，将介绍如何在这个空白的主窗口上构建我们需要的组件，而如何将这些组件与事件绑定将在下一节中以实例的形式展示。

7.2.1　标签

标签（Label）是用来显示图片和文本的组件，可以用来给其他一些组件添加所要显示的文本。以下代码（代码清单 7-2）将为之前创建的空白主窗口添加一个标签，在标签内显示两行文字。

代码清单 7-2　testLabel.py

```
1    #coding:utf-8
2
3    fromTkinter import  *
4
5    top = Tk( )
6    top. title( u "主窗口" )
7    label = Label( top, text ="Hello World, \nfrom Tkinter" )   #创建标签组件
8    label. pack( )                                               #将组件显示出来
9    top. mainloop( )                                             #进入事件主循环
```

程序运行结果如图 7-2 所示。需要说明的是，text 只是 Label 的一个属性，如同其他组件一样，Label 还提供了很多设置，可以改变其外观或行为，具体细节可以参考 Python 开发者文档。

图 7-2　标签

7.2.2 框架

框架 (Frame) 是其他各种组件的一个容器，通常是用来包含一组控件的主体。我们可以定制框架的外观，代码清单 7-3 展示了如何定义不同样式的框架。

代码清单 7-3 testFrame. py

```
1   #coding:utf-8
2
1   fromTkinter import *
2
3   top = Tk()
4   top. title( u "主窗口")
5   for relief_setting in [ "raised", "flat", "groove", "ridge", "solid", "sunken"]:
6       frame = Frame(top, borderwidth = 2, relief = relief_setting)   #定义框架
7       Label(frame, text = relief_setting, width = 10). pack()
8       #显示框架,并设定向左排列,左右、上下间隔距离均为 5 像素
9       frame. pack( side = LEFT, padx = 5, pady = 5)
10  top. mainloop()   #进入事件主循环
```

代码的运行结果如图 7-3 所示，可以通过这一列并排的框架看到不同样式的区别。为了显示浮雕模式的效果，需要将宽度 borderwidth 设置为大于 2 的值。

图 7-3 框架

7.2.3 按钮

按钮 (Button) 是接收用户鼠标点击事件的组件。可以使用按钮的 command 属性为每个按钮绑定一个回调程序，用于处理按钮点击时的事件响应。同时，也可以通过 state 属性禁用一个按钮的点击行为，代码清单 7-4 展示了这个功能。

代码清单 7-4 testButton. py

```
1   #coding:utf-8
2
3   fromTkinter import *
4
5   top = Tk()
6   top. title( u "主窗口")
7   bt1 = Button(top, text = u "禁用", state =DISABLED)        #将按钮设置为禁用状态
8   bt2 = Button(top, text = u "退出", command =top. quit)     #设置回调函数
9   bt1. pack( side =LEFT)
10  bt2. pack( side =LEFT)
11  top. mainloop()                                          #进入事件主循环
```

程序运行结果如图7-4所示。其中，可以明显地看出
"禁用"按钮是灰色的，并且点击该按钮不会有任何反应；
"退出"按钮被绑定了回调函数 top. quit，当点击该按钮后，
主窗口会从主事件循环 mainloop 中退出。

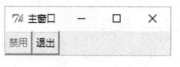

图 7-4　按钮

7.2.4　输入框

输入框（Entry）是用来接收用户文本输入的组件。代码清单7-5展示了一个登录页面
的界面。

代码清单 7-5　testEntry. py

```
1    #coding:utf-8
2
3    fromTkinter import  *
4
5    top = Tk( )
6    top. title( u "登录")
7    #第一行框架
8    f1 = Frame( top)
9    Label( f1, text = u "用户名"). pack( side =LEFT)
10   E1 = Entry( f1, width =30)
11   E1. pack( side =LEFT)
12   f1. pack( )
13   #第二行框架
14   f2 = Frame( top)
15   Label( f2, text = u "密  码"). pack( side =LEFT)
16   E2 = Entry( f2, width =30)
17   E2. pack( side =LEFT)
18   f2. pack( )
19   #第三行框架
20   f3 = Frame( top)
21   Button( f3, text = u "登录"). pack( )
22   f3. pack( )
23   top. mainloop( )
```

代码的运行结果如图7-5所示。在上述代码中，我们
利用了框架布局其他的组件。在前两个框架组件中，分别
加入了标签和输入框组件，提示并接收用户输入。在最后
一个框架组件中，加入了登录按钮。

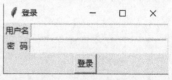

图 7-5　登录界面

与按钮相同，可以通过将 state 属性设置为 DISABLED
的方式禁用输入框，以禁止用户输入或修改输入框中的内容，这里不再赘述。

7.2.5　单选按钮和复选按钮

单选按钮（Radiobutton）和复选按钮（Checkbutton）是提供给用户进行选择输入的两
种组件，前者是排他性选择，即用户只能选取一组选项中的一个选项；而后者可以支持用户
选择多个选项。它们的创建方式也略有不同：当创建一组单选按钮时，我们必须将这一组单

选按钮与一个相同的变量关联起来，以设定或获得单选按钮组当前的勾选状态；当创建一个复选按钮时，我们需要将每一个选项与一个不同的变量相关联，以表示每个选项的勾选状态。同样，这两种按钮也可以通过 state 属性被设置为禁用。

实现单选按钮的代码如代码清单 7-6 所示。

代码清单 7-6　testRadioButton. py

```
1    #coding:utf-8
2
3    fromTkinter import *
4
5    top = Tk()
6    top.title(u"单选")
7    f1 = Frame(top)
8    choice =IntVar(f1)                        #定义动态绑定变量
9    for txt, val in [('1', 1), ('2', 2), ('3', 3)]:
10       #将所有的选项与变量 choice 绑定
11       r = Radiobutton(f1, text =txt, value =val, variable =choice)
12       r.pack()
13
14   choice.set(1)                             #设定默认选项
15   Label(f1, text = u"您选择了:").pack()
16   Label(f1, textvariable =choice).pack()    #将标签与变量动态绑定
17   f1.pack()
18   top.mainloop()
```

在这段代码中，将变量 choice 与三个单选按钮绑定实现了一个单选框的功能。同时，变量 choice 也通过动态标签属性 textvariable 与一个标签绑定，当勾选不同选项时，变量 choice 的值发生变化，并在标签中动态地显示出来。例如，在图 7-6 中，勾选了第二个选项，最下方的标签就会更新为 2。

实现多选按钮的代码如代码清单 7-7 所示。

图 7-6　单选按钮

代码清单 7-7　testCheckButton. py

```
1    #coding:utf-8
2
3    fromTkinter import *
4
5    top = Tk()
6    top.title(u"多选")
7    f1 = Frame(top)
8    choice = {}   #存放绑定变量的字典
9    cstr = StringVar(f1)
10   cstr.set("")
11
12   def update_cstr():
```

```
13          #被选中选项的列表
14          selected = [ str(i) for i in [1, 2, 3] if choice[i].get() = = 1]
15          #设置动态字符串 cstr,用逗号连接选中的选项
16   cstr.set(",".join(selected))
17
18   for txt, val in [('1', 1), ('2', 2), ('3', 3)]:
19          ch = IntVar(f1)                          # 建立与每个选项绑定的变量
20          choice[val] = ch                         #将绑定的变量加入字典 choice 中
21          r = Checkbutton(f1, text = txt, variable = ch, command = update_cstr)
22          r.pack()
23
24   Label(f1, text = u"您选择了:").pack()
25   Label(f1, textvariable = cstr).pack()          # 将标签与变量字符串 cstr 绑定
26   f1.pack()
27   top.mainloop()
```

在这段代码中,分别将三个不同的变量与三个多选按钮绑定,并为每个多选按钮设置了回调函数 update_cstr。当选中一个多选选项时,回调函数 update_cstr 就会被触发,该函数会根据与每个选项绑定变量的值确定每个选项是否被勾选(当某选项勾选时,其对应的变量值为 1,否则为 0),并将勾选结果保存在以逗号分隔的动态字符串 cstr 中,最终该字符串会在标签中被显示。例如,在图 7-7 中,选中了 2 和 3 两个选项,在最下方的标签中就会显示这两个选项被选中的信息。

7.2.6 列表框与滚动条

列表框(Listbox)会用列表的形式展示多个选项以供用户选择。同时,在某些情况下这个列表会比较长,还可以为列表框添加一个滚动条(Scrollbar)以处理界面上显示不下的情况。代码清单 7-8 实现了一个带滚动条的列表框,运行结果如图 7-8 所示。

图 7-7　多选按钮

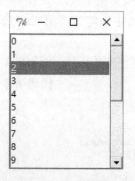

图 7-8　列表框

代码清单 7-8　**testListbox.py**

```
1    # coding:utf-8
2
3    fromTkinter import *
4
```

108

```
5     top = Tk()
6     top.title( u"列表框")
7     scrollbar = Scrollbar( top)                          #创建滚动条
8     scrollbar.pack( side =RIGHT, fill =Y)                #设置滚动条布局
9     #将列表与滚动条绑定,并加入主窗体
10    mylist = Listbox( top, yscrollcommand =scrollbar.set)
11    for line in range(20):
12    mylist.insert( END, str (line) )                     #向列表尾部插入元素
13
14    mylist.pack( side =LEFT, fill =BOTH)                 #设置列表布局
15    scrollbar.config( command =mylist.yview)            #将滚动条行为与列表绑定
16
17    mainloop()
```

由于篇幅所限，一些本节没有介绍的组件（例如，菜单 Menu）和相关组件设置将通过下一节的实例进行展示，还有更多的组件及细节可以参考 Python 的官方文档。

7.3 案例：三连棋游戏

在本节中，将通过一个真实的项目帮助读者进一步掌握使用 Tkinter 进行 GUI 编程的方法。这个项目是一个简单的三连棋游戏，与五子棋类似，游戏规则是：两个玩家在一个 3 * 3 的棋盘上交替落子，首先在横、竖或对角线方向连满三个棋子的玩家胜利。

在这个项目的开发过程中，我们首先设计用户界面，然后依次创建菜单和游戏面板，随后将游戏逻辑与界面连接起来。这个过程体现了模型-视图-控制器（MVC）的设计模式，其中，用户界面被称为视图，游戏逻辑层和数据层为模型，控制器中的代码负责视图和模型间的交互和依赖关系。MVC 的设计模式在软件开发领域十分普遍且重要，在第 9 章关于 Web 开发的内容中读者将再次学习这种模式。

7.3.1 用户界面设计

创建一个 GUI 界面之前，首先要给出一个设计草图，指明在界面中应该添加哪些组件以及如何排列这些组件。

在三连棋游戏中，有一个菜单栏和一个游戏面板。菜单栏中包括"文件"和"帮助"两个下拉菜单，前者包含"新游戏""恢复""保存"和"退出"菜单项，而后者包含"帮助"和"关于"菜单项。游戏面板主要包含由 9 个按钮构成的 3 * 3 棋盘和一个置于窗口底端的状态栏。其布局方式如图 7-9 所示。

7.3.2 创建菜单

相比于 7.2 节中介绍组件，Tkinter 中菜单（Menu）的创建要稍微复杂一些。为了创建一个菜单，需要进行以下

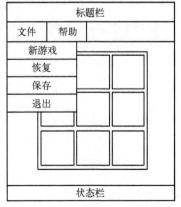

图 7-9 布局方式

操作：

- 创建一个顶层菜单对象。
- 创建下拉子菜单对象。
- 利用子菜单的 add_command 方法添加菜单项，并绑定回调函数。
- 利用顶层菜单的 add_cascade 方法将下拉子菜单添加到顶层菜单中。
- 将顶层菜单对象与主窗口绑定。

通过代码清单 7-9，为三连棋游戏创建了菜单栏，运行效果图如图 7-10 所示。

图 7-10　添加菜单栏

代码清单 7-9　testMenuBar. py

```
1    #coding:utf-8
2
3    importTkinter as tk
4    importtkMessageBox as mb    #导入消息框
5
6    top = tk. Tk( )
7
8
9    def buildMenu( parent ):
10       menus = (
11           ( u "文件", (( u "新游戏", evNew),
12                   ( u "恢复", evResume),
13                   ( u "保存", evSave),
14                   ( u "退出", evExit))),
15           ( u "帮助", (( u "帮助", evHelp),
16                   ( u "关于", evAbout)))
17       )
18       #建立顶层菜单对象
19       menubar = tk. Menu( parent)
20       for menu in menus:
21           #建立下拉子菜单对象
22           m = tk. Menu( parent)
23           for item in menu[ 1]:
24               #向下拉子菜单中添加菜单项
25               m. add_command( label =item[ 0], command =item[ 1])
26           #向顶层菜单中添加子菜单("文件"和"帮助")
27           menubar. add_cascade( label =menu[ 0], menu =m)
28       returnmenubar
29
30   def dummy( ):
31       mb. showinfo( "Dummy", "Event to be done" )
32
33   evNew = dummy
```

```
34      evResume = dummy
35      evSave = dummy
36      evExit = top. quit
37      evHelp = dummy
38      evAbout = dummy
39      #创建菜单
40      mbar =buildMenu( top)
41      #将菜单与主窗口绑定
42      top[ "menu" ] = mbar
43      tk. mainloop( )
```

在上面的代码中，我们首先将菜单结构定义在一个嵌套元组 menus 里，然后使用循环的方式将菜单项加入子菜单，以及将子菜单加入顶层菜单，这种方式可以避免大量重复代码的输入。

7.3.3　创建游戏面板

在创建完菜单后，就要开始游戏面板的创建了。首先创建一个框架来作为游戏面板的容器，随后在该框架中依次构建由 9 个按钮组成的棋盘和一个标签充当的状态栏。在本节中，只创建游戏面板的界面，而界面中没有实现按钮的功能，它们的点击事件与一个测试函数 evClick 绑定。

代码清单 7-10 是游戏面板创建部分的代码，这里只列出了较上一小节新增的部分，运行效果如图 7-11所示。

图 7-11　游戏面板

代码清单 7-10　　testBoard. py

```
1       #coding:utf-8
2
3       importTkinter as tk
4       importtkMessageBox as mb
5
6       top = tk. Tk( )
7
8       def evClick( row , col) :
9           mb. showinfo( u "单元格" , u "被点击的单元格: 行:{}, 列:{}". format(row, col))
10
11      def buildBoard( parent) :
12          outer = tk. Frame( parent, border =2, relief ="sunken" )
13          inner = tk. Frame( outer)
14          inner. pack( )
15          #创建棋盘上的按钮(棋子)
16          for row in range(3) :
17              for col in range(3) :
18                  cell = tk. Button( inner, text =" " , width ="5" , height ="2" ,
```

```
19                    command = lambda r = row, c = col: evClick(r, c))
20                cell. grid( row = row, column = col)
21         return outer
22
23     #创建棋盘
24     board = buildBoard( top)
25     board. pack( )
26     #创建状态栏
27     status = tk. Label( top, text = u "测试", border = 0,
28                        background = "lightgrey", foreground = "red")
29     status. pack( anchor = "s", fill = "x", expand = True)
30     tk. mainloop( )
```

7.3.4 将用户界面与游戏连接

由于采取了 MVC 的设计模式，逻辑层（游戏功能）和表示层（用户界面）的开发过程是分开的，因此在前面的两个小节中，只构建了用户界面，而没有实现任何功能。在本小节中，将首先给出游戏功能的实现，随后重点介绍如何将游戏功能与用户界面连接起来，构成一个完整的 GUI 程序。

代码清单 7-11 给出的 oxo_data 模块主要负责游戏数据的保存与读取，代码清单 7-12 给出的 oxo_logic 模块主要负责实现三连棋的游戏逻辑。

代码清单 7-11   oxo_data. py

```
1      #coding:utf-8
2
3      import os. path
4
5      game_file = "oxogame. dat"
6
7      #获取文件路径以保存和读取游戏
8      def _getPath( ):
9          try:
10             game_path = os. environ['HOMEPATH'] or os. environ['HOME']
11             if not os. path. exists( game_path):
12                 game_path = os. getcwd( )
13         except ( KeyError, TypeError):
14             game_path = os. getcwd( )
15         return game_path
16
17     #将游戏保存到文件中
18     def saveGame( game):
19         path = os. path. join( _getPath( ), game_file)
20         try:
21             with open ( path, 'w') as gf:
22                 gamestr = ''. join( game)
23                 gf. write( gamestr)
```

```
24          exceptFileNotFoundError:
25              print("Failed to save file")
26
27      #从文件中恢复游戏对象
28      def restoreGame():
29          path = os.path.join(_getPath(), game_file)
30          with open(path) as gf:
31              gamestr = gf.read()
32              return list(gamestr)
```

代码清单7-12 oxo_logic.py

```
1       #coding:utf-8
2
3       import random
4       import oxo_data
5
6
7       #返回一个新游戏
8       def newGame():
9           return list(" " * 9)
10
11      #存储游戏
12      def saveGame(game):
13          ' save game to disk '
14          oxo_data.saveGame(game)
15
16      #恢复存档游戏,若没有存档则返回新游戏
17      def restoreGame():
18          try:
19              game = oxo_data.restoreGame()
20              if len(game) == 9:
21                  return game
22              else:
23                  returnnewGame()
24          except IOError:
25              returnnewGame()
26
27      #随机返回一个空的可用棋盘位置,若棋盘已满则返回-1
28      def _generateMove(game):
29          options = [i for i in range(len(game)) if game[i] == " "]
30          if options:
31              return random.choice(options)
32          else:
33              return -1
34
35      #判断玩家是否胜利
36      def _isWinningMove(game):
```

```
37        wins = ((0, 1, 2), (3, 4, 5), (6, 7, 8),
38               (0, 3, 6), (1, 4, 7), (2, 5, 8),
39               (0, 4, 8), (2, 4, 6))
40        for a, b, c in wins:
41            chars = game[a] + game[b] + game[c]
42            if chars == 'XXX' or chars == 'OOO':
43                return True
44        return False
45
46    def userMove(game, cell):
47        if game[cell] != ' ':
48            raise ValueError('Invalid cell')
49        else:
50            game[cell] = 'X'
51        if _isWinningMove(game):
52            return 'X'
53        else:
54            return " "
55
56    def computerMove(game):
57        cell = _generateMove(game)
58        if cell == -1:
59            return 'D'
60        game[cell] = 'O'
61        if _isWinningMove(game):
62            return 'O'
63        else:
64            return " "
```

在游戏功能部分开发完之后，需要将用户界面与实际功能连接起来，这主要是通过编写绑定在棋盘按钮上的 evClick 函数实现的。此外，还有一些琐碎的工作，例如菜单事件处理程序的填充、状态栏内容的更新等，这些细节的处理通过代码清单 7-13 的主模块实现。

代码清单 7-13　tictactoe.py

```
1     #coding:utf-8
2
3     importTkinter as tk
4     importtkMessageBox as mb
5     import oxo_logic  #游戏逻辑
6
7     top = tk.Tk()
8
9     #创建菜单
10    def buildMenu(parent):
11        menus = (
12            (u"文件", ((u"新游戏", evNew),
```

```python
13                    (u"恢复", evResume),
14                    (u"保存", evSave),
15                    (u"退出", evExit))),
16            (u"帮助", ((u"帮助", evHelp),
17                    (u"关于", evAbout)))
18        )
19        menubar = tk.Menu(parent)
20        for menu in menus:
21            m = tk.Menu(parent)
22            for item in menu[1]:
23                m.add_command(label=item[0], command=item[1])
24            menubar.add_cascade(label=menu[0], menu=m)
25        returnmenubar
26
27    #新游戏事件
28    def evNew():
29        status['text'] = u"游戏中"
30        game2cells(oxo_logic.newGame())
31
32    #恢复游戏事件
33    def evResume():
34        status['text'] = u"游戏中"
35        game = oxo_logic.restoreGame()
36        game2cells(game)
37
38    #存储游戏事件
39    def evSave():
40        game = cells2game()
41        oxo_logic.saveGame(game)
42
43    #退出游戏事件
44    def evExit():
45        if status['text'] == u"游戏中":
46            if mb.askyesno(u"退出", u"是否想在退出前保存?"):
47                evSave()
48        top.quit()
49
50    #帮助事件
51    def evHelp():
52        mb.showinfo(u"帮助", u'''
53    文件->新游戏:  开始一局新游戏
54    文件->恢复:恢复上次保存的游戏
55    文件->保存:保存现在的游戏.
56    文件->退出:退出游戏
57    帮助->帮助:帮助
58    帮助->关于:展示作者信息''')
59
```

```python
60    #关于事件
61    def evAbout():
62        mb.showinfo(u"关于", u"由ztypl开发的GUI演示程序")
63
64    #点击事件
65    def evClick(row, col):
66        if status['text'] == u"游戏结束":
67            mb.showerror(u"游戏结束", u"游戏结束!")
68            return
69        game = cells2game()
70        index = (3 * row) + col
71        result = oxo_logic.userMove(game, index)
72        game2cells(game)
73
74        if not result:
75            result = oxo_logic.computerMove(game)
76            game2cells(game)
77        if result == "D":
78            mb.showinfo(u"结果", u"平局!")
79            status['text'] = u"游戏结束!"
80        else:
81            if result == "X" or result == "O":
82                mb.showinfo(u"游戏结果", u"胜方是: {}".format(result))
83                status['text'] = u"游戏结束"
84
85
86    def game2cells(game):
87        table = board.pack_slaves()[0]
88        for row in range(3):
89            for col in range(3):
90                table.grid_slaves(row=row,
91                    column=col)[0]['text'] = game[3 * row + col]
92
93
94    def cells2game():
95        values = []
96        table = board.pack_slaves()[0]
97        for row in range(3):
98            for col in range(3):
99                values.append(table.grid_slaves(row=row, column=col)[0]['text'])
100       return values
101
102   #创建游戏板
103   def buildBoard(parent):
104       outer = tk.Frame(parent, border=2, relief="sunken")
105       inner = tk.Frame(outer)
106       inner.pack()
```

```
107
108        for row in range(3):
109            for col in range(3):
110                cell = tk.Button(inner, text=" ", width="5", height="2",
111                                        command=lambda r=row, c=col: evClick(r, c))
112                cell.grid(row=row, column=col)
113        return outer
114
115
116    #创建菜单
117    mbar = buildMenu(top)
118    top["menu"] = mbar
119    #创建棋盘
120    board = buildBoard(top)
121    board.pack()
122    #创建状态栏
123    status = tk.Label(top, text=u"游戏中", border=0,
124                        background="lightgrey", foreground="red")
125    status.pack(anchor="s", fill="x", expand=True)
126    #进入主循环
127    tk.mainloop()
```

最终的游戏界面如图7-12所示。

图7-12　最终游戏界面

7.4　案例：音乐播放器

音乐与灯光是两个联系紧密的元素。在舞台上，音乐配合光影，渲染出绝妙氛围；在商场里，自带氛围灯的音箱广受年轻人的欢迎；在KTV中，歌声和炫酷灯光，让人沉醉其中。

本节将介绍通过 Python 实现一个具有灯光随着音乐节奏不停闪烁效果的音乐播放器。

7.4.1　辅助库安装

本案例主要用到三个库：librosa、Tkinter 和 pygame。

librosa 是一个用于音频、音乐分析、处理的库，一些常见的音频处理、特征提取、绘制声音图形等功能应有尽有，十分强大。本案例主要用到 librosa 的音符检测功能，以控制模拟的"灯光"随着节奏的变化而变换色彩。

Tkinter 是一个 Python 模块，它是一个跨平台的脚本图形界面接口。Tkinter 不是唯一的 Python 图形编程接口，但是是其中比较流行的一个。Tkinter 上手较为简单，其功能丰富的"画布"组件可以帮助我们很好地模拟灯光，因此将其作为本案例的图形编程工具。

pygame 是用来开发游戏软件的 Python 库，在 SDL 库的基础上开发。本案例主要用到 pygame 的音乐播放功能，弥补 Tkinter 缺少音乐播放功能的不足，不会涉及其他功能的使用。

这三个库都可以通过 pip 包管理器安装，命令如下：

```
pip install librosa
pip install tkinter
pip install pygame
```

7.4.2　音频处理基础

librosa 库具有较强的专业性，使用之前需要有一定的音频相关知识，这里进行简单介绍。

首先是声音到音频文件的过程。声源发出的声波经过话筒的采集形成声音波形的电信号，即模拟音频信号。用声卡对模拟音频信号进行采样和量化处理，就可以得到数字音频信号。数字音频信号能够以音频文件的格式存储在磁盘当中，常见的音频文件格式有 wav、mp3 等。一段音频文件质量的高低与录制时的设备有很大的关系。录制所用话筒采集声波能力越强，声卡处理能力越好，录制出来的音频质量就越高，其文件占用存储空间也就越大。

在由模拟音频向数字音频转化的过程中，有两个重要指标：采样频率和量化位数。

采样频率也称为采样速度或者采样率，是声卡每秒从连续信号中提取并组成离散信号的采样个数，它用赫兹（Hz）来表示。采样频率越高，对模拟信号的还原就越好，音质也就越好。奈奎斯特取样定理认为，只要取样频率大于等于信号中所包含的最高频率的两倍，则可以根据其取样完全恢复出原始信号，这相当于当信号是最高频率时，每一周期至少要取样两个点。

从模拟音频信号中提取离散信号时，会对模拟音频信号的幅度轴进行数字化，这个过程叫量化。量化位数就是指用多少位二进制数来表示一个离散的音频数据，它决定了模拟信号数字化以后的动态范围。量化位数越高，声音的保真度就越高。

在将声音转化为二进制编码后，还有相应的规则对二进制数据进行压缩，以缩小存储空间。压缩规则多种多样，因此就出现了不同后缀的音频文件。而音乐播放器的重要功能之一就是帮助我们解码这些音频文件，并将二进制数字还原为声音。对压缩规则这里不多做介绍，感兴趣的读者可以自行查询音频文件的压缩标准，以及有哪些对应的解码工具。

通过 librosa 的 load 方法可以得到音频文件浮点数形式的数字音频信号。load 默认的采样率是 22050，如果需要读取原始采样率，需要 load（filename，sr = None）而不是 load（filename）。

用 load 载入一段时长 4 分 4 秒的音频文件，代码如下：

```
1.   import librosa
2.   filename = r'D:\music\59875.mp3'
3.   y, sr = librosa.load(filename, sr = None)
4.   print (y.shape)
5.   print ('采样频率:', sr)
```

输出结果如下：

```
(10787375,)
采样频率: 44100
Process finished with exit code 0
```

一共 10787375 个离散的音频信号，除以每秒采样次数 44100，结果约为 244 秒，正好就是音频的时长。

音符起始点就是指琴键按下的那个时刻。音符起始点检测（Onset Detection）是音乐信号处理的一个重要课题，节拍和速度的检测都基于音符起始点的检测。目前已经存在很多种检测算法，都涉及较为复杂的数学运算，这里不再赘述。

使用 librosa 进行音符起始点检测的代码如下：

```
1.   def get_onset_samples(y, sr):
2.       onset_frames = librosa.onset.onset_detect(y=y, sr=sr)
3.       length = len(onset_frames)
4.       onset_samples = []
5.       for i in range(0, length):
6.           onset_samples.append(librosa.frames_to_time(onset_frames[i]))
7.       return onset_samples
```

onset.onset_detect 方法能检测出输入的数字音频的所有音符的起始时刻，返回一个时刻序列。

需要注意的是，librosa 里时刻的表示方式很多，onset.onset_detect 方法返回的是用帧表示的时刻，要用 frames_to_time 方法将帧表示的时刻转化为以秒为单位的时刻。

7.4.3 图形界面创建

创建播放器窗口和各组件的代码如下：

```
1.   import tkinter
2.   from tkinter import *
3.   from tkinter import ttk
4.   root = Tk()  # 创建窗体对象
5.   root.title('灯光演示')  # 窗体标题
6.   current_music = StringVar()  # 创建控制变量
7.   music_list = ttk.Combobox(root, textvariable=current_music)  # 创建选择音乐文件的下拉列表
8.   music_list.grid(row=2, column=0, sticky=N)# 布置组件在窗口中的位置
9.   filename_entry = Entry(root, width=20)  # 音乐文件夹地址输入框
```

```
10.   filename_entry.grid(row=0, column=0, sticky=N)
11.   update_button = Button(root, text='update_filename', background='green')   # 更新地址按钮
12.   update_button.grid(row=1, column=0, sticky=N)
13.   canvas = Canvas(root, width=500, background='white')   # 创建画布
14.   canvas.grid(row=3, column=0)   # 显示画布
```

控制变量 current_music 与下拉列表 music_list 关联。下拉列表选定的值变化时，current_music 值会随之变化，从而可以起到控制作用。

为了读取所有 mp3 格式文件的名称，编写一个函数，参数为文件夹地址，返回一个存储所有 mp3 文件的列表。使用 os 库的 listdir 方法，可以得到存储着文件夹中所有文件名称的列表；使用 path.splitext 方法可以将文件名称中的文件名和后缀分离开。代码如下：

```
1.   import os
2.   get_mp3list(filename):
3.       mp3list = [ ]
4.       for i in os.listdir(filename):
5.           name, suffix = os.path.splitext(i)
6.           if '.mp3' == suffix:
7.               mp3list.append(i)
8.       return mp3list
```

设置默认地址，为控制变量设置默认值，并更新下拉列表内容，代码如下：

```
1.   filename = 'D:\music'
2.   current_music.set('请选择')
3.   music_list['value'] = get_mp3list(filename)
```

利用控制变量类 StringVar 的 trace 方法，可以实现当下拉列表选定的值发生变化后，播放的音乐的对应变化，这个过程叫"追踪"。代码如下：

```
current_music.trace('w', play_music)
```

第一个参数对应追踪的事件类型，第二个参数是追踪到事件发生后触发的事件，是一个函数，下一节会给出具体代码。第一个参数有三个取值，为'w'时追踪的是对应控制变量被写入的操作，为'r'时追踪的是对应控制变量被读取的操作，为'u'时追踪的是对应控制变量被删除的操作。

实现输入新的路径后更新下拉列表的功能，代码如下：

```
1.   def update_list(event):
2.       global path
3.       path = path_entry.get()
4.       music_list['value'] = get_mp3list(path)
```

将这个函数与 update_button 关联，代码如下：

```
update_button.bind('<Button-1>', update_list)
```

这里有三个要素。需要响应事件的组件：update_button。响应事件的类型：<Button-1>，即点击按钮时间。事件的处理句柄：update_list。当鼠标点击 update_button 按钮后，触发处理句柄对应的函数，实现更新操作。

7.4.4 音乐播放和灯光模拟

图形界面创建完成后，接下来编写函数实现音乐播放。先介绍使用 pygame 库播放音乐的代码，代码如下：

```
1.  pygame. mixer. init( )                    # 初始化
2.  pygame. mixer. music. load( path )         # 载入音乐
3.  pygame. mixer. music. play( 1, 0. 0)        # 播放音乐
```

play 方法第一个参数为循环播放次数，第二个参数为播放起始时间。

接下来实现灯光的模拟，这里先介绍一下颜色显示的基础知识。

语言中有很多描述颜色的词汇，如红、黄、品红等，但是这些词汇显然不能囊括进所有的颜色，于是就要用数字将颜色表示出来，就有了色彩模式这个说法。色彩模式，是将某种颜色表现为数字形式的模型，或者说是一种记录图像颜色的方式。分为：RGB 模式、CMYK 模式、HSB 模式、Lab 颜色模式、位图模式、灰度模式、索引颜色模式、双色调模式、多通道模式等。这里主要介绍与灯光关系最密切的 RGB 色彩模式。

RGB 色彩模式是工业界的一种颜色标准，基于三基色原理，通过对红（R）、绿（G）、蓝（B）三个颜色通道的变化以及它们相互之间的叠加来得到各式各样的颜色，这个标准几乎包括了人类视力所能感知的所有颜色，是运用最广的颜色系统之一。通俗点说它的颜色混合方式就好像有红、绿、蓝三盏灯，当它们的光相互叠合的时候，色彩相混，而亮度却等于三者亮度之总和，越混合亮度越高，即加法混合。红、绿、蓝三个颜色通道每种色各分为256 阶亮度，在 0 时"灯"最弱——是关掉的，而在 255 时"灯"最亮。当三色灰度数值相同时，产生不同灰度值的灰色调，即三色灰度都为 0 时，是最暗的黑色调；三色灰度都为255 时，是最亮的白色调。计算机屏幕和 LED 灯显示颜色就是基于 RGB 色彩模式。

这里产生三个 0-255 之间的随机数，分别对应 R、G、B 三个通道的数值，以产生随机颜色。之后还需要将十进制数转化为 tkinter 可以识别的十六进制数。产生随机颜色的代码如下：

```
1.  import random
2.  def random_color( ):
3.      r = random. randint( 100, 255)
4.      g = random. randint( 100, 255)
5.      b = random. randint( 100, 255)
6.      return '#%02X%02X%02X' % (r, g, b)
```

在窗口的画布组件上画一个圆，作为灯光的模拟，画圆的代码如下：

```
item = canvas. create_oval( x0, y0, x1, y1, fill=random_color( ))
```

参数里有两组坐标$(x0,y0)(x1,y1)$，坐标轴原点在画布的左上角，如图 7-13 所示。

控制这两组坐标，使椭圆长半轴和短半轴相等，就可以得到一个圆。fill 参数控制圆的填充色彩，可以是"white""red"等表示颜色的英文单词，也可以是上面生成的十六进制的 RGB 颜色。

当每一个音符结束时，圆的颜色会随机改变，并持续显示到下个音符开始，从而实现模拟灯光与音乐节奏协调，代码如下：

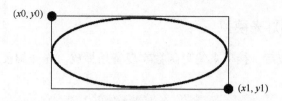

图 7-13　两组坐标与椭圆的对应关系

```
1.    import time
2.
3.
4.    show_light( onset_samples) :
5.    time. sleep( onset_samples[0])    # 等待第一个音符播放
6.    for s in range(1, len( onset_samples)) :
7.        item = canvas. create_oval(175, 50, 325, 200, fill=random_color())    # 下一个音符出现,改变颜色
8.        root. update()
9.        time. sleep( onset_samples[s + 1] - onset_samples[s])    # 等待音符结束
10.
11.
12.   play_music( * args) :
13.   if current_music. get()  ! = '请选择':
14.       current_music_path = filename + '\\' + current_music. get()
15.       pygame. mixer. music. load( current_music_path)
16.       onset_samples = get_onset_samples(r'D:\music\明天会更好. mp3')
17.       pygame. mixer. music. play(1, 0. 0)
18.       show_light( onset_samples)
```

至此,所有的代码就完成了,播放器运行界面如图 7-14 所示。

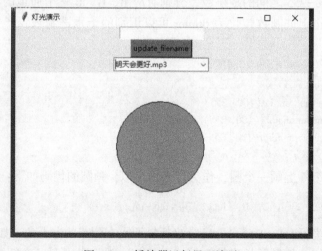

图 7-14　播放器运行界面演示

本章小结

在本章中,主要介绍了如何使用 Python 进行 GUI 编程。首先简单介绍了 GUI 编程的两

组重要概念：窗口与组件、事件驱动与回调机制。接下来介绍了 Tkinter 库中的常用组件，并以三连棋和音乐播放器为例介绍了如何利用 Tkinter 库进行 GUI 开发。

习题

一、简述题

1. 以 7.3 节中的三连棋游戏项目为例简述以下概念：

    a. 组件   b. 事件   c. 事件驱动与回调机制

2. 简述使用 Python 进行 GUI 编程的主要步骤。

二、实践题

1. 编写一个带有图形化界面的五子棋游戏。

2. 查阅基于哈夫曼编码的压缩算法，将其改写成一个具有图形化界面的压缩工具。

第 8 章　Python 网络爬虫

互联网上的信息每天都在爆炸式增长，无论是科研还是生活，都有批量获取网络上信息的需求，各种爬虫工具也不断涌现。Python 功能强大的第三方库无疑降低了编写爬虫程序的难度，降低了获取信息的成本。

本章首先介绍网络的基础知识，然后介绍了与爬虫有关库的使用和反爬虫机制，最后提供了两个爬虫案例供实践学习。

8.1　HTTP，HTML 与 JavaScript

8.1.1　HTML

HTML 是指超文本标记语言（Hyper Text Markup Language，简称 HTML）是一种用于创建网页的标准标记语言。注意，与 HTTP 不同的是，HTML 是直接与网页相关的，常与 CSS、JavaScript 一起被众多网站用于设计令人赏心悦目的网页、网页应用程序以及移动应用程序的用户界面。常用的网页浏览器都可以读取 HTML 文件，并将其渲染成可视化网页。

HTML 元素是构建网站的基石。HTML 还允许嵌入图像与对象，并且可以用于创建交互式表单，它被用来结构化信息——例如标题、段落和列表等，也可用来在一定程度上描述文档的外观和语义。HTML 的语言形式为尖括号包围的 HTML 元素（如<html>），浏览器使用 HTML 标签和脚本来诠释网页内容，但不会将它们显示在页面上。HTML 可以嵌入 JavaScript 的脚本语言，它们会影响 HTML 网页的行为。另外，网页浏览器也可以引用层叠样式表（CSS）来定义文本和其他元素的外观与布局。

HTML 文档由嵌套的 HTML 元素构成。它们用 HTML 标签表示，包含于尖括号中，如<p>。在一般情况下，一个元素由一对标签表示："开始标签"<p>与"结束标签"</p>。元素如果含有文本内容，就被放置在这些标签之间。在开始与结束标签之间也可以封装另外的标签，包括标签与文本的混合。这些嵌套元素是父元素的子元素。开始标签也可包含标签属性，这些属性有诸如标识文档区段、将样式信息绑定到文档演示和为一些如<img>等的标签嵌入图像、引用图像来源等作用。一些元素如换行符
，不允许嵌入任何内容，无论是文字或其他标签。这些元素只需一个单一的空标签（类似于一个开始标签），无需结束标签。浏览器或其他媒介可以从上下文识别出元素的闭合端以及由 HTML 标准所定义的结构规则。

因此，一个 HTML 元素的一般形式为：<标签 属性 1="值 1" 属性 2="值 2">内容</标签>。一个 HTML 元素的名称即为标签使用的名称。注意，结束标签的名称前面有一个斜杠"/"，空元素不需要也不允许结束标签。如果元素属性未标明，则使用其默认值。

HTML 文档的页眉：<head>……</head>。标题被包含在头部，例如：

```
<head >
    <title >Title </title >
</head >
```

标题：HTML 标题由<h1>到<h6>六个标签构成，字体由大到小递减：

```
<h1 >标题 1 </h1 >
<h2 >标题 2 </h2 >
<h3 >标题 3 </h3 >
<h4 >标题 4 </h4 >
<h5 >标题 5 </h5 >
<h6 >标题 6 </h6 >
```

段落：

```
<p >第一段 </p >
<p >第二段 </p >
```

换行：
。
与<p>之间的差异在于，"br"换行但不改变页面的语义结构，而"p"部分的页面成段。

```
<p >
这是一个 <br >使用 br <br >换行 <br >的段落。
</p >
```

链接：使用<a>标签来创建链接。href= 属性包含链接的 URL 地址。

```
<a href="http://www. baidu. com" >一个指向百度的链接 </a >
```

注释：

```
<! --这是一行注释-->
```

8.1.2 JavaScript

现代网页除了 HTTP 和 HTML，还会涉及 JavaScript 技术。人们看到的浏览器中的页面，其实是在 HTML 的基础上，经过 JavaScript 进一步加工和处理后生成的效果。比如淘宝网的商品评论就是通过 JavaScript 获取 JSON 数据，然后"嵌入"到原始 HTML 中并呈现给用户。这种在页面中使用 JavaScript 的网页对于 20 世纪 90 年代的 Web 界面而言几乎是天方夜谭，但在今天，以 AJAX 技术（Asynchronous JavaScript and XML，异步 JavaScript 与 XML）为代表的结合 JavaScript、CSS、HTML 等语言的网页开发技术已经成为绝对的主流。JavaScript 使得网页可以灵活地加载其中一部分数据。后来，随着这种设计的流行，"AJAX"这个词语也成为一个"术语"。

JavaScript 一般被定义为一种"面向对象、动态类型的解释性语言"，最初由 Netscape（网景）公司推出，目的是作为新一代浏览器的脚本语言支持，换句话说，不同于 PHP 或者 ASP. NET，JavaScript 不是为"网站服务器"提供的语言，而是为"用户浏览器"提供的语言，从客户端-服务端的角度来说，JavaScript 无疑是一种"客户端"语言。但是由于 JavaScript 受到业界和用户的强烈欢迎，加之开发者社区的活跃，目前的 JavaScript 已经开始朝着更为综合的方向发展，随着 V8 引擎（可以提高 JavaScript 的解释执行效率）和 Node. js 等新潮流的出现，JavaScript 甚至已经开始涉足"服务端"，在 TIOBE 排名（一个针对各类程序设计语言受欢迎度的比较）上，JavaScript 稳居前 10，并与 PHP、Python、C#等分庭抗礼。有一种说法是，对于今天任何一个正式的网站页面而言，HTML 决定了网页的基本内容，CSS（Cascading Style Sheets，层叠样式表）描述了网页的样式布局，JavaScript 则控制了用户与网页的交互。

为了在网页中使用 JavaScript，开发者一般会把 JavaScript 脚本程序写在 HTML 的<script>标签中，在 HTML 语法里，<script> 标签用于定义客户端脚本，如果需要引用外部脚本文件，可以在 src 属性中设置其地址，如图 8-1 所示。

```
▼<script>
    Do(function() {
        var app_qr = $('.app-qr');
        app_qr.hover(function() {
            app_qr.addClass('open');
        }, function() {
            app_qr.removeClass('open');
        });
    });

    </script>
</div>
▶<div id="anony-sns" class="section">…</div>
▶<div id="anony-time" class="section">…</div>
▶<div id="anony-video" class="section">…</div>
▶<div id="anony-movie" class="section">…</div>
▶<div id="anony-group" class="section">…</div>
▶<div id="anony-book" class="section">…</div>
▶<div id="anony-music" class="section">…</div>
▶<div id="anony-market" class="section">…</div>
▶<div id="anony-events" class="section">…</div>
▼<div class="wrapper">
    <div id="dale_anonymous_home_page_bottom" class="extra"></div>
▶<div id="ft">…</div>
</div>
… <script type="text/javascript" src="https://img3.doubanio.com/f/shire/72ced6d…/js/
jquery.min.js" async="true"></script> == $0
```

图 8-1　豆瓣首页网页源码中的<script>元素

JavaScript 在语法结构上比较类似于 C++等面向对象的语言，循环语句、条件语句等也都与 Python 中的写法有较大的差异，但其弱类型特点会更符合 Python 开发者的使用习惯。一段简单的 JavaScript 脚本程序如下。

【例 8-1】 JavaScript 示例，计算 a+b 和 a*b。

```
function add(a,b) {
    var sum = a + b;
    console.log('%d + %d equals to %d',a,b,sum);
}
function mut(a,b) {
    var prod = a * b;
    console.log('%d * %d equals to %d',a,b,prod);
}
```

接着，我们通过下面的例子来展示 JavaScript 的基本概念和语法。

【例 8-2】 JavaScript 程序，演示 JavaScript 的基本内容。

```
var a = 1;                                  //变量声明与赋值
//变量都用 var 关键字定义
varmyFunction = function (arg1) {           // 注意这个赋值语句,在 JavaScript 中,函数和变量本质上是一样的
    arg1 += 1;
    return arg1;
}
varmyAnotherFunction = function (f,a) {      // 函数也可以作为另一个函数的参数被传入
    return f(a);
}
console. log(myAnotherFunction(myFunction,2))
//条件语句
if (a > 0) {
    a -= 1;
} else if (a == 0) {
    a -= 2;
} else {
    a += 2;
}
//数组
arr = [1,2,3];
console. log(arr[1]);
//对象
myAnimal = {
    name: "Bob",
    species: "Tiger",
    gender: "Male",
    isAlive: true,
    isMammal: true,
}
console. log(myAnimal. gender);             // 访问对象的属性
//匿名函数
myFunctionOp = function (f, a) {
    return f(a);
}
res =myFunctionOp(                          // 直接将参数位置写上一个函数
    function(a) {
      return a * 2;
    },
    4)
//可以联想 lambda 表达式来理解
console. log(res);                          //结果为8
```

除了在本地保存 JS 文件外，也可使用 CDN（即内容分发网络，见下方代码）。谷歌、百度、新浪等大型互联网公司的网站上都会提供常见 JavaScript 库的 CDN。如果网页使用 CDN，当用户向网站服务器请求文件时，CDN 会从离用户最近的服务器上返回响应，这在一定程度上可以提高加载速度。

```
<head>
</head>
<body>
    <script src="https://cdn.jsdelivr.net/npm/jquery@3.2.1/dist/jquery.min.js"></script>
</body>
```

其实，我们所说的 AJAX 技术，与其说是一种"技术"，不如说是一种"方案"。AJAX 技术改变了过去用户浏览网站时一个请求对应一个页面的模式，允许浏览器通过异步请求来获取数据，从而使得一个页面能够呈现并容纳更多的内容，同时也就意味着更多的功能。只要用户使用的是主流的浏览器，同时允许浏览器执行 JavaScript，用户就能够享受网站在网页中的 AJAX 内容。

以知乎的首页信息流为例（如图 8-2 所示），与用户的主要交互方式就是用户通过下拉页面（具体操作可通过鼠标滚轮、拖动滚动条等）查看更多动态，而在一部分动态（对于知乎而言包括被关注用户的点赞和回答等）展示完毕后，就会显示一段加载动画并呈现后续的动态内容。在这个过程中页面动画其实只是"障眼法"，在这个过程中，正是 JavaScript 脚本请求了服务器发送相关数据，并最终加载到页面之中。在这个过程中页面显然没有进行全部刷新，而是只"新"刷新了一部分，通过这种异步加载的方式完成了对新的内容的获取和呈现，这个过程就是典型的 AJAX 应用。

图 8-2　知乎首页动态的刷新

8.1.3　HTTP

HTTP 是一个客户端终端（用户）和服务器端（网站）请求与应答的标准。通过使用网页浏览器、网络爬虫或者其他的工具，客户端可以发起一个 HTTP 请求到服务器上的指定端口（默认端口为 80）。我们称这个客户端为用户代理程序（User Agent）。应答的服务器上存储着一些资源，比如 HTML 文件和图像，我们称这个应答服务器为源服务器（Origin Server）。在用户代理和源服务器中间可能存在多个"中间层"，比如代理服务器、网关或者隧道（Tunnel）。尽管 TCP/IP 协议是互联网上最流行的应用，但在 HTTP 协议中，并没有规定必须使用它或它支持的层。

HTTP 假定其下层协议提供可靠的传输。通常，由 HTTP 客户端发起一个请求，创建一个到服务器指定端口的 TCP 连接。HTTP 服务器则在那个端口监听客户端的请求。一旦收到请求，服务器会向客户端返回一个状态，比如"HTTP/1.1 200 OK"，以及返回的内容，如请求的文件、错误消息，或者其他信息。

HTTP 的请求方法有很多种，主要包括：
- GET，向指定的资源发出"显示"请求。使用 GET 方法应该只用于读取数据，而不应当被用于产生"副作用"的操作中，例如在 Web Application 中。其中一个原因是

GET 可能会被网络蜘蛛等随意访问。参见安全方法 HEAD 与 GET 方法一样，都是向服务器发出指定资源的请求。只不过服务器将不传回资源的报文。它的好处在于，使用这个方法可以在不必传输全部内容的情况下，就可以获取其中"关于该资源的信息"（元信息或称元数据）。

- POST，向指定资源提交数据，请求服务器进行处理（例如提交表单或者上传文件）。数据被包含在报文中。这个请求可能会创建新的资源或修改现有资源，或二者皆有。
- PUT，向指定资源位置上传其最新内容。
- DELETE，请求服务器删除 Request-URI 所标识的资源。
- TRACE，回显服务器收到的请求，主要用于测试或诊断。
- OPTIONS，这个方法可使服务器传回该资源所支持的所有 HTTP 请求方法。用 " * " 来代替资源名称，向 Web 服务器发送 OPTIONS 请求，可以测试服务器功能是否正常运作。
- CONNECT，HTTP/1.1 协议中预留给能够将连接改为管道方式的代理服务器。通常用于 SSL 加密服务器的链接（经由非加密的 HTTP 代理服务器）。方法名称是区分大小写的。当某个请求所针对的资源不支持对应的请求方法的时候，服务器应当返回状态码 405（Method Not Allowed）；当服务器不认识或者不支持对应的请求方法的时候，应当返回状态码 501（Not Implemented）。

8.2 Requests 的使用

8.2.1 Requests 简介

Requests 库，作为 Python 最知名的开源模块之一，目前支持 Python 2.6~2.7 以及 3.3~3.7 版本，Requests 由 Kenneth Reitz 开发[1]（见图 8-3），其设计和源码也符合 Python 风格（Pythonic）。

图 8-3　Requests 的口号：给人类使用的非转基因 HTTP 库

作为 HTTP 库，Requests 的使命就是完成 HTTP 请求。对于各种 HTTP 请求，Requests 都能简单漂亮地完成，当然，其中 GET 方法是最为常用的：

---

[1]　其个人网站是 https://www.kennethreitz.org/projects/

```
r = requests. get( URL)

r = requests. put( URL)
r = requests. delete( URL)
r = requests. head( URL)
r = requests. options( URL)
```

如果想要为 URL 的查询字符串传递参数（比如当你看到了一个 URL 中出现了"?xxx = yyy&aaa = bbb"时），只需要在请求中提供这些参数，就像这样：

```
comment_json_url = 'https://sclub. jd. com/comment/productPageComments. action'
p_data = {
    'callback': 'fetchJSON_comment98vv242411',
    'score': 0,
    'sortType': 1,
    'page': 0,
    'pageSize': 10,
    'isShadowSku': 0,
}

response = requests. get( comment_json_url, params = p_data)
```

其中 p_data 是一个 dict 结构。打印出现在的 URL，可以看到 URL 的编码结果：

```
print (response. url)
```

输出是：

```
https://sclub. jd. com/comment/productPageComments. action?  page = 0&isShadowSku = 0&sortType =
1&callback=fetchJSON_comment98vv242411&pageSize=10&score=0
```

使用 . text 来读取响应内容时，Requests 会使用 HTTP 头部中的信息来判断编码方式。当然，编码是可以更改的，如下：

```
print( response. encoding)      # 会输出"GBK"
response. encoding = 'utf-8'
```

text 有时候很容易和 content 混淆，简单地说，text 表达的是编码后（一般就是 unicode 编码）的内容，而 content 是字节形式的内容。

Requests 中还有一个内置的 JSON 解码器，只需调用 r. json( )即可。

在我们的爬虫程序编写中，经常需要更改 HTTP 请求头。正如之前很多例子那样，想为请求添加 HTTP 头部，只要简单地传递一个 dict 给 headers 参数就可以。r. status_code 是另外一个常用的操作，这是一个状态码对象，我们可以这样检测 HTTP 请求对象。

```
print (r. status_code == requests. codes. ok)
```

实际上 Requests 还提供了更简洁（简洁到不能更简洁，与上面的方法等效）的编码：

```
print (r. ok)
```

在这里 r. ok 是一个布尔值。

如果是一个错误请求（4XX 客户端错误或 5XX 服务器错误响应），我们可以通过 Response. raise_for_status( )来抛出异常。

8.2.2　使用 Requests 编写爬虫程序

在各大编程语言中，初学者要学会编写的第一个简单程序一般就是"Hello，World!"，即通过程序来在屏幕上输出一行"Hello，World!"这样的文字，在 Python 中，只需一行代码就可以做到。受到这种命名习惯的影响，我们也把这第一个爬虫称之为"HelloSpider"，见例 8-3。

【例 8-3】 HelloSpider. py，一个最简单的 Python 网络爬虫。

```
import lxml. html , requests
url = 'https://www. python. org/dev/peps/pep-0020/'
xpath = '// * [ @id = " the-zen-of-python" ]/pre/text( )'
res = requests. get( url)
ht = lxml. html. fromstring( res. text)
text = ht. xpath( xpath)
print ('Hello, \n'+" . join( text) )
```

我们执行这个脚本，在终端中运行如下命令（也可以在直接 IDE 中点击"运行"）：

```
pythonHelloSpider. py
```

很快就能看到输出如下：

```
Hello,

Beautiful is better than ugly.
Explicit is better than implicit.
Simple is better than complex.
Complex is better than complicated.
Flat is better than nested.
Sparse is better than dense.
Readability counts.
Special cases aren't special enough to break the rules.
Although practicality beats purity.
Errors should never pass silently.
Unless explicitly silenced.
In the face of ambiguity, refuse the temptation to guess.
There should be one-- and preferably only one --obvious way to do it.
Although that way may not be obvious at first unless you're Dutch.
Now is better than never.
Although never is often better than * right * now.
If the implementation is hard to explain, it's a bad idea.
If the implementation is easy to explain, it may be a good idea.
Namespaces are one honking great idea -- let's do more of those!
```

至此，我们的程序完成了一个网络爬虫程序最普遍的流程：1，访问站点；2，定位所需的信息；3，得到并处理信息。接下来不妨看看每一行代码都做了什么。

```
import lxml. html, requests
```

这里使用 import 导入了两个模块，分别是 lxml 库中的 html 以及 python 中著名的 requests 库。lxml 是用于解析 XML 和 HTML 的工具，可以使用 xpath 和 css 来定位元素。

```
url = 'https://www. python. org/dev/peps/pep-0020/'
xpath = '//*[@id="the-zen-of-python"]/pre/text()'
```

上面定义了两个变量，Python 不需要声明变量的类型，url 和 xpath 会自动被识别为字符串类型。url 是一个网页的链接，可以直接在浏览器中打开，页面中包含了"Python 之禅"的文本信息。xpath 变量则是一个 xpath 路径表达式，而 lxml 库可以使用 xpath 来定位元素，当然，定位网页中元素的方法不止 xpath 一种，以后会介绍更多的定位方法。

```
res = requests. get(url)
```

这里使用了 requests 中的 get 方法，对 url 发送了一个 HTTP GET 请求，返回值被赋值给 res，于是我们便得到了一个名为 res 的 Response 对象，接下来就可以从这个 Response 对象中获取我们想要的信息。

```
ht = lxml. html. fromstring(res. text)
```

lxml. html 是 lxml 下的一个模块，顾名思义，主要负责处理 HTML。fromstring 方法传入的参数是 res. text，即 Response 对象的 text（文本）内容。在 fromstring 函数的 doc string 中（文档字符串，即这个函数的说明，可以通过 print('lxml. html. fromstring. __doc__查看'))提到，这个方法可以"Parse the html, returning a single element/document."，即 fromstring 根据这段文本来构建一个 lxml 中的 HtmlElement 对象。

```
text = ht. xpath(xpath)
print ('Hello,\n'+''. join(text))
```

这两行代码使用 xpath 来定位 HtmlElement 中的信息，并进行输出。text 就是我们得到的结果，". join()"是一个字符串方法，用于将序列中的元素以指定的字符连接生成一个新的字符串。因为 text 是一个 list 对象，所以使用 ' ' 这个空字符来连接。如果不进行这个操作而直接输出：

```
print('Hello,\n'+ text)
```

程序会报错，出现 'TypeError: Can't convert 'list' object to str implicitly' 这样的错误。当然，对于 list 序列而言，还可以通过一段循环来输出其中的内容。

值得一提的是，如果不使用 requests 而使用 Python3 的 urllib 来完成以上操作，需要把其中的两行代码改为：

```
res = urllib. request. urlopen(url). read(). decode('utf-8')
ht = lxml. html. fromstring(res)
```

其中的 urllib 是 Python3 的标准库，包含了很多基本功能，比如向网络请求数据，处理 cookie，自定义请求头（headers）等。urlopen 方法用来通过网络打开并读取远程对象，包括 HTML、媒体文件等。显然，就代码量而言，工作量比 requests 要大，而且看起来也不甚简洁。

通过刚才这个十分简单的爬虫示例，我们不难发现，爬虫的核心任务就是访问某个站点（一般为一个 URL 地址），然后提取其中的特定信息，之后对数据进行处理（在这个例子中只是简单地输出）。当然，根据具体的应用场景，爬虫可能还需要很多其他的功能，比如自动抓取多个页面、处理表单、对数据进行存储或者清洗等。

8.3　常见网页解析工具

在前面了解网页结构的基础上，接下来将介绍几种工具，分别是 BeautifulSoup 模块、XPath 模块以及 lxml 模块。

8.3.1　BeautifulSoup

BeautifulSoup 是一个很流行的 Python 库，名字来源于《爱丽丝梦游仙境》中的一首诗，作为网页解析（准确地说是 XML 和 HTML 解析）的利器，BeautifulSoup 提供了定位内容的人性化接口，简便正是它的设计理念。

由于 BeautifulSoup 并不是 Python 内置的，因此仍需要使用 pip 来安装。这里安装 BeautifulSoup 4 版本，也叫 bs4：

```
pip install beautifulsoup4
```

另外，也可以这样安装：

```
pip install bs4
```

Linux 用户也可以使用 apt-get 工具来进行安装：

```
apt-get install Python-bs4
```

注意，如果计算机上 Python2 和 Python3 两种版本同时存在，那么可以使用 pip2 或者 pip3 命令来指明是为哪个版本的 Python 来安装，执行这两种命令是有区别的，如图 8-4 所示。

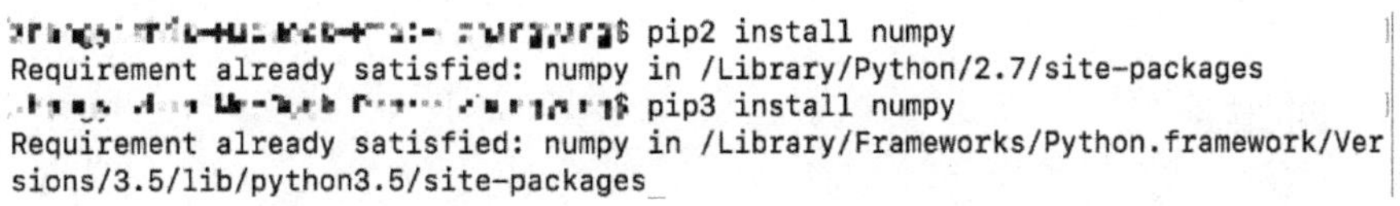

```
                                  $ pip2 install numpy
Requirement already satisfied: numpy in /Library/Python/2.7/site-packages
                                  $ pip3 install numpy
Requirement already satisfied: numpy in /Library/Frameworks/Python.framework/Ver
sions/3.5/lib/python3.5/site-packages
```

图 8-4　pip2 与 pip3 命令的区别

BeautifulSoup 中的主要工具就是 BeautifulSoup（对象），这个对象的意义是指一个 HTML 文档的全部内容，先来看看 BeautifulSoup 对象能干什么：

```
import bs4, requests
from bs4 import BeautifulSoup

ht = requests.get('https://www.douban.com')
bs1 = BeautifulSoup(ht.content)
```

133

```
print (bs1. prettify( ))
print ('title')
print (bs1. title)
print ('title. name')
print (bs1. title. name)
print ('title. parent. name')
print (bs1. title. parent. name)
print ('find all "a"')
print (bs1. find_all('a'))
print ('text of all "h2"')
for one in bs1. find_all('h2'):
    print (one. text)
```

这段示例程序的输出是这样的：

```
<! DOCTYPE HTML>
<html class="" lang="zh-cmn-Hans">
<head>
……
          10 月 28 日 周六 19:30 - 21:30
        </div>
……

</html>
title
<title>豆瓣</title>
title. name
title
title. parent. name
head
find all "a"
[<a class="lnk-book" href="https://book. douban. com" target="_blank">豆瓣读书</a>, <a
……
]
text of all "h2"

          热门话题
              ……
豆瓣时间
```

可以看出，使用 BeautifulSoup 来定位和获取内容是非常方便的，一切看上去都很和谐，但是有可能会遇到这样一个提示：

```
UserWarning：No parser was explicitly specified
```

这意味着我们没有指定 BeautifulSoup 的解析器，解析器的指定需要把原来的代码变为这样：

```
bs1 = BeautifulSoup(ht. content,'parser')
```

BeutifulSoup 本身支持 Python 标准库中的 HTML 解析器，另外还支持一些第三方的解析器，其中最有用的就是 lxml。根据操作系统不同，安装 lxml 的方法包括：

```
$ apt-get install Python-lxml
$ easy_installlxml
$ pip installlxml
```

Python 标准库 html. parser 是 Python 内置的解析器，性能过关。而 lxml 的性能和容错能力都是最好的，缺点是安装起来有可能碰到一些麻烦（其中一个原因是 lxml 需要 C 语言库的支持），lxml 既可以解析 HTML，也可以解析 XML。不同的解析器分别对应下面的指定方法：

```
bs1 = BeautifulSoup(ht. content,'html. parser')

bs1 = BeautifulSoup(ht. content,'lxml')
bs1 = BeautifulSoup(ht. content,'xml')
```

除此之外还可以使用 html5lib，这个解析器支持 HTML5 标准，不过目前还不是很常用。我们主要使用的是 lxml 解析器。

使用 find 方法获取到的结果都是 Tag 对象，这也是 BeautifulSoup 库中的主要对象之一，Tag 对象在逻辑上与 XML 或 HTML 文档中的 tag 相同，可以使用 tag. name 和 tag. attrs 来访问 tag 的名字和属性，获取属性的操作方法类似字典：tag['href']。

在定位内容时，最常用的就是 find() 和 find_all() 方法，find_all 方法的定义是：

```
find_all(name ,attrs , recursive , text , * * kwargs)
```

该方法搜索当前这个 tag（这时 BeautifulSoup 对象可以被视为一个 tag，是所有 tag 的根）的所有 tag 子节点，并判断是否符合搜索条件。name 参数可以查找所有名为 name 的 tag：

```
bs. find_all('tagname')
```

keyword 参数在搜索时支持把该参数当作指定名字 tag 的属性来搜索，就像这样：

```
bs. find(href='https://book. douban. com'). text
```

其结果应该是"豆瓣读书"。当然，同时使用多个属性来搜索也是可以的，我们可以通过 find_all() 方法的 attrs 参数定义一个字典参数来搜索多个属性：

```
bs. find_all(attrs = {"href": re. compile('time'),"class":"title"})
```

8.3.2　XPath 与 lxml

XPath，也就是 XML Path Language（意为 XML 路径语言），是一种被设计用来在 XML 文档中搜寻信息的语言。在这里需要先介绍一下 XML 和 HTML 的关系，所谓的 HTML（Hyper Text Markup Language），也就是之前所说的"超文本标记语言"，是 WWW 的描述语言，其设计目标是"创建网页和其他可在网页浏览器中访问的信息"，而 XML 则是 Extentsible Markup Language（意为可扩展标记语言），其前身是 SGML（标准通用标记语言）。简单地说，HTML 是用来显示数据的语言（同时也是 html 文件的作用），XML 是用来描述数据、传输数据的语言（对应 xml 文件，这个意义上 XML 十分类似于 JSON）。也有人说，XML 是对 HTML 的补充。因此，XPath 可用来在 XML 文档中对元素和属性进行遍历，实现搜索和查询的目的，也正是因为 XML 与 HTML 的紧密联系，我们可以使用 XPath 来对 HTML 文件进行查询。

　　XPath 的语法规则并不复杂，需要先了解 XML 中的一些重要概念，包括元素、属性、文本、命名空间、处理指令、注释以及文档，这些都是 XML 中的"节点"，XML 文档本身就是被作为节点树来对待的。每个节点都有一个 parent（父/母节点），比如：

```
<movie>
    <name>Transformers</name>
    <director>Michael Bay</director>
</movie>
```

　　上面的例子里，movie 是 name 和 director 的 parent 节点；name、director 是 movie 的子节点；name 和 director 互为兄弟节点（Sibling）。

```
<cinema>
    <movie>
        <name>Transformers</name>
        <director>Michael Bay</director>
    </movie>
    <movie>
        <name>Kung Fu Hustle</name>
        <director>Stephen Chow</director>
    </movie>
</cinema>
```

　　如果 XML 是上面这样子，对于 name 而言，cinema 和 movie 就是先祖（ancestor）节点，同时，name 和 movie 就是 cinema 的后辈（descendant）节点。

　　XPath 表达式的基本规则如表 8-1 所示。

表 8-1　XPath 表达式基本规则

表　达　式	对　应　查　询
Node1	选取 Node1 下的所有节点
/node1	斜杠代表到某元素的绝对路径，此处即选择根上的 node1
//node1	选取所有"node1"元素，不考虑 XML 中的位置
node1/node2	选取 node1 子节点中的所有 node2
node1//node2	选取 node1 所有后辈节点中的所有 node2
.	选取当前节点
..	选取当前的父节点
//@ href	选取 XML 中的所有 href 属性

　　另外，XPath 中还有"谓语"和通配符，如表 8-2 所示。

　　掌握这些基本内容，我们就可以开始试着使用 XPath 了，不过在实际编程中，一般不必自己亲自编写 XPath，使用 Chrome 等浏览器自带的开发者工具就能获得某个网页元素的 XPath 路径，通过分析感兴趣的元素的 XPath，就能编写对应的抓取语句。

表 8-2　XPath 中的谓语与通配符

/cinema/movie[1]	选取 cinema 节点的子元素中的第一个 movie 元素
/cinema/movie[last()]	同上，但选取最后一个元素
/cinema/movie[position()<5]	选取 cinema 节点的子元素中的前 4 个 book 元素
//head[@href]	选取所有拥有 href 的属性的 head 元素
//head[@href='www.baidu.com']	选取所有 href 属性为 "www.baidu.com" 的 head 元素
//*	选取所有元素
//head[@*]	选取所有有属性的 head 元素
/cinema/*	选取 cinema 节点的所有子元素

在 Python 中用于 XML 处理的工具不少，比如 Python 2 版本中的 ElementTree API 等，不过目前一般使用 lxml 这个库来处理 XPath，lxml 的构建是基于两个 C 语言库的：libxml2 和 libxslt，因此，性能方面 lxml 表现足以让人满意，另外，lxml 支持 XPath 1.0、XSLT 1.0、定制元素类，以及 Python 风格的数据绑定接口，因此受到很多人的欢迎。

当然，如果机器上没有安装 lxml，首先还是得用 pip install lxml 命令来进行安装，安装时可能会出现一些问题（这是由于 lxml 本身的特性造成的），另外，lxml 还可以使用 easy install 等方式安装，这些都可以参照 lxml 官方的说明：http://lxml.de/installation.html。最基本的 lxml 解析方式：

```
from lxml import etree
doc = etree.parse('exsample.xml')
```

其中的 parse 方法会读取整个 XML 文档并在内存中构建一个树结构，如果换一种导入方式：

```
from lxml import html
```

这样会导入 html tree 结构，一般使用 fromstring() 方法来构建：

```
text = requests.get('http://example.com').text
html.fromstring(text)
```

这时将会拥有一个 lxml.html.HtmlElement 对象，然后就可以直接使用 xpath 来寻找其中的元素了：

```
h1.xpath('your xpath expression')
```

比如，我们假设有一个 HTML 文档，如图 8-5 所示。

这实际上是维基百科 "苹果" 词条的页面结构，我们可以通过多种方式获得页面中的 "Apple" 这个大标题（h1 元素），比如：

```
from lxml import html
# 访问链接，获取 HTML
text = requests.get('https://en.wikipedia.org/wiki/Apple').text
ht = html.fromstring(text)                          # HTML 解析

h1Ele = ht.xpath('//*[@id="firstHeading"]')[0]      # 选取 id 为 firstHeading 的元素
```

```
print（h1Ele. text）                          # 获取 text
print（h1Ele. attrib）                        # 获取所有属性,保存在一个 dict 中
print（h1Ele. get('class'））                  # 根据属性名获取属性
print（h1Ele. keys(））                        # 获取所有属性名
print（h1Ele. values(））                      # 获取所有属性的值

# 以下方法与上面对应的语句等效:
#使用间断的 xpath 来获取属性:
print（ht. xpath('//＊[ @id="firstHeading"]'）[0]. xpath('./@id'）[0]）
print（ht. xpath('//＊[ @id="firstHeading"]'）[0]. xpath('./text()'）[0]）

#直接用 xpath 获取属性:
print（ht. xpath('//＊[ @id="firstHeading"][position(）=1]/text()'））
print（ht. xpath('//＊[ @id="firstHeading"][position(）=1]/@lang'））
```

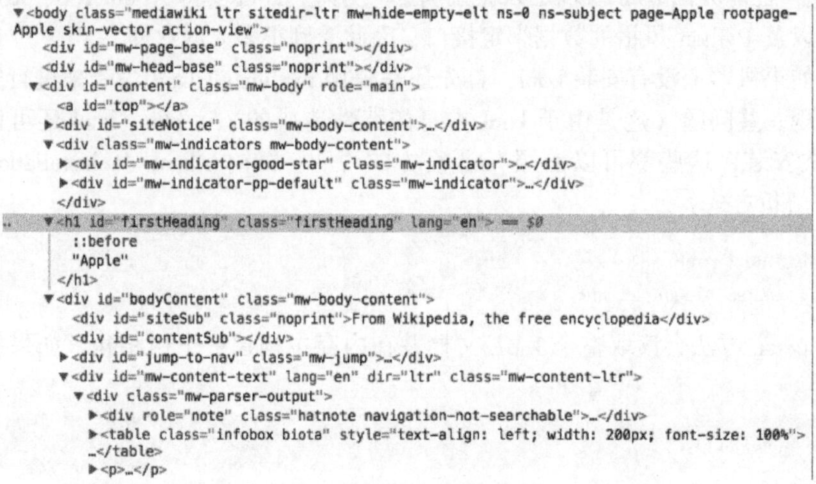

```
▼<body class="mediawiki ltr sitedir-ltr mw-hide-empty-elt ns-0 ns-subject page-Apple rootpage-
Apple skin-vector action-view">
    <div id="mw-page-base" class="noprint"></div>
    <div id="mw-head-base" class="noprint"></div>
  ▼<div id="content" class="mw-body" role="main">
      <a id="top"></a>
    ►<div id="siteNotice" class="mw-body-content">…</div>
    ▼<div class="mw-indicators mw-body-content">
      ►<div id="mw-indicator-good-star" class="mw-indicator">…</div>
      ►<div id="mw-indicator-pp-default" class="mw-indicator">…</div>
      </div>
    ▼<h1 id="firstHeading" class="firstHeading" lang="en"> == $0
        ::before
        "Apple"
      </h1>
    ▼<div id="bodyContent" class="mw-body-content">
        <div id="siteSub" class="noprint">From Wikipedia, the free encyclopedia</div>
        <div id="contentSub"></div>
      ►<div id="jump-to-nav" class="mw-jump">…</div>
      ▼<div id="mw-content-text" lang="en" dir="ltr" class="mw-content-ltr">
        ▼<div class="mw-parser-output">
          ►<div role="note" class="hatnote navigation-not-searchable">…</div>
          ►<table class="infobox biota" style="text-align: left; width: 200px; font-size: 100%">
          …</table>
          ►<p>…</p>
```

图 8-5 示例 HTML 结构

8.4 Scrapy 框架与 Selenium

8.4.1 爬虫框架：Scrapy

　　按照官方的说法，Scrapy 是一个为了爬取网站数据，提取结构性数据而编写的 Python 应用框架，可以应用在包括数据挖掘、信息处理或存储历史数据等各种程序中。Scrapy 最初是为了网页抓取而设计的，也可以应用在获取 API 所返回的数据或者通用的网络爬虫开发之中。作为一个爬虫框架，我们可以根据自己的需求十分方便地使用 Scrapy 编写出自己的爬虫程序。毕竟要从使用 requests（或者 urllib）访问 URL 开始编写，把网页解析、元素定位等功能一行行写进去，再编写爬虫的循环抓取策略和数据处理机制等其他功能，这些流程做下来，工作量其实也是不小的。使用特定的框架可以帮助我们更高效地定制爬虫程序。在各种 Python 爬虫框架中，Scrapy 因为合理的设计、简便的用法和十分广泛的资料等优点脱颖而出，成为比较流行的爬虫框架选择，我们在这里对它进行比较详细的介绍。当然，深入

了解一个 Python 库相关知识最好的方式就是去它的官网或查看官方文档，Scrapy 的官网是 https://scrapy.org/，读者可以随时访问并查看最新的消息。

作为可能是最流行的 Python 爬虫框架，掌握 Scrapy 爬虫编写是我们在爬虫开发中迈出的重要一步。当然，Python 爬虫框架有很多，相关资料也内容庞杂。

从构件上看，Scrapy 这个爬虫框架主要由以下组件来组成。

- 引擎（Scrapy）：用来处理整个系统的数据流处理，触发事务，是框架的核心。
- 调度器（Scheduler）：用来接受引擎发过来的请求，将请求放入队列中，并在引擎再次请求的时候返回。它决定下一个要抓取的网址，同时担负着网址去重这一重要工作。
- 下载器（Downloader）：用于下载网页内容，并将网页内容返回给爬虫。下载器的基础是 twisted，一个 Python 网络引擎框架。
- 爬虫（Spiders）：用于从特定的网页中提取自己需要的信息，即 Scrapy 中所谓的实体（Item）。也可以从中提取出链接，让 Scrapy 继续抓取下一个页面。
- 管道（Pipeline）：负责处理爬虫从网页中抽取的实体，主要的功能是持久化信息、验证实体的有效性、清洗信息等。当页面被爬虫解析后，将被发送到管道，并经过特定的程序来处理数据。
- 下载器中间件（Downloader Middlewares）：Scrapy 引擎和下载器之间的框架，主要是处理 Scrapy 引擎与下载器之间的请求及响应。
- 爬虫中间件（Spider Middlewares）：Scrapy 引擎和爬虫之间的框架，主要工作是处理爬虫的响应输入和请求输出。
- 调度中间件（Scheduler Middlewares）：Scrapy 引擎和调度之间的中间件，从 Scrapy 引擎发送到调度的请求和响应。

它们之间的关系示意如图 8-6 所示。

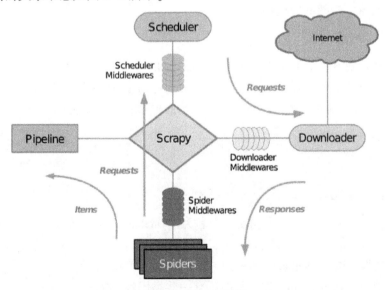

图 8-6 Scrapy 架构

我们可以通过 pip 十分轻松地安装 Scrapy，为了安装 Scrapy 可能首先需要使用以下命令安装 lxml 库：

```
pip install lxml
```

如果已经安装了 lxml，那就可以直接安装 Scrapy：

```
pip install scrapy
```

我们在终端中执行命令（后面的网址可以是其他域名，比如 www. baidu. com）：

```
scrapy shell www. douban. com
```

可以看到 Scrapy 的反馈，如图 8-7 所示。

```
[s] Available Scrapy objects:
[s]   scrapy     scrapy module (contains scrapy.Request, scrapy.Selector, etc)
[s]   crawler    <scrapy.crawler.Crawler object at 0x1053c0b70>
[s]   item       {}
[s]   request    <GET http://www.douban.com>
[s]   response   <403 http://www.douban.com>
[s]   settings   <scrapy.settings.Settings object at 0x10633b358>
[s]   spider     <DefaultSpider 'default' at 0x106682ef0>
[s] Useful shortcuts:
[s]   fetch(url[, redirect=True]) Fetch URL and update local objects (by default, redirect
s are followed)
[s]   fetch(req)                  Fetch a scrapy.Request and update local objects
[s]   shelp()           Shell help (print this help)
[s]   view(response)    View response in a browser
```

图 8-7　Scrapy 的反馈

为了在终端中创建一个 Scrapy 项目，首先进入自己想要存放项目的目录下，也可以现在直接新建一个目录（文件夹），这里我们在终端中使用命令创建一个新目录并进入：

```
mkdir newcrawler
cd newcrawler/
```

之后执行 Scrapy 框架的对应命令：

```
scrapy startproject newcrawler
```

我们会发现目录下多出了一个新的名为 newcrawler 的目录。其中 items. py 定义了爬虫的"实体"类，middlewares. py 是中间件文件，pipelines. py 是管道文件，spiders 文件夹下是具体的爬虫，scrapy. cfg 则是爬虫的配置文件。然后我们执行新建爬虫的命令：

```
scrapy genspider DoubanSpider douban. com
```

输出为：

```
Created spider 'DoubanSpider' using template 'basic'
```

不难发现，genspider 命令就是创建一个名为"DoubanSpider"的新爬虫脚本，这个爬虫对应的域名为 douban. com。在输出中我们发现了一个名为"basic"的模板，这其实是 Scrapy 的爬虫模板。进入 DoubanSpider. py 中查看，如图 8-8 所示。

可见它继承了 scrapy. Spider 类，其中还有一些类属性和方法。name 用来标识爬虫。它在项目中是唯一的，每一个爬虫有一个独特的 name。parse 是一个处理 response 的方法，在 Scrapy 中，response 由每个 request 下载生成。作为 parse 方法的参数，response 是一个 TextResponse 的实例，其中保存了页面的内容。start_urls 列表是一个代替 start_requests( )方法的捷径，所谓的 start_requests 方法，顾名思义，其任务就是从 url 生成 scrapy. Request 对象，作为爬虫的初始请求。我们之后会遇到的 Scrapy 爬虫基本都有着类似这样的结构。

为了定制 Scrapy 爬虫，需要根据自己的需求定义不同的 Item，比如，我们创建一个针对页面中所有正文文字的爬虫，将 Items. py 中的内容改写为：

```
# -*- coding: utf-8 -*-
import scrapy


class DoubanspiderSpider(scrapy.Spider):
    name = 'DoubanSpider'
    allowed_domains = ['douban.com']
    start_urls = ['http://douban.com/']

    def parse(self, response):
        pass
```

图 8-8   DoubanSpider

```
classTextItem (scrapy. Item):
    # define the fields for your item here like:
    text = scrapy. Field()
```

之后编写 DoubanSpider. py：

```
# -*- coding: utf-8 -*-
import scrapy
from scrapy. selector import Selector
from .. items import TextItem

class DoubanspiderSpider (scrapy. Spider):
    name = 'DoubanSpider'
    allowed_domains = ['douban. com']
    start_urls = ['https://www. douban. com/']

    def parse (self, response):
        item = TextItem()
        h1text = response. xpath('//a/text()'). extract()
        print ("Text is"+". join(h1text))
        item['text'] = h1text
        return item
```

这个爬虫会先进入 start_urls 列表中的页面（在这个例子中就是豆瓣网的首页），收集信息完毕后就会停止。response. xpath('//a/text()'). extract() 这行语句将从 response（其中保存着网页信息）中使用 xpath 语句抽取出所有 "a" 标签的文字内容（text）。下一句会将它们逐一打印。

运行爬虫的命令是：

```
scrapy crawl spidername
```

其中 spidername 是爬虫的名称，即爬虫类中的 name 属性。

程序运行并抓取后，我们可以看到类似图 8-9 这样的输出（由于网站更新速度很快，读者使用类似程序时输出可能已发生变化），说明 Scrapy 成功进行了抓取（在运行之前可能还需要在 settings. py 中进行一些配置，如修改 USER_AGENT 等）。

值得一提的是，除了简单的 scrapy. Spider，Scrapy 还提供了诸如 CrawlSpider、csvfeed 等爬虫模板，其中 CrawlSpider 是最为常用的。另外，Scrapy 的 Pipeline 和 Middleware 都支持扩展，配合主爬虫类使用将取得很流畅的抓取和调试体验。

图 8-9 Scrapy 的 DoubanspiderSpider 运行的输出

当然，Python 爬虫框架当然不止 Scrapy 一种，在其他诸多爬虫框架中，比较值得一提的是 PySpider、Portia 等。PySpider 是一个"国产"的框架，由国内开发者编写，拥有一个可视化的 Web 界面来编写调试脚本，使得用户可以进行诸多其他操作，如执行或停止程序、监控执行状态、查看活动历史等。除了 Python，Java 语言也常常用于爬虫的开发，比较常见的爬虫框架包括 Nutch、Heritrix、WebMagic、Gecco 等。爬虫框架流行的原因，就在于开发者需要"多快好省"地完成一些任务，比如爬虫的 URL 管理、线程池之类的模块，如果自己从零做起，势必需要一段时间的实验、调试和修改。爬虫框架将一些"底层"的事务预先做好，开发者只需要将注意力放在爬虫本身的业务逻辑和功能开发上。有兴趣的读者可以继续了解如 PySpider 这样的新框架。

8.4.2 模拟浏览器：Selenium

网页会使用 JavaScript 加载数据，对应于这种模式，我们可以通过分析数据接口来进行直接抓取，这种方式需要对网页的内容、格式和 JavaScript 代码有所研究才能顺利完成。但我们还会碰到另外一些页面，这些页面同样使用 AJAX 技术，但是其页面结构比较复杂，很多网页中的关键数据由 AJAX 获得，而页面元素本身也使用 JavaScript 来添加或修改，甚至于我们感兴趣的内容在原始页面中并不出现，需要进行一定的用户交互（比如不断下拉滚动条）才会显示。对于这种情况，为了方便会考虑使用模拟浏览器的方法来进行抓取，而不是通过"逆向工程"去分析 AJAX 接口。使用模拟浏览器的方法；特点是普适性强，开发耗时短，抓取耗时长（模拟浏览器的性能问题始终令人忧虑），使用分析 AJAX 的方法，特点则刚好与模拟浏览器相反，甚至在同一个网站同一个类别中的不同网页上，AJAX 数据的具体访问信息都有差别，因此开发过程投入的时间和精力成本是比较大的。如果碰到页面结构相对复杂或者 AJAX 数据分析比较困难（比如数据经过加密）的情况，就需要考虑使用浏览器模拟的方式了。

在 Python 模拟浏览器进行数据抓取方面，Selenium 永远是绕不过去的一个坎。Selenium（意为化学元素"硒"）是浏览器自动化工具，在设计之初是为了进行浏览器的功能测试，Selenium 的作用，直观地说，就是使得操纵浏览器进行一些类似普通用户的操作，比如访问某个地址、判断网页状态、点击网页中的某个元素（按钮）等。使用 Selenium 来操控浏览器进行的数据抓取其实已经不能算是一种"爬虫"程序，一般谈到爬虫，我们自然会想到的是独立于浏览器之外的程序，但无论如何，这种方法能够帮助我们解决一些比较复杂的网页抓取任务，由于直接使用了浏览器，因此复杂的 AJAX 数据和 JavaScript 动态页面一般都已经渲染完成，利用一些函数，我们完全可以做到随心所欲的抓取，加之开发流程也比较简单，因此有必要进行基本的介绍。

Selenium 本身只是个工具，而不是一个具体的浏览器，但是 Selenium 支持包括 Chrome 和 Firefox 在内的主流浏览器。为了在 Python 中使用 Selenium，我们需要安装 selenium 库（仍然通过 pip install selenium 的方式进行安装）。完成安装后，为了使用特定的浏览器，我们可能需要下载对应的驱动，以 Chrome 为例，可以在 google 的对应站点下载：http://chromedriver.storage.googleapis.com/index.html，最新的 ChromeDriver 可见 http://chromedriver.chromium.org/downloads，我们将下载到的文件放在某个路径下，并在程序中指明该路径即可，如果想避免每次配置路径的麻烦，可以将该路径设置为环境变量，这里就不再赘述了。

我们通过一个访问百度新闻站点的例子来引入 Selenium。

【例 8-4】 使用 Selenium 最简单的例子。

```python
from selenium import webdriver
import time

browser = webdriver.Chrome('yourchromedriverpath')
# 如"/home/zyang/chromedriver"
browser.get('http:www.baidu.com')
print(browser.title) # 输出:"百度一下,你就知道"
browser.find_element_by_name("tj_trnews").click() # 点击"新闻"
browser.find_element_by_class_name('hdline0').click() # 点击头条
print(browser.current_url) # 输出:http://news.baidu.com/
time.sleep(10)
browser.quit() # 退出
```

运行上面的代码，我们会看到 Chrome 程序被打开，浏览器访问了百度首页，然后跳转到百度新闻页面，之后又选择了该页面的第一个头条新闻，从而打开了新的新闻页面。一段时间后，浏览器关闭并退出。控制台会输出"百度一下，你就知道"（对应 browser.title）和 http://news.baidu.com/（对应 browser.current_url）。这对我们无疑是一个大好消息，如果能获取对浏览器的控制权，那么抓取某一部分的内容会变得如臂使指。

另外，Selenium 库能够为我们提供实时网页源码，这使得通过结合 Selenium 和 BeautifulSoup（以及其他上面所述的网页元素解析方法）成为可能，如果对 Selenium 库自带的元素定位 API 不甚满意，那么这会是一个非常好的选择。总的来说，使用 Selenium 库的主要步骤如下。

1）创建浏览器对象，即使用类似下面的语句：

```python
from selenium import webdriver

browser = webdriver.Chrome()
browser = webdriver.Firefox()
browser = webdriver.PhantomJS()
browser = webdriver.Safari()
...
```

2）访问页面，主要使用 browser. get( )方法，传入目标网页地址。

3）定位网页元素，可以使用 Selenium 自带的元素查找 API，即：

```
element = browser. find_element_by_id("id")
element = browser. find_element_by_name("name")
element = browser. find_element_by_xpath("xpath")
element = browser. find_element_by_link_text('link_text')
element = browser. find_element_by_tag_name('tag_name')
element = browser. find_element_by_class_name('class_name')
element = browser. find_elements_by_class_name( ) # 定位多个元素的版本
#...
```

还可以使用 browser. page_source 获取当前网页源码并使用 BeautifulSoup 等网页解析工具定位：

```
from selenium import webdriver
from bs4 import BeautifulSoup

browser = webdriver. Chrome('yourchromedriverpath')
url = 'https://www. douban. com'
browser. get(url)
ht = BeautifulSoup(browser. page_source,'lxml')
for one in ht. find_all('a' ,class_='title') :
    print (one. text)
# 输出：
# 52 倍人生——戴锦华大师电影课
# 哲学闪耀时——不一样的西方哲学史
# 黑镜人生——网络生活的传播学肖像
# 一个故事的诞生——22 堂创意思维写作课
# 12 文豪——围绕日本文学的冒险
# 成为更好的自己——许燕人格心理学 32 讲
# 控制力幻象——焦虑感背后的心理觉察
# 小说课——毕飞宇解读中外经典
# 亲密而独立——洞悉爱情的 20 堂心理课
# 觉知即新生——终止童年创伤的心理修复课
```

4）网页交互，对元素进行输入、选择等操作。如访问豆瓣并搜索某一关键字（效果见图 8-10）。

【例 8-5】使用 Selenium 配合 Chrome 在豆瓣进行搜索。

```
from selenium import webdriver
import time
from selenium. webdriver. common. by import By

browser = webdriver. Chrome('yourchromedriverpath')
browser. get('http://www. douban. com')
time. sleep(1)
search_box = browser. find_element(By. NAME,'q')
search_box. send_keys('网站开发')
button = browser. find_element(By. CLASS_NAME,'bn')
button. click( )
```

144

图 8-10　使用 Selenium 操作 Chrome 进行豆瓣搜索的结果

在导航（窗口中的前进与后退）方面，主要使用 browser. back( )和 browser. forward( )两个函数。

5）获取元素属性。可供使用的函数方法很多：

```
# one 应该是一个 selenium. webdriver. remote. webelement. WebElement 类的对象
one. text
one. get_attribute('href')
one. tag_name
one. id
...
```

除了抓取网页信息外，Selenium 还可用于网站测试。Selenium 进行网站测试的基础就是自动化浏览器与网站的交互，包括页面操作、数据交互等。我们之前曾对 Selenium 的基本使用做过简单的说明，有了网站交互（而不是典型爬虫程序避开浏览器界面的策略），我们就能够完成很多测试工作，比如找出异常表单、HTML 排版错误、页面交互问题。

8.5　处理表单以及反爬虫机制

8.5.1　处理表单

在之前的爬虫编写过程中，我们的程序基本只是在使用 HTTP GET 操作，即仅仅是通过程序去"读"网页中的数据，但每个人在实际的浏览网页过程中，还会大量涉及 HTTP POST 操作。表单（Form）这个概念往往会与 HTTP POST 联系在一起，"表单"具体是指 HTML 页面中的 form 元素，通过 HTML 页面的表单来 POST 发送出信息是最为常见的与网站服务器的交互方式之一。

以登录表单为例，我们访问 Yahoo.com 的登录界面，使用 Chrome 的网页检查工具，可以看到源码中十分明显的<form>元素，如图 8-11 所示。注意其 method 属性为"post"，即该表单将会把用户的输入通过 POST 发送出去。

图 8-11　Yahoo 网站页面的登录表单

使用 requests 库中的 post 方法就可以完成简单的 HTTP POST 操作，下面的代码就是一个最基本的模板：

```
import requests
form_data = {'username':'user','password':'password'}
resp = requests.post('http://website.com',data=form_data)
```

这段代码将字典结构的 form_data 作为 post( )方法的 data 参数，requests 会将该数据 POST 至对应的 URL（http://website.com）。虽然很多网站都不允许非人类用户的程序（包括普通爬虫程序）来发送登录表单，但我们可以使用自己在该网站上的账号信息来试一试，毕竟简单的登录表单发送程序也不会对网站造成资源压力。

对于结构比较简单的网页表单，可以通过分析页面源码来获取其字段名并构造自己的表单数据（主要是确定表单每个 input 字段的 name 属性，该名称对应着表单数据被提交到服务器后的变量名），而对于相对比较复杂的表单，它有可能向服务器提供了一些额外的参数数据，我们可以使用 Chrome 开发者工具的 Network 界面来分析。进入网页后，打开开发者工具并在 Network 工具中选中 Preserve Log 选项，这样就可以保证在页面刷新或重定向时不会清楚之前的监控数据，接着在网页中填写自己的用户名和密码并点击登录，很容易就能够发现一条登录的 POST 表单记录。根据记录，首先可以确定 POST 的目标 URL 地址，接着需要注意的是 Request Headers 中的信息，其中的 User-Agent 值可以作为我们伪装爬虫的有力帮助。最后，我们找到 Form Data 数据，其中的字段包括 username、password、quickforward、handlekey，据此就可以编写自己的登录表单 POST 程序了。

谈及表单，一定绕不过 Cookie 与登录问题。概括地说，Cookie 就是保持和跟踪用户在浏览网站时的状态的一种工具。关于 Cookie，一个最为普遍的场景就是"保持登录状态"，在那些需要输入用户名和密码进行登录的网站中，往往会有一个"下次自动登录"的选项。比如在百度的用户登录页面，如果我们勾选"下次自动登录"按钮，下次（比如关闭这个浏览器，然后重新打开）访问网站，会发现自己仍然是登录后的状态。在第一次登录时，服务器会把包含了经过加密的登录信息作为 Cookie 来保存到用户本地（硬盘），在新的一次访问时，如果 Cookie 中的信息尚未过期（网站会设定登录信息的过期时间），网站收到了这一 Cookie，就会自动为用户进行登录。

因此，针对模拟登录的基本思路，第一种就是直接在爬虫程序中提交表单（用户名和密码等），通过 requests 的 Session 来保持会话，成功进行登录；第二种则是通过浏览器来进行辅助，先通过一次手工的登录来获取并保存 Cookie，在之后的抓取或者访问中直接加载保存了的 Cookie，使得网站方"认为"我们已经登录。显然，第二种方法在应对一些登录过程比较复杂（尤其是登录表单复杂且存在验证码）的情况时比较合适，理论上说，只要本地的 Cookie 信息仍在过期期限内，就一直能够模拟出登录状态。再想象一下，其实无论是通过模拟浏览器还是其他方法，只要我们能够成功还原出登录后的 Cookie 状态，那么模拟登录状态就不再困难了。

8.5.2　网站的反爬虫

网站反爬虫的出发点很简单，网站是为了服务普通人类用户的，而过多的来自爬虫程序的访问无疑会增大不必要的资源压力，不仅不能为网站带来真实流量（能够创造商业效益或社会影响力的用户访问数），反而白白浪费了服务器和运行成本。为此，网站方总是会设计一些机制来进行"反爬虫"，与之相对，爬虫编写者们使用各种方式避开网站的反爬虫机制又被称为"反反爬虫"（当然，递归地看，还存在"反反反爬虫"等）。网站反爬虫的机制从简单到复杂各不相同，基本思路就是要识别出一个访问是来自于真实用户还是来自于开发编写的计算机程序（这么说其实有歧义，实际上真实用户的访问也是通过浏览器程序来实现的，不是吗?）。因此，一个好的反爬虫机制的最基本需求就是尽量多地识别出真正的爬虫程序，同时尽量少地将普通用户访问误判为爬虫。识别爬虫后要做的事情其实就很简单了，根据其特征限制乃至禁止其对页面的访问即可。但这也导致反爬虫机制本身的一个尴尬局面，那就是当反爬虫力度小的时候，往往会有漏网之鱼（爬虫）；但当反爬虫力度大的时候，却有可能损失真实用户的流量（即"误伤"）。

从具体手段上看，反爬虫可以包括很多方式：

1）识别 request headers 信息，这是一种十分基础的反爬虫手段，主要是通过验证 headers 中的 User-Agent 信息来判定当前访问是否来自于常见的界面浏览器。更复杂的 headers 信息验证则会要求验证 Referer、Accept-encoding 等信息，一些社交网络的页面甚至会根据某一特定的页面类别使用独特的 headers 字段要求。

2）使用 AJAX 和动态加载，严格地说不是一种为反爬虫而生的手段，但由于使用了动态页面，如果对方爬虫只是简单的静态网页源码解析程序，那么就能够起到保护数据和流量的作用。

3）验证码，验证码机制（在前面的内容已经涉及）与反爬虫机制的出发点非常契合，那就是辨别出机器程序和人类用户的不同。因此验证码被广泛用于限制异常访问，一个典型场景是，当页面受到短时间内频次异常高的访问后，就在下一次访问时弹出验证码。作为一种具有普遍应用场景的安全措施，验证码无疑是整个反爬虫体系的重要一环。

4）更改服务器返回的信息，通过加密信息、返回虚假数据等方式保护服务器返回的信息，避免被直接爬取，一般会配合 AJAX 技术使用。

5）限制或封禁 IP，这是反爬虫机制最主要的"触发后动作"，判定为爬虫后就限制乃至封禁当前来自 IP 地址的访问。

6）修改网页或 URL 内容，尽量使得网页或 URL 结构复杂化，乃至通过对普通用户隐藏某些元素和输入等方式来区别用户与爬虫。

7）账号限制，即只要登录账号才能够访问网站数据。

从"反反爬虫"的角度出发，常用的一些方法都可以用来绕过一些普通的反爬虫系统，这些方法包括伪装 headers 信息、使用代理 IP、修改访问频率、动态拨号等。这里我们展开介绍 headers 伪装的方法：因为 headers 信息是网站方用来识别访问的最基本手段，因此可以在这方面下点功夫。

在 headers 字段表中最为常用的几个是 Host、User-Agent、Referrer、Accept、Accept-Encoding、Connection 和 Accep-Language，这些是我们最需要关注的字段。随手打开一个网页，观察 Chrome 开发者工具中显示的 Request Header 信息，就能够大致理解上面的这些含义，如打开百度首页时，访问（GET）www.baidu.com 的请求头信息如下：

```
Accept:text/html,application/xhtml+xml,application/xml;q=0.9,image/webp,image/apng,*/*;q=0.8
Accept-Encoding:gzip, deflate, br
Accept-Language:en,zh;q=0.9,zh-CN;q=0.8,zh-TW;q=0.7,ja;q=0.6
Cache-Control:max-age=0
Connection:keep-alive
Cookie: XXX(此处略去)
Host:www.baidu.com
Referer：http://baidu.com/
Upgrade-Insecure-Requests:1
User-Agent:Mozilla/5.0 (Macintosh; Intel Mac OS X 10_13_3) AppleWebKit/537.36 (KHTML, like Gecko) Chrome/66.0.3359.181 Safari/537.36
```

使用 requests 就可以十分快速地自定义我们的请求头信息，requests 原始 GET 操作的请求头信息是"傻瓜"式的，几乎等于正大光明地告诉网站"我是爬虫"。如此"露骨"的 User-Agent 会被很多网站直接拒之门外，为此，我们需要利用 requests 提供的方法和参数来修改包括 User-Agent 在内的 headers 信息。

下面的例子简单但直观，我们将请求头更换为了 Android 系统（移动端）Chrome 浏览器的请求头 UA，然后利用这个参数通过 requests 来访问百度贴吧（tieba.baidu.com），将访问到的网页内容保存在本地，然后打开，可以看到这是与 PC 端浏览器所呈现的页面完全不同的手机端页面。

【例 8-6】更改 UA 以访问百度贴吧首页。

```
import requests
```

```
from bs4 import BeautifulSoup

header_data = {
    'User-Agent': 'Mozilla/5.0 (Linux; Android 4.0.4; Galaxy Nexus Build/IMM76B) AppleWebKit/
535.19 (KHTML, like Gecko) Chrome/18.0.1025.133 Mobile Safari/535.19',
}

r = requests.get('https://tieba.baidu.com', headers=header_data)

bs = BeautifulSoup(r.content)
with open('h2.html', 'wb') as f:
    f.write(bs.prettify(encoding='utf8'))
```

在上面的代码中,我们通过 headers 参数来加载了一个字典结构,其中的数据是 User-
Agent 的键值对。运行程序,打开本地的 h2.html 文件,效果如图 8-12 所示。

图 8-12　本地文件 HTML 显示的贴吧首页

这说明网站方已经认为我们的程序是来自移动端的访问,从而最终提供了移动端页面的
内容。这也给了我们一个灵感,很多时候 UA 信息将会决定网站为你提供的具体页面内容和
页面效果,准确地说,这些不同的布局样式将会为我们的抓取提供便利,因为当在手机浏览
器上浏览很多网站时,它们提供的实际上是一个相当简洁、动态效果较少、关键内容却一个
不漏的界面,因此如果有需要的话,可以将 UA 改为移动端浏览器,试试在目标网站上的效
果,如果能够获得一个"轻量级"的页面,无疑会简化我们的抓取。

更换 Headers 信息后,爬虫程序被网站反爬虫机制屏蔽的风险也将有所下降,不过,对
于"反爬虫"而言,其实最粗暴有效的手段就是直接降低对目标网站的访问量和访问频次,
某种意义上说,没有不喜欢被访问的网站,只有不喜欢被不必要的大量访问打扰的网站。有
一些网站可能会阻止用户过快地访问页面或提交数据(如表单数据),因此,如果以一个比
普通用户快很多的速度("速度"一般指频率)访问网站,尤其是访问一些特定的页面,也
有可能被反爬虫机制认为是异常活动。从这个最根本的"不打扰"的原则出发,我们最有
效的反"反爬虫"方法是降低访问频率,比如在代码中加入 time.sleep(2) 这种暂停几秒的
语句,这虽然是一种非常笨拙的方法,但如果目标是不被网站发现我们是非人类的爬虫,这
有可能是最有效的方法。另外一种策略是,在保持高访问频次和大访问量的同时,尽量模拟
人类的访问规律,减少机械性的迭代式抓取,这可以通过设置随机抓取间隔时间等方式来实

现，机械性的间隔时间（比如每次访问都间隔 0.5 秒）很容易被判定为爬虫，但具有一定随机性的间隔时间（如本次间隔 0.2 秒，下一次间隔 1.6 秒）却能够起到一定的作用。另外，结合禁用 Cookie 等方式则可以避免网站"认出"我们的访问，服务器将无法通过 Cookie 信息判断爬虫是否已经访问过页面。

8.6 案例：使用爬虫下载网页

8.6.1 爬虫的严格定义

严格地说，一个只处理单个静态页面的程序并不能称之为"爬虫"，只能算是一种最简化的网页抓取脚本。实际的爬虫程序所要面对的任务经常是根据某种抓取逻辑，重复遍历多个页面甚至多个网站。这可能也是爬虫（蜘蛛）这个名字的由来——其行为就像蜘蛛在网上爬行一样。在处理当前页面时，爬虫就应该考虑确定下一个将要访问的页面，下一个页面的链接地址有可能就在当前页面的某个元素中，也可能是通过特定的数据库读取（这取决于爬虫的爬取策略），通过从"爬取当前页"到"进入下一页"的循环，从而实现整个爬取过程。正是由于爬虫程序往往不会满足于单个页面的信息，网站管理者才会对爬虫如此忌惮——因为同一段时间内的大量访问总是会威胁到服务器的负载能力。

接下来通过例子来实现一个严格意义上的爬虫。

8.6.2 实现逐页爬取

360 新闻站点提供了新闻搜索结果页面，输入关键词，可以得到一组按关键词新闻搜索的结果页面。如果想要抓取特定关键词对应的每条新闻报道的大体信息，就可以通过爬虫的方式来完成。这个页面结构相对而言还是很简单的，我们使用 BeautifulSoup 中的基本方法即可完成抓取。

以爬取"北京"关键词对应的新闻结果为例，观察 360 新闻的搜索页面，很容易发现，翻页这个逻辑是通过在 URL 中对参数"pn"进行递增而实现的，在 URL 中还有其他参数，我们暂时不关心它们的含义。于是，实现"抓取下一页"的方法就很简单了，我们构造一个存储了每一页 URL 的列表，由于它们只是在参数"pn"上不同，而其他内容完全一致，因此，使用 str 的 format 方法即可。接着，我们通过 Chrome 的开发者工具来观察一下网页，如图 8-13 所示。

```
▶<li class="res-list">…</li>
▼<li class="res-list">
   ▼<a class="news_title" href="http://www.xinhuanet.com/city/2018-04/19/
     c_129853576.htm" target="_blank" rel="noopener noreferrer"> == $0
       "标本兼治 让"
       <em>北京</em>
       "不再有飞絮"
     </a>
   ▶<div class="ntinfo">…</div>
     ::after
     ..
```

图 8-13 新闻标题的网页代码结构

可以发现, 一则新闻的关键信息都在<a></a>和与它同级的<div class="ntinfo">中, 我们可以通过 BeautifulSoup 找到每一个<a></a>节点, 而同级的 div 则可通过 next_sibling 定位到。新闻对应的原始链接则可以通过 tag. get("href")方法得到。将数据解析出来后, 考虑通过数据库进行存储, 为此需要先建立一个 newspost 表, 其字段包括 post_title, post_url, news-post_date, 分别代表一则新闻的标题、原地址以及日期。最终我们编写的这个爬虫程序如下。

【例 8-7】 简单的遍历多页面的爬虫。

```
importpymysql. cursors
import requests
from bs4 import BeautifulSoup
import arrow

urls = [
  u ' https://news. so. com/ns? q=北京 &pn = { } &tn = newstitle&rank = rank&j = 0&nso = 10&tp = 11&nc =
0&src = page '
    . format( i) for i in range( 10)
]
for i, url in enumerate( urls) :
  r = requests. get( url)
  bs1 = BeautifulSoup( r. text)
  items = bs1. find_all( ' a ', class_=' news_title ')

  t_list = [ ]
  for one in items:
    t_item = [ ]
    if ' 360 ' in one. get( ' href ') :
      continue
    t_item. append( one. get( ' href ') )
    t_item. append( one. text)
    date = [ one. next_sibling] [ 0]. find( ' span ', class_=' pdate '). text

    if len( date) < 6:
      date = arrow. now( ). replace( days =-int( date[ :1])). date( )
    else:
      date = arrow. get( date[ :10], ' YYYY-MM-DD '). date( )

    t_item. append( date)

    t_list. append( t_item)

  connection = pymysql. connect( host =' localhost ',
```

```
                              user = ' scraper1 ',
                              password = ' password ',
                              db = ' DBS ',
                              charset = ' utf8 ',
                              cursorclass = pymysql. cursors. DictCursor)


    try:
      with connection. cursor( ) as cursor:
        for one in t_list:
          try:
            sql_q = " INSERT INTO `newspost`( `post_title`, `post_url`, `news_postdate`,) VALUES ( %s,
%s,%s)"
            cursor. execute( sql_q, ( one[ 1 ], one[ 0 ], one[ 2 ] ) )
          except pymysql. err. IntegrityError as e:
            print( e)
            continue

      connection. commit( )

    finally:
      connection. close( )
```

　　这段代码建立了一个 connection 对象，代表一个特定的数据库连接，后面的 try-except
代码块中即通过 connection 的 cursor( )（游标）来进行数据读写。最后，运行上面的代码
并在 shell 中访问数据库，使用 select 语句来查看抓取的结果，如图 8-14 所示。由于大型
新闻网站内容更新都非常迅速，读者在使用类似上例的爬虫程序时可能会获得不同的输
出，如果出现问题只要在这个爬虫大框架上做修改，满足新的新闻搜索网页的抓取需求
即可。

　　| 北京市全力支持拉萨教育事业发展纪实

　　| 北京赛车全天稳定计划

　　| 北京市民政局社团办联合党委党建到国华人才测评工程研究院调研

图 8-14　数据库中的结果示例

8.7　案例：抓取电影海报

8.7.1　流程设计

　　豆瓣电影是目前十分流行的影评平台，很多人都喜欢使用豆瓣电影平台来标记自己看过
的影视。出于各种各样的原因，豆瓣常常被爬虫编写者们作为抓取的目标（可能是由于豆

瓣网站的内容具有较高的趣味性），另外，豆瓣网的大多数页面都可以由 requests 请求到并通过 xpath 定位直接获取，这意味着我们不用考虑 AJAX 问题，从爬取信息效率低 Selenium 库中解脱。

在本例中，从"我看过的电影"出发，我们希望编写爬虫来保存所有自己看过的电影的海报，存储到本地文件夹中。为了实现这个功能，首先访问"看过"页面（如图 8-15 所示），这个页面的 URL 格式是这样的：

https://movie.douban.com/people/user_nickname/collect? start = 15&sort = time&rating = all&filter = all&mode = grid

user_nickname 的部分是用户 ID，即每个人的个人豆瓣主页地址的 ID。该页面中纵向列出了用户看过的电影，在网页中点击"下一页"会使得 start 的值逐次增加 15。而其中每个电影页面的 URL 格式如下：

https://movie.douban.com/subject/ID/

不难发现，电影对应的显示其各个海报图片的页面的 URL 地址是：

https://movie.douban.com/subject/ID/photos? type = R

在海报页面中我们可以获得第一个海报图片的原图地址，之后使用 requests 来请求这个地址并下载到本地即可。

图 8-15　使用开发者模式的 Elements 工具查看"看过的电影"

整个爬虫程序的流程是：进入"我看过的电影"页面→抓取我看过的电影→进入每个电影的海报页面→下载海报图片到本地。我们可以定义一个名为 DoubanSpider 的类，其中实现了完成上述流程的类方法。

8.7.2　模拟登录

值得注意的是，在类似豆瓣网的这种内容导向的社交网站上，很多内容都是需要用户登录才能查看的，对于一些论坛而言更是如此。虽然我们爬取自己的观影记录页面并不需要登录（实际上，目前的豆瓣网站的设计是，访问其他用户的观影记录页面也并不需要登录），但是为了使得本例更具有普遍性，同时也为了使我们的爬虫程序更接近一个真实用户在浏览器中的操作，下面来实现模拟豆瓣登录的过程。

登录操作，说的粗略一些就是向网站发送一个表单数据，表单中包含了用户名和密码等关键信息，我们使用 Chrome 开发者模式的 Elements 工具就能够观察到登录表单的这些内容。另外，验证码的地址在<img id="captcha_image">这个标签之中（准确地说，就是这个元素的 src 属性），我们的登录操作有时候会遇到验证码问题，这时就需要抓取这个验证码图片并进行后续处理了。我们可以使用书中之前提到过的 OCR 或者云打码平台来解决这个问题，不过简单起见，在此我们使用手动输入的策略，即如果遇到验证码，则由爬虫编写者手动输入验证码结果再由程序发送到服务器并登录。

解决了发送登录数据和验证码的问题，不妨再想一步，难道对于这些需要登录的网站，我们每次开始爬取时都要手动登录一次吗？在第 5 章中已经讨论论过了，其实这种繁杂工作完全可以避免，想想平时用浏览器打开网站的情景：登录之后如果我们关掉了页面，等一会儿再次打开这个网站时，似乎不必再重新登录一次。这是因为登录之后服务器会在我们的本地设备上保存一份 Cookie 文件，Cookie 可以帮助服务器确定我们的身份。如果我们登录成功过了一次，同时把这时的 Cookie 存储下来，下一次再发送请求时，网站服务器从 Cookie 字段得知该用户已经登录了，那么就会按照已登录用户的状态来处理此次 HTTP 请求。在 Cookie 过期之前（十分幸运的是，不少网站的 Cookie 过期期限都较长，至少今天早上的 Cookie 下午还是能用的），我们就能够一直使用这个 Cookie 来"欺骗"网站。用户身份验证与 Cookie 还有着很多更为复杂的技术和相关设计，比如 Cookie 防篡改方法等，我们在本例中就先简单粗暴地使用重新加载 Cookie 的策略来对待这个问题。在具体的实现中，可以使用 Requests 的会话对象（Session）。有了 Session，就可以比较方便地实现上述的 Cookie 相关操作，因为会话对象能够跨请求保持某些参数，也可以在同一个 Session 实例发出的所有请求之间保持 Cookie 数据。根据官方的建议，如果你向同一主机发送多个请求，使用 Session 可以使得底层的 TCP 连接被重用，从而带来性能上的提升。

8.7.3　程序展示与评价

综合上面的思路，最终的爬虫程序是这样的。

【例 8-9】DoubanSpider. py

```python
import time, sys, re, os, requests, json, random
from lxml import html
from PIL import Image
from pprint import pprint


class DoubanSpider():
    _session = requests. Session()
    _douban_url = 'https://accounts. douban. com/login'
    _header_data = {'Accept': 'text/html, application/xhtml+xml, application/xml; q=0.9, image/webp, */* ;q=0.8',
                    'Accept-Encoding': 'gzip, deflate, sdch, br',
                    'Connection': 'keep-alive',
                    'Cache-Control': 'max-age=0',
```

```python
                        'Host': 'www.douban.com',
                          'User-Agent': 'Mozilla/5.0 (Windows NT 6.1; WOW64) AppleWebKit/
537.36 (KHTML, like Gecko) Chrome/36.0.1985.125 Safari/537.36',
                    }
    _captcha_url = ''

    def __init__(self, nickname):
        self.initial()
        self._usernick = nickname

    def initial(self):
        if os.path.exists('cookiefile'):
            print('have cookies yet')
            self.read_cookies()
        else:
            self.login()

    def login(self):

        r = self._session.get('https://accounts.douban.com/login', headers=self._header_data)
        print(r.status_code)
        self.input_login_data()
        login_data = {'form_email': self.username, 'form_password': self.password, "login": u'登录',
                        "redir": "https://www.douban.com"}
        response1 = html.fromstring(r.content)

        if len(response1.xpath('//*[@id="captcha_image"]')) > 0:
            self._captcha_url = response1.xpath('//*[@id="captcha_image"]/@src')[0]
            print(self._captcha_url)
            self.show_an_online_img(url=self._captcha_url)
            captcha_value = input("输入图中的验证码")
            login_data['captcha-solution'] = captcha_value

        r = self._session.post(self._douban_url, data=login_data, headers=self._header_data)
        r_homepage = self._session.get('https://www.douban.com', headers=self._header_data)

        pprint(html.fromstring(r_homepage.content))
        self.save_cookies()

    def download_img(self, url, filename):
        header = self._header_data
        match = re.search('img\d\.doubanio\.com', url)
```

```python
        header['Host'] = url[match.start():match.end()]

        print('Downloading')
        filepath = os.path.join(os.getcwd(), 'pics/{}.jpg'.format(filename))

        self.random_sleep()
        r = requests.get(url, headers=header)
        if r.ok:
            with open(filepath, 'wb') as f:
                f.write(r.content)
                print('Downloaded Done!')
        else:
            print(r.status_code)
        del r

        return filepath

    def show_an_online_img(self, url):        path = self.download_img(url, 'online_img')
        img = Image.open(path)
        img.show()
        os.remove(path)

    def save_cookies(self):
        with open('./' + "cookiefile", 'w') as f:
            json.dump(self._session.cookies.get_dict(), f)

    def read_cookies(self):
        with open('./' + 'cookiefile') as f:
            cookie = json.load(f)
            self._session.cookies.update(cookie)

    def input_login_data(self):
        global email
        global password

        self.username = input('输入用户名(必须是注册时的邮箱):')
        self.password = input('输入密码:')

    def get_home_page(self):
        r = self._session.get('https://www.douban.com')
        h = html.fromstring(r.content)
        print(h.text_content())
```

```python
    def get_movie_I_watched(self, maxpage):
        moviename_watched = []

        url_start = 'https://movie.douban.com/people/{}/collect'.format(self._usernick)
        lastpage_xpath = '//*[@id="content"]/div[2]/div[1]/div[3]/a[5]/text()'

        r = self._session.get(url_start, headers=self._header_data)
        h = html.fromstring(r.content)

        urls = \
['https://movie.douban.com/people/{}/collect?start={}&sort=time&rating=all&filter=all&mode=grid'.format(
            self._usernick, 15 * i) for i in range(0, maxpage)]
        for url in urls:
            r = self._session.get(url)
            h = html.fromstring(r.content)

            movie_titles = h.xpath('//*[@id="content"]/div[2]/div[1]/div[2]/div')
            for one in movie_titles:
                movie_name = one.xpath('./div[2]/ul/li[1]/a/em/text()')[0]
                movie_url = one.xpath('./div[1]/a/@href')[0]
                moviename_watched.append(self.text_cleaner(movie_name))
                self.download_movie_pic(movie_url, movie_name)
                self.random_sleep()

        return moviename_watched

    def download_movie_pic(self, movie_page_url, moviename):
        moviename = self.text_cleaner(moviename)
        movie_pics_page_url = movie_page_url + 'photos?type=R'
        print(movie_pics_page_url)

        xpath_exp = '//*[@id="content"]/div/div[1]/ul/li[1]/div[1]/a/img'

        response = self._session.get(movie_pics_page_url)
        h = html.fromstring(response.content)

        if len(h.xpath(xpath_exp)) > 0:
            pic_url = h.xpath(xpath_exp)[0].get('src')
            print(pic_url)
            self.download_img(pic_url, moviename)
```

```python
    def text_cleaner(self, text):
        text = str(text).replace('\n', '').strip(' ').replace('\\n', '').replace('/', '-').replace(' ', '')
        return text

    def random_sleep(self):
        t = random.randrange(50, 200)
        t = float(t) / 100
        print("We will sleep for {} seconds".format(t))
        time.sleep(t)

    def get_book_I_read(self, maxpage):
        bookname_read = [()]

        urls = \
['https://book.douban.com/people/{}/collect? start={}&sort=time&rating=all&filter=all&mode=grid'.format(
            self._usernick, 15 * i)
            for i in range(0, maxpage)]

        for url in urls:
            r = self._session.get(url)
            h = html.fromstring(r.content)
            book_titles = h.xpath('//*[@id="content"]/div[2]/div[1]/ul/li')
            for one in book_titles:
                name = one.xpath('./div[2]/h2/a/text()')[0]
                base_info = one.xpath('./div[2]/div[1]/text()')[0]
                bookname_read.append((self.text_cleaner(name), self.text_cleaner(base_info)))

        return bookname_read

if __name__ == '__main__':
    nickname = input("输入豆瓣用户名,即个人主页地址中/people/后的部分:")
    maxpagenum = int(input("输入观影记录的最大抓取页数:"))
    db = DoubanSpider(nickname)
    pprint(db.get_movie_I_watched(maxpagenum))
```

我们运行这个脚本,登录后输入对应的数据,就可以看到爬虫将图片一步步下载到本地(注意,由于网站方内容更新很快,读者在运行并使用类似上面的程序时可能会有不同的输出效果,只需要根据该大框架进行微调,如更改登录地址与验证码图片地址等即可),如图 8-16 所示。

图 8-16　程序运行时的输出

当登录过一次之后，就不需要再次手动登录了，cookiefile 中的数据会让网站认为该程序是刚刚登录过浏览器，因此可以保持登录状态。打开 pics 子文件夹，会发现各个电影对应的海报图片。当然，这个程序还有很多缺憾，没有考虑到异常处理，因此程序的健壮性并不好，另外，对于登录操作也没有必要的状态提示。对于豆瓣网这种大型商业网站而言，我们的爬虫可能还需要更好的反爬虫策略武装自己。

本章小结

本章首先介绍了网络的基础知识，之后介绍了如何使用 Python 进行简单的爬虫。在爬取一个网站前，我们一定要阅读有关协议，在允许的范围内进行爬取操作。

习题

1. 下面哪个不是 Python Requests 库提供的方法？

    A．.post( )

    B．.push( )

    C．.get( )

    D．.head( )

2. Requests 库中，下面哪个是检查 Response 对象返回是否成功的状态属性？

    A．.headers

    B．.status

    C．.status_code

    D．.raise_for_status

3. Requests 库中，下面哪个属性代表了从服务器返回 HTTP 协议头所推荐的编码方式？

    A．.text

    B．.apparent_encoding

    C．.headers

    D．.encoding

4. Requests 库中，下面哪个属性代表了从服务器返回 HTTP 协议内容部分猜测的编码方式？

  A. . text

  B. . encoding

  C. . apparent_encoding

  D. . headers

第9章 Python Web 开发

Python 有上百种 Web 开发框架，有很多成熟的模板技术，选择 Python 开发 Web 应用，不但开发效率高，而且运行速度快，已经成为越来越多人的选择。

本章主要介绍使用 Flask 框架和 Django 框架进行 Web 开发的方法。其中 Flask 框架比较轻量，使用较为自由、灵活；Django 框架比较重量，但是稳定、完善。读者可以根据需要进行选择。

9.1 Flask 框架基础

9.1.1 Flask 框架的安装

首先需要安装 Flask 以及一些扩展库，首选的方式就是创建一个虚拟环境，这样无论该虚拟环境中安装任何东西，主 Python 环境都不会受到影响。

创建项目主文件夹 flasktest，并进入该目录，然后使用如下的命令创建一个虚拟环境：

```
python -mvenv flask
```

Homebrew 在安装 Python 的过程中，会自动安装好 pip3，可以使用它来方便地安装需要的 Python 库。考虑到国内网络环境，可以使用清华大学提供的 pypi 源。在命令行中输入如下命令配置清华 pypi 源：

```
pip config set global. index-url https://pypi. tuna. tsinghua. edu. cn/simple
```

之后就可以安装 Flask 框架了，使用命令：

```
pip install flask
```

最后安装本实践所需的一些扩展包：

```
1.    flask/bin/pip3 install Flask-WTF
2.    flask/bin/pip3 install Flask-SQLAlchemy
3.    flask/bin/pip3 installSQLAlchemy-Migrate
4.    flask/bin/pip3 install Flask-Login
```

9.1.2 实现 Flask 中的"Hello，world！"

现在你的 flasktest 文件夹下有一个 flask 子文件夹，其中包含 Python 解释器、Flask 框架以及一些扩展。

通常情况下，一个 Flask 项目有类似下边的结构：

```
1.    app/
2.       - flask/
```

```
3.        – static/
4.        – templates/
5.            – base.html
6.            – ***.html
7.        – views.py
8.        – models.py
9.    run.py
```

其中 app 文件夹用于存放主要的代码文件，子文件夹 flask 用于存放虚拟环境，static 用于存放如图片、Javascript、CSS 等静态文件，templates 用于存放模板 HTML 文件。

现在开始为 app 包创建一个简单的初始化脚本（文件 app/__init__.py）：

```
1.    from flask import Flask
2.    app = Flask(__name__)
3.    from app import views
```

上面的脚本创建了 Flask 应用对象，接着导入了视图模块（该模块暂未编写）。

视图（view）是用于响应来自网页浏览器的请求的 Python 函数，每一个视图函数映射到一个或多个请求的 URL。

接下来编写第一个视图函数（文件 app/views.py）：

```
1.    from app import app
2.    @app.route('/')
3.    def index():
4.        return "Hello, world!"
```

index 函数使用 route 装饰器创建了从 URL 地址/到 index() 的映射，它只返回一个字符串 "Hello, world!"。

最后一步是创建一个脚本来启动 Flask 应用，在根目录下创建文件 run.py，输入如下内容：

```
1.    from app import app
2.    app.run(debug=True)
```

这个脚本从 app 包中导入 app 变量，并调用它的 run 函数来启动服务器。这样只需运行脚本 run.py 即可启动服务器。在 macOS 中，必须明确先声明这是一个可执行文件，输入如下命令：

```
chmod a+x run.py
```

然后输入如下命令以执行脚本 run.py：

```
./run.py
```

在服务器运行成功并初始化后，它将会监听 5000 端口等待连接，现在用浏览器打开 http://localhost:5000，即可看到 index 函数所返回的字符串了，如图 9-1 所示。

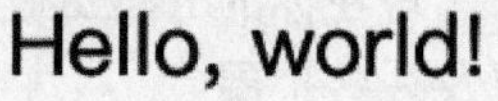

Hello, world!

图 9-1 "Hello world!"
运行结果

9.1.3　Jinja2 模板

使用 Python 生成 HTML 是一件非常困难和烦琐的事情，因为程序员必须自行做好 HTML 转义工作以保持应用程序的安全。出于这个原因，Flask 使用 Jinja2 模板引擎自动生成 HTML，省去了人工转义环节，大大提高了编程效率。

在上一节中，index 视图函数仅仅返回了一个字符串，而要想实现一个用户登录页面，需要视图函数返回一个 HTML 页面，但如果直接在 index 函数中编写这个页面的话，代码将会显得非常复杂和凌乱，这显然不是一个可扩展的选择。

一个好的想法是使得应用程序与网页布局分开，这样更便于整个项目的组织和管理，而模板正可以帮助实现这种分离。现在来编写第一个模板文件（文件 app/templates/index.html）：

```
1.  <! DOCTYPE html>
2.  <html lang = "en">
3.  <head>
4.      <meta charset = "UTF-8">
5.      <title>MyBlog - {{title}}</title>
6.  </head>
7.  <body>
8.      <h1>Hi, {{user. nickname}}</h1>
9.  </body>
10. </html>
```

正如你所看到的，上边的模板只是在一个标准的 HTML 页面中添加了一些位于{{...}}中的动态内容。现在来看看如何在视图函数（文件 app/views. py）中使用这个模板：

```
1.  from app import app
2.  from flask import render_template
3.
4.  @ app. route('/')
5.  def index():
6.      user = {'nickname': 'Shangzhe'}
7.      title = 'Home'
8.      return render_template("index. html",
9.                              title = title,
10.                             user = user)
```

再次运行 run. py，此时的网页结果如图 9-2 所示。

MyBlog - Home

Hi, Shangzhe

图 9-2　使用 Jinja2 模板运行结果

可以看到，网页的标题和内容都是按照视图函数中的赋值来的。为了渲染模板，需要从 Flask 框架中导入一个名为 render_template 的新函数，此函数需要传入模板名以及一些变量，它会调用 Jinja2 模板引擎，把 {{...}} 中的内容替换为相应的变量内容，然后返回一个被替换后的网页。

此外，Jinja2 模板还支持条件、循环语句以及模板的继承。模板继承允许程序员把所有页面的公共部分单独拿出来，放在一个基础模板中，这样其他模板就可以直接导入该基础模板，而无需编写重复的代码了。下面直接用例子来说明，定义一个基础模板，该模板包含导航栏以及提示框（文件 app/templates/base.html）：

```
1.   <! DOCTYPE html>
2.   <html lang="en">
3.   <head>
4.       <meta charset="UTF-8">
5.       {% if title %}
6.       <title>MyBlog - {{ title }}</title>
7.       {% else %}
8.       <title>MyBlog</title>
9.       {%endif %}
10.  </head>
11.  <body>
12.      <div><a href="/">Home</a></div>
13.      <hr>
14.      {% with messages = get_flashed_messages() %}
15.      {% if messages %}
16.      <ul>
17.      {% for message in messages %}
18.          <li>{{ message }} </li>
19.      {%endfor %}
20.      </ul>
21.      {%endif %}
22.      {%endwith %}
23.
24.      {% block content%}{%endblock %}
25.  </body>
26.  </html>
```

这个模板使用了 if 和 for 语句以实现逻辑判断和循环，此外还使用了 block 控制语句来定义派生模板可以插入的地方。该模板可以传入 title 和 messages 两个参数，其中 title 控制标题内容，messages 为要显示的消息。

接下来可以修改 index.html，使其继承 base.html（文件 app/templates/index.html）：

```
1.   {% extends "base.html" %}
2.   {% block content %}
3.       <h1>Hi, {{user.nickname}}</h1>
4.   {%endblock %}
```

9.2 案例：使用 Flask 框架实现简单的网站登录注册

9.2.1 Web 表单

1. 配置

实现用户登录注册的功能需要使用 Web 表单，可以借助 Flask-WTF 扩展库实现。该扩展需要进行一定的配置，因此在项目根目录下创建脚本（文件 config.py）：

```
1.  CSRF_ENABLED = True
2.  SECRET_KEY = 'a-secret-key'
```

其中 CSRF_ENABLED 变量是为了激活跨站点请求伪造保护，它可以使应用程序更加安全。SECRET_KEY 建立一个加密的令牌，用于验证一个表单。

接下来需要在 app/__init__.py 中读取刚刚创建好的配置文件（文件 app/__init__.py）：

```
1.  from flask import Flask
2.
3.  app = Flask(__name__)
4.  app.config.from_object('config')
5.
6.  from app import views
```

2. 用户登录表单

在 Flask-WTF 扩展库中，表单是 FlaskForm 类的子类，一个表单子类简单地把表单的域定义成类的变量。现在来编写第一个表单（文件 app/forms.py）：

```
1.  from flask_wtf import FlaskForm
2.  from wtforms import StringField, PasswordField, BooleanField
3.  from wtforms.validators import DataRequired
4.
5.  class LoginForm(FlaskForm):
6.      username = StringField(label='用户名', validators=[DataRequired()])
7.      password = PasswordField(label='密码', validators=[DataRequired()])
8.      remember_me = BooleanField(label='remember_me', default=False)
9.
10. class RegisterForm(FlaskForm):
11.     username = StringField(label='用户名', validators=[DataRequired()])
12.     password = PasswordField(label='密码', validators=[DataRequired()])
13.     confirm = PasswordField(label='确认密码', validators=[DataRequired()])
```

该文件导入了 FlaskForm 类以及三个要用到的字段类。DataRequired 验证器可以检查相应域提交的数据是否为空。

3. 表单模板

刚刚通过 Flask-WTF 扩展库创建的表单类知道如何呈现为 HTML 表单字段，现在只需要集中精力在布局上。回忆 9.1.3 节的内容，布局需要一个包含生成表单的 HTML 模板，下面就来编写这个模板（文件 app/templates/login.html）：

```
1.    {% extends "base.html" %}
2.    {% block content %}
3.        <h1>登录</h1>
4.        <form method="post" name="login">
5.            {{form.hidden_tag()}}
6.        <p>Username：{{form.username}}</p>
7.        <p>Password：{{form.password}}</p>
8.        <p>{{form.remember_me}}记住我</p>
9.        <p><input type="submit" value="登录"></p>
10.        </form>
11.    {%endblock %}
```

此模板同样继承了 base.html 以保证网页布局的一致性。该模板需要传入一个刚刚创建的 LoginForm 表单类的对象 form，第 5 行调用 form.hidden_tag 函数是为了实现在配置中激活的 CSRF 保护。

4. 表单视图

实现登录表单的最后一步，就是编写视图函数的代码，这里需要把一个表单对象传入模板中，并处理用户提交的数据（文件 app/views.py）：

```
1.    from app import app
2.    from flask import render_template, flash, redirect
3.    from . forms import LoginForm
4.
5.    @ app.route('/login', methods=['GET', 'POST'])
6.    def login():
7.        form = LoginForm()
8.        if form.validate_on_submit():
9.            flash('Login required for Username="' + form.username.data + '"')
10.            return redirect('/')
11.        return render_template('login.html',
12.                                form=form,
13.                                title='Sign In')
```

这个视图函数的 route 装饰器多了一个 methods 参数，这是为了告诉 Flask 该视图函数接受 GET 和 POST 请求，如果不带这个参数，则视图函数只能接受 GET 请求。该视图函数首先实例化了一个 LoginForm 对象，并将它传入到模板中。此外，它还调用了 validateonsubmit 方法进行表单处理工作，该函数会对表单的各字段进行验证（还记得 LoginForm 类中使用的 DataRequired 验证器吗？），如果所有验证都通过的话，才会返回 True。

这个视图函数还调用了两个新的函数 flash 和 redirect，其中 flash 函数可以用于调试或给用户反馈信息，而 redirect 函数可以把浏览器引导到另一个页面，这样用户在登录成功后，就会被重定向到主页，而不会停留在登录页面上。

现在重新启动服务器，在浏览器中打开 http://localhost:5000/login 进行测试，当不填写用户名或密码就点击登录时，网页会提示"填写此栏"，结果如图 9-3 所示。

而当用户正确输入用户名和密码时，浏览器会跳转到主页，并显示登录信息，如图 9-4 所示。

图 9-3　缺少用户名时的提示信息

图 9-4　登录信息

这个阶段只是模拟实现了登录的功能。接下来需要创建一个数据库，用于保存用户的账户信息，这样就可以真正实现注册和登录功能了。

9.2.2　数据库

本案例将使用 Flask-SQLAlchemy 扩展库来管理数据，它允许数据库应用程序与对象一起工作，而不是数据表或 SQL 命令。执行在对象的操作会被翻译成数据库命令，这就意味着程序员不需要学习 SQL 语言便能进行数据库操作。此外，本案例会使用 SQLAlchemy-Migrate 扩展库来跟踪数据库的更新，这样只需要在建立数据库的时候做一些工作，之后就不用担心数据库的迁移和更新了。

1. 数据库配置

针对小型应用，通常使用 Sqlite 数据库，它的每一个数据库都存储在单个文件中。要使用 Sqlite 数据库，需要先将以下配置项添加到配置文件中（文件 config. py）：

```
1.   import os
2.   basedir = os. path. abspath( os. path. dirname( __file__) )
3.   SQLALCHEMY_DATABASE_URI = ' sqlite:///' + os. path. join( basedir, ' app. db ')
4.   SQLALCHEMY_MIGRATE_REPO = os. path. join( basedir, ' db_repository ')
```

该文件中，SQLALCHEMY_DATABASE_URI 变量存储的是数据库文件的路径，SQLAL-CHEMY_MIGRATE_REPO 变量存储的是 SQLAlchemy-migrate 数据文件的存储路径。

最后还需要对初始化脚本进行更新，在初始化应用程序的同时初始化数据库（文件

app/__init__.py）：

```
1.  from flask import Flask
2.  from flask_sqlalchemy import SQLAlchemy
3.
4.  app = Flask(__name__)
5.  app.config.from_object('config')
6.  db =SQLAlchemy(app)
7.  from app import views, models
```

这里创建了一个 db 对象，并导入了一个新的 models 模块，接下来将在这个新的模块中进行数据库模型的定义。

2. 数据库模型

首先创建一个用户模型，它具有三个字段：主键 id，用户名 username 和密码 password，如图 9-5 所示。

接下来只需要把这个设计转换成代码（文件 app/models.py）：

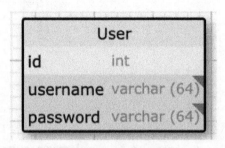

图 9-5　用户模型

```
1.  from werkzeug.security import generate_password_hash, check_password_hash
2.  from app import db
3.
4.  class User(db.Model):
5.      id = db.Column(db.Integer, primary_key=True)
6.      username = db.Column(db.VARCHAR(64), index=True, unique=True)
7.      password_hash = db.Column(db.VARCHAR(128))
8.
9.      def __repr__(self):
10.         return '<User %r>' % self.username
11.
12.     @ property
13.     def password(self):
14.         raise AttributeError("密码不允许读取")
15.
16.     #转换密码为 hash 存入数据库
17.     @ password.setter
18.     def password(self, password):
19.         self.password_hash = generate_password_hash(password)
20.
21.     #检查密码
22.     def check_password_hash(self, password):
23.         return check_password_hash(self.password_hash, password)
```

这段代码中，__repr__方法告诉 Python 如何打印这个类的对象。此外一个比较重要的地方就是对密码的处理。密码是不能被明文存储的，因此在第 19 行对它进行了一个哈希操作，将密码转换为哈希值，明文该哈希值，真正的密码则不允许读取，以保证账户的安全性。

3. 数据库的创建和迁移

接下来创建数据库文件，SQLAlchemy-Migrate 包自带命令行和 APIs，可以使用这些 APIs 来编写自己的数据库创建脚本（文件 db_create. py）：

```
1.  from migrate. versioning import api
2.  from config import SQLALCHEMY_DATABASE_URI, SQLALCHEMY_MIGRATE_REPO
3.  from app import db
4.  import os. path
5.  db. create_all( )
6.  if not os. path. exists(SQLALCHEMY_MIGRATE_REPO):
7.      api. create(SQLALCHEMY_MIGRATE_REPO, 'database repository')
8.      api. version_control(SQLALCHEMY_DATABASE_URI, SQLALCHEMY_MIGRATE_REPO)
9.  else：
10.     api. version_control (SQLALCHEMY_DATABASE_URI, SQLALCHEMY_MIGRATE_REPO,
        api. version(SQLALCHEMY_MIGRATE_REPO))
```

这样只需要输入如下命令运行该脚本，便能够创建数据库：

```
1.  flask/bin/python db_create. py
```

此时得到的是一个空的数据库，一般把数据库的任何结构改变称为一次**迁移**。现在就需要进行第一次迁移，把刚刚定义好的用户模型加入数据库中。为了实现迁移，可以编写一个 Python 脚本（文件 db_migrate. py）：

```
1.  import imp
2.  from migrate. versioning import api
3.  from app import db
4.  from config import SQLALCHEMY_DATABASE_URI
5.  from config import SQLALCHEMY_MIGRATE_REPO
6.  v = api. db_version(SQLALCHEMY_DATABASE_URI, SQLALCHEMY_MIGRATE_REPO)
7.  migration = SQLALCHEMY_MIGRATE_REPO + ('/versions/%03d_migration. py' % (v+1))
8.  tmp_module = imp. new_module('old_model')
9.  old_model = api. create_model (SQLALCHEMY_DATABASE_URI, SQLALCHEMY_MIGRATE_REPO)
10. exec(old_model, tmp_module. __dict__)
11. script = api. make_update_script_for_model(SQLALCHEMY_DATABASE_URI, SQLALCHEMY_MIGRATE_REPO, tmp_module. meta, db. metadata)
12. open(migration, "wt"). write(script)
13. api. upgrade(SQLALCHEMY_DATABASE_URI, SQLALCHEMY_MIGRATE_REPO)
14. v = api. db_version(SQLALCHEMY_DATABASE_URI, SQLALCHEMY_MIGRATE_REPO)
15. print('New migration saved as ' + migration)
16. print('Current database version: ' + str(v))
```

这个脚本看似复杂，实际上做的事并不多。SQLAlchemy-migrate 扩展库实现的迁移方式就是比较数据库（在本例中从 app. db 中获取）与模型的结构（从文件 app/models. py 获取）。两者间的不同将会被记录成一个迁移脚本存放在迁移仓库中。迁移脚本知道如何去迁移或撤销它，所以它始终可能用于升级或降级一个数据库。

输入如下命令运行迁移脚本：

```
1.    flask/bin/python db_migrate.py
```

会得到以下输出：

```
1.    New migration saved as /Users/apple/Desktop/flasktest/db_repository/versions/001_migration.py
2.    Current database version：1
```

4. 数据库的使用

现在使用 Python 解释器来试用一下刚刚创建的数据库。首先在命令行中输入如下命令以启动 Python：

```
1.    flask/bin/python
```

接着输入如下语句引入所需的包：

```
1.    >>>from app import db, models
```

然后创建第一个用户，输入如下命令：

```
1.    >>> u = models.User(username='firstuser', password='123')
2.    >>> db.session.add(u)
3.    >>> db.session.commit()
```

在会话的上下文中完成对数据库的更改。多个更改可以在一个会话中累积，当所有的更改已经提交，可以使用 db.session.commit 函数，这能原子地写入更改（所谓原子操作是指不会被线程调度机制打断操作）。如果在会话中出现错误的时候，使用 db.session.rollback 函数可以使数据库回滚到会话开始时的状态。如果既没有 commit 也没有 rollback 发生，系统默认情况下会回滚会话。这样一来，会话就能保证数据库将永远保持一致的状态。

用户成功创建后，可以输入以下命令查询用户：

```
1.    >>> users = models.User.query.all()
2.    >>> users
3.    [<User 'firstuser'>]
4.    >>> user = model.User.query.get(1)
5.    >>> user
6.    <User 'firstuser'>
```

对于用户查询，使用 query 成员，它的 all 函数返回所有数据，get 函数通过主键查找数据。

最后需要清除刚才创建的数据，以便下一节在实现注册和登录功能时有一个干净的数据库，这里使用的是 delete 函数：

```
1.    >>>for u in users：
2.    ...        db.session.delete(u)
3.    ...
4.    >>> db.session.commit()
```

9.2.3 登录功能的实现

上一节介绍了 Jinja2 模板引擎、创建 Web 表单以及数据库的方法，接下来可以实现用户登录和注册的功能了。

1. 配置

与前面一样，本节仍会从对将使用到的 Flask 扩展的配置开始入手。对于登录系统将会使用到 Flask-Login 扩展，需要增加如下配置（文件 app/__init__.py）：

```
1.   import os
2.   from flask_login import LoginManager
3.   from config import basedir
4.
5.   lm = LoginManager()
6.   lm.init_app(app)
```

2. 重构用户模型

Flask-Login 扩展需要在 User 类中实现一些特定的方法，下面就是为 Flask-Login 重构的 User 类（文件 app/models.py）：

```
1.   class User(db.Model):
2.       id = db.Column(db.Integer, primary_key=True)
3.       username = db.Column(db.VARCHAR(64), index=True, unique=True)
4.       password_hash = db.Column(db.VARCHAR(128))
5.
6.       def __repr__(self):
7.           return '<User %r>' % self.username
8.
9.       @property
10.      def password(self):
11.          raise AttributeError("密码不允许读取")
12.
13.      #转换密码为 hash 存入数据库
14.      @password.setter
15.      def password(self, password):
16.          self.password_hash = generate_password_hash(password)
17.
18.      #检查密码
19.      def check_password_hash(self, password):
20.          return check_password_hash(self.password_hash, password)
21.
22.      @property
23.      def is_authenticated(self):
24.          return True
25.
26.      @property
27.      def is_active(self):
28.          return True
```

```
29.
30.        @ property
31.        def is_anonymous(self):
32.            return False
33.
34.        def get_id(self):
35.            return str(self.id)
```

对于以上代码：

- is_authenticated 函数有一个具有迷惑性的名称。一般而言，这个方法应该只返回 True，除非表示用户的对象因为某些原因不允许被认证。
- is_active 函数应该返回 True，除非是用户是无效的，比如他们的账号被封禁了。
- is_anonymous 函数应该返回 False，如果返回 True 则表示这是一个匿名用户，不允许其登录系统。
- 最后，get_id 函数应该返回一个用户唯一的 unicode 格式标识符，作为数据库主键。

3. 登录视图函数

接下来需要编写一个函数用于从数据库中加载用户，该函数将会被 Flask_Login 使用（文件 app/views.py）：

```
1.    @ lm.user_load
2.    def load_user(uid):
3.        return User.query.get(uid)
```

之后还需要更新登录视图函数（文件 app/views.py）：

```
1.    @ app.route('/login', methods=['GET', 'POST'])
2.    def login():
3.        if g.user and g.user.is_authenticated:
4.            return redirect(url_for('index'))
5.        form = LoginForm()
6.        if form.validate_on_submit():
7.            username = form.username.data
8.            password = form.password.data
9.            user = User.query.filter_by(username=username).first()
10.           if user is None:
11.               flash('账号不存在！')
12.               return redirect(url_for('login'))
13.           elif not user.check_password_hash(password):
14.               flash('密码输入错误，请重新输入！')
15.               return redirect(url_for('login'))
16.           login_user(user, form.remember_me.data)
17.           flash('登录成功')
18.           return redirect(url_for('index'))
19.       return render_template('login.html',
20.                               form=form,
21.                               title='Sign In')
```

在 login 函数中，首先检查用户是否已经登录，即检查 g.user 是否被设置成一个认证用户，如果是的话则重定向到首页。Flask 中的 **g** 全局变量在请求生命周期中用来存储和共享数据，一般会将登录的用户对象存储在这里。实现的方法是使用 Flask 的 before_request 装饰器，任何使用了它的函数都会在接受请求之前运行（文件 app/views.py）：

```
1.   @ app.before_request
2.   def before_request():
3.        g.user = current_user
```

在检查 g.user 之后，login 函数会检查用户名是否存在，以及密码是否正确，如果都没有问题的话，调用 login_user 函数完成登录。

这样一来，用户登录的功能就可以实现了，但别忘了修改 index 视图函数，之前使用了一个伪造的用户来测试功能，现在终于可以替换它了（文件 app/views.py）：

```
1.   @ app.route('/')
2.   def index():
3.        title = ' Home '
4.        user = Noneif current_user.is_anonymous else current_user
5.        return render_template("index.html",
6.                               title=title,
7.                               user=user)
```

4. 登出

到目前为止已经实现了登录功能，接下来要实现登出的功能。

它的视图函数非常简单（文件 app/views.py）：

```
1.   @ app.route("/logout")
2.   @ login_required
3.   def logout():
4.        logout_user()
5.        flash(message='登出成功')
6.        return redirect(url_for('login'))
```

之后还需要在模板中添加登出的连接，可以把它放在基础模板的导航栏里（文件 app/templates/base.html）：

```
1.   <! DOCTYPE html>
2.   <html lang="en">
3.   <head>
4.        <meta charset="UTF-8">
5.        {% if title %}
6.        <title>MyBlog - {{title}}</title>
7.        {% else %}
8.        <title>MyBlog</title>
9.        {%endif%}
10.  </head>
11.  <body>
12.        <div>
```

```
13.         <a href="/">Home</a>
14.         {% if g. user. is_authenticated %}
15.             |<a href="|| url_for('logout') }}">登出</a>
16.         {% else %}
17.             |<a href="|| url_for('login') }}">登录</a>
18.             |<a href="|| url_for('register') }}">注册</a>
19.         {%endif %}
20. </div>
21. <hr>
22.     {% with messages = get_flashed_messages() %}
23.     {% if messages %}
24.     <ul>
25.     {% for message in messages %}
26.         <li>{{ message }} </li>
27.     {%endfor %}
28.     </ul>
29.     {%endif %}
30.     {%endwith %}
31.
32.         {% block content%}
33.         {%endblock %}
34. </body>
35. </html>
```

5. 测试

这样一来，登录和登出的功能就都实现了，最后进行测试。

首先在数据库中添加一个用户：

```
1.    >>> u = models. User( username =' shangzhe ', password =' 123 ')
2.    >>> db. session. add( u)
3.    >>> db. session. commit( )
```

接下来打开 http://localhost:5000/login，分别尝试错误的用户名、错误的密码、正确的用户名和密码，结果如图 9-6 所示。

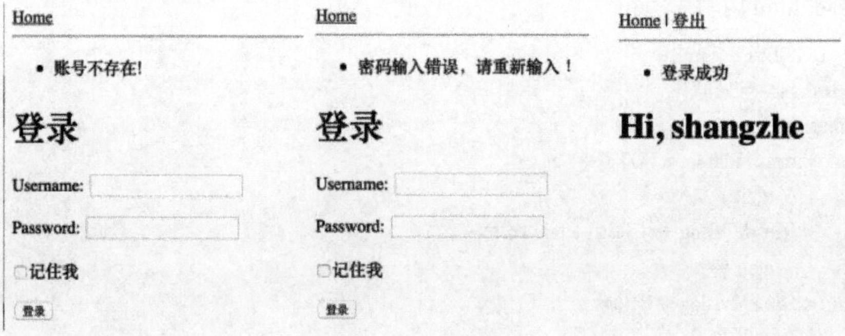

图 9-6   测试登录功能

以上三种情况均测试成功。

9.2.4 注册功能的实现

注册的实现与登录很像，要做的主要有两件事：

1）编写注册视图函数，在数据库中添加用户。

2）编写注册模板。

有了之前的基础，相信读者能够顺利地实现注册功能，下面就不详细讲解了，只给出代码作为参考。

注册视图函数（文件 app/views. py）：

```
1.  @ app. route('/register', methods=['GET', 'POST'])
2.  def register():
3.      form = RegisterForm()
4.      if form. validate_on_submit():
5.          username = form. username. data
6.          password = form. password. data
7.          confirm = form. confirm. data
8.
9.          user = User. query. filter_by(username=username). first()
10.         if user:
11.             flash(message='用户名已存在,请重新输入')
12.             return redirect(url_for('register'))
13.         elif password != confirm:
14.             flash(message='两次输入密码不一致,请重新输入')
15.             return redirect(url_for('register'))
16.
17.         user = User(username=form. username. data, password=form. password. data)
18.         db. session. add(user)
19.         db. session. commit()
20.
21.         flash(message='注册成功')
22.         login_user(user)
23.         return redirect(url_for('index'))    #重定向到首页
24.     return render_template('register. html', form=form)
```

注册模板（文件 app/templates/register. html）：

```
1.  {% extends "base. html" %}
2.  {% block content %}
3.      <h1>注册</h1>
4.      <form method="post" name="login">
5.          {{form. hidden_tag()}}
6.          <p>
7.              Username: {{form. username}}
8.              {% for error in form. username. errors %}
9.                  <span style="color: red;">[{{ error }}]</span>
10.             {% endfor %} <br>
```

```
11.         </p>
12.         <p>
13.            Password：{{form. password}}
14.            {% for error in form. password. errors %}
15.               <span style = "color：red;">[{{ error }}]</span>
16.            {%endfor %}<br>
17.         </p>
18.         <p>
19.            Repeat Password：{{form. confirm}}
20.            {% for error in form. confirm. errors %}
21.               <span style = "color：red;">[{{ error }}]</span>
22.            {%endfor %}<br>
23.         </p>
24.         <p><input type = "submit" value = "注册"></p>
25.      </form>
26. {%endblock %}
```

最终测试结果如图 9-7 所示。

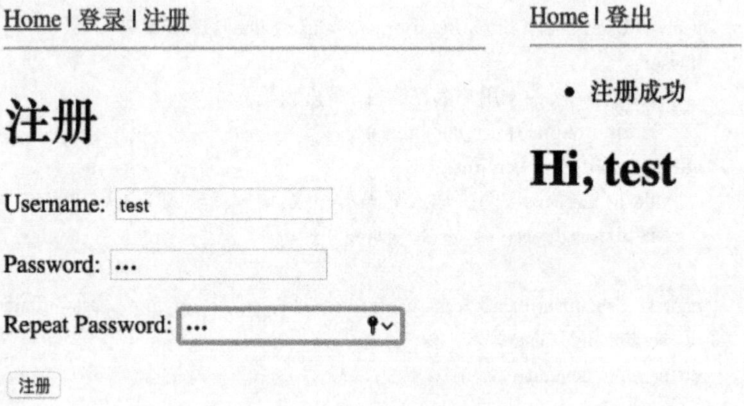

Home | 登录 | 注册

注册

Username: test

Password: ···

Repeat Password: ···

注册

Home | 登出

- 注册成功

Hi, test

图 9-7 测试注册功能

9.3 Django 框架基础

9.3.1 Django 简介

Django 是一个由 Python 语言编写的开源 Web 应用开发框架。Django 与之前介绍的众多 GUI 开发库一样，采用了模型-视图-控制器（MVC）的软件设计模式。与其他 Web 开发框架相比，Django 有以下优势，使得它成为最受欢迎的 Web 开发框架之一。

- 具有完整且详实的文档支持，可以极大地方便开发人员。
- 提供全套的 Web 解决方案，包括服务器、前端开发以及数据库交互。
- 提供强大的 URL 路由配置，可以使得开发人员设计并使用优雅的 URL。

● 自助管理后台，让开发人员仅需要做很少的修改就拥有一个完整的后台管理界面。

Django 开发框架的安装可以参考其官方网站 https://www.djangoproject.com，由于不同系统中的安装方法有一定区别，这里不一一列出。在本章接下来的内容中，我们将以一个投票系统的开发过程为例，向读者介绍如何使用 Django 框架容易且迅速地进行 Web 开发。

9.3.2 创建项目和模型

1. 创建项目

使用 Django 进行 Web 开发的第一步是网站项目的创建。可以说，一个 Django 项目涵盖了所有相关的配置项，包括数据库的配置、针对 Django 的配置选项和应用本身的配置选项等。我们可以在 Linux 命令行里（Window 命令类似）使用下列命令在指定路径下创建一个 Django 项目：

```
$ cd 项目路径
$ django-admin startproject mysite
```

执行完这段命令后，可以在项目路径中找到一个名为 mysite 的项目文件夹。这个文件夹中包含的文件结构如下：

```
mysite/
    manage.py
    mysite/
        __init__.py
        settings.py
        urls.py
        wsgi.py
```

其中，manage.py 文件是一个 Python 脚本，该脚本为我们提供了对 Django 项目的多种交互式管理方式，而内层的 mysite 文件则是 Django 项目的核心部分，也是该项目真正的 Python 包，它所包含文件的功能如下。

● __init__.py：一个空文件，用以指示 Python 这个目录应该被看作一个 Python 包。
● settings.py：该 Django 项目的配置文件，用以指明项目的各项配置。
● urls.py：该 Django 项目的 url 路由器，用以匹配和调度 url 请求；
● wsgi.py：该 Django 项目与 WSGI 兼容的 Web 服务器入口，作为一个入门开发者不需要了解太多关于该文件的细节。

2. 数据库设置

在创建完 Django 项目后，接下来就要配置项目的数据库。Django 框架会使用 9.2.2 节介绍过的嵌入式数据库 SQLite 作为默认数据库。如果读者没有太多数据库管理经验，或者所开发的项目并不需要更高级的数据库支持，那么使用默认的 SQLite 是最简单的选择。

当然，Django 框架也支持更为健壮的一些数据库产品，例如 PostgreSQL 和 MySQL。为实现这一点，我们只需要更改 mysite/settings.py 中的 DATABASES 配置项即可，即将其 default 条目中的 ENGINE 和 NAME 按以下说明修改：

● ENGINE：默认为 SQLite 数据库' django.db.backends.sqlite3 '，若使用 PostgreSQL 数据

库时应将该项修改为' django. db. backends. postgresql_ psycopg2 '，使用 MySQL 数据库时应修改为' django. db. backends. mysql '，使用 Oracle 数据库时应修改为' django. db. backends.oracle '，还有其他一些支持的数据库配置可以参考官方文档。

- NAME：该项为数据库的名称。
- USER：数据库的用户名，使用默认的 SQLite 数据库时无需指定，下同。
- PASSWORD：数据库用户 USER 的密码。
- HOST：数据库服务器的地址，本地为 localhost 或 127. 0. 0. 1。
- PORT：数据库服务所在的端口。

例如，如果使用 PostgreSQL 数据库应将 DATBASES 做如下配置：

```
DATABASES = {
    'default': {
        'ENGINE': 'django. db. backends. postgresql_psycopg2',
        'NAME': 'mydatabase',
        'USER': 'mydatabaseuser',
        'PASSWORD': 'mypassword',
        'HOST': '127. 0. 0. 1',
        'PORT': '5432',
    }
}
```

另外，读者如果使用了自定义的数据库配置，则需要确保数据库已经被正确创建；如果使用了默认的 SQLite，则数据库文件将会在之后需要的时候被自动创建。

3. 启动服务器

下面将 Django 项目的服务器启动起来，在项目目录下执行下面两行命令：

```
$ python manage. py migrate
$ python manage. pyrunserver
```

其中，第一行命令是为框架自带的几个"应用"创建数据库表；第二行命令是启动服务器指令，不出意外的话，我们将看到以下几行输出表明服务器启动成功：

```
Performing system checks

System check identified no issues (0 silenced).
May 24, 2016 – 12:02:54
Django version 1. 9. 6, using settings 'mysite. settings'
Starting development server at http://127. 0. 0. 1:8000/
Quit the server with CONTROL-C.
```

此时，在浏览器中打开 http://127. 0. 0. 1:8000 会出现如图 9-8 所示的页面（可能会因为版本差异，页面内容有所不同）。

最后，由于 Django 的开发服务器会根据需要自动重新载入 Python 代码，所以并不需要因代码的修改而重启服务器，后面我们也将在服务器开启的状态下进行进一步的开发。然而，有一些行为，例如文件的添加等，需要服务器重启以使之生效，在这种情况下需要手动重启服务器。

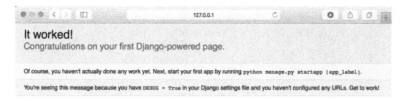

图 9-8　服务器启动成功提示页面

4. 创建模型

（1）定义模型

从本小节起，我们将开始真正的项目开发过程。于此之前，首先介绍一下数据模型和应用的概念。在 Django 中，一个项目中最重要的元素之一就是模型，它包含了项目所使用的数据结构，并可以帮助我们完成与数据库的各项交互，包括数据库表的建立、记录的增删改查等；而模型则是包含在项目的一个"应用"中的，应用是完成一个特定功能的模块，例如，本章中的投票系统。值得一提的是，一个应用可以被运用到多个项目中，以减少代码的重复开发。也就是说，我们的投票系统可以非常容易地被加入到一个更大的网页项目中。

下面建立一个名为 polls 的投票应用：

```
$ python manage. pystartapp polls
```

这条命令运行后，会在当前文件下创建一个名为 polls 的目录，其结构如下：

```
polls/
    __init__. py
    admin. py
    migrations/
        __init__. py
    models. py
    tests. py
    views. py
```

接下来的开发重点就是 models. py 文件和 views. py 文件两个文件。前者是负责本小节中所介绍的数据模型，而后者则是负责 9.3.4 节中将要介绍的视图。

Django 中的模型是以 Python 类的形式表示的，类的定义存放在 models. py 文件中。例如，在我们的投票系统中，其 models. py 文件定义了 Question 和 Choice 两个类，分别对应于两个数据模型，如代码清单 9-1 所示。

代码清单 9-1　models. py

```
1    # coding:utf-8
2
3    fromdjango. db import models    # 引入 Django 中负责模型的模块
4
5    class Question( models. Model )：    # 自定义模型类需继承 models. Model 类
6        #定义模型的数据结构
7        question_text = models. CharField( max_length = 200 )
8        pub_date = models. DateTimeField(' date published ')
```

```
9
10        #定义该对象实例的字符串表示,Python 3 中应为__str__
11        def __unicode__( self) :
12            return self. question_text
13
14  class Choice( models. Model) :    # 自定义模型类需继承 models. Model 类
15        #定义模型的数据结构
16        question = models. ForeignKey( Question)    # 外键关联
17        choice_text = models. CharField( max_length = 200)
18        votes = models. IntegerField( default = 0)
19
20        #定义该对象实例的字符串表示,Python 3 中应为__str__
21        def __unicode__( self) :
22            return self. choice_text
```

在上面的代码中,我们可以看到模型中的每个数据元素(术语称"字段")都是用字段类 Field 子类的一个实例定义的,例如发布时间 pub_date 字段是日期时间字段类 DateTimeField 的一个实例对象。其中,常用的字段类如下。

- AutoField:一个自动递增的整型字段,添加记录时它会自动增长。
- BooleanField:布尔字段,管理工具里会自动将其描述为 checkbox。
- FloatField:浮点型字段。
- IntegerField:用于保存一个整数。
- CharField:字符串字段,单行输入,用于较短的字符串,如要保存大量文本,使用 TextField。CharField 有一个必填参数 CharField. max_length,表示字符串的最大长度,Django 会根据这个参数在数据库中限制该字段所允许的最大字符数,并自动提供校验功能。
- EmailField:一个带有检查 Email 合法性的 CharField。
- TextField:一个容量很大的文本字段。
- DateField:日期字段。有下列额外的可选参数:auto_now,当对象被保存时,自动将该字段的值设置为当前日期,通常用于表示最后修改时间;auto_now_add,当对象首次被创建时,自动将该字段的值设置为当前日期,通常用于表示对象创建日期。
- TimeField:时间字段,类似于 DateField,但 DateFields 存储"年月日"日期信息,而 TimeFields 会存储"时分秒"时间信息。
- DateTimeField:日期时间字段,与 DateFields 和 TimeFields 类似,存储日期和时间信息。
- FileField:一个文件上传字段。FileField 有一个必填参数 upload_to,用于指定上传文件的本地文件系统路径。
- ImageField:类似 FileField,不过要校验上传对象是否是一个合法图片。

另外,我们可以看到 Choice 类中使用外键 ForeignKey 定义了一个"一对多"关联,这意味着每个选项 Choice 都关联于一个问题 Question。Django 中还提供了其他常见的关联方式,列举如下:

- OneToOneField:"一对一"关联,使用方法与 ForeignKey 类似,事实上,可以通过将

ForeignKey 设置为 unique＝True 实现。

- ManyToManyField："多对多"关联，例如菜品和调料之间的关系，一道菜品中可以使用多种调料，而一种调料也可以用于多道菜品。可以使用关联管理器 RelatedManager 对关联的对象进行添加 add( ) 和删除 remove( )。

（2）激活模型

模型定义完后，Django 就可以帮助我们根据字段和关联关系的定义在数据库中建立数据表，并帮助我们在之后对数据库进行各项操作。不过于此之前，我们还需要做一些工作，那就是告诉 Django 我们在项目中添加了新的应用及其包含的数据模型。

首先，需要打开项目的设置文件 setting. py，并将新添加的应用加入到 INSTALLED＿ APPS 项中。例如，下面是将 polls 应用添加到项目配置后的样子，如代码清单 9-2 所示。

代码清单 9-2　settings. py

```
1    #
2    INSTALLED_APPS = (
3        ' django. contrib. admin ',
4        ' django. contrib. auth ',
5        ' django. contrib. contenttypes ',
6        ' django. contrib. sessions ',
7        ' django. contrib. messages ',
8        ' django. contrib. staticfiles ',
9        ' polls ',
10   )
11   #
```

接下来，需要使用管理脚本 manage. py 中的 makemigrations 命令告诉 Django 我们已经添加了新的应用，Django 会为新的应用生成以供数据库生成的迁移文件。例如，下面这行命令就为刚刚添加的 polls 应用创建了新的迁移文件：

```
$ python manage. pymakemigrations polls
Migrations for ' polls ':
  0001_initial. py:
    - Create model Question
    - Create model Choice
    - Add field question to choice
```

从命令输出中可以看出，polls 应用的添加导致了三点新变化：分别创建问题 Question 和选项 Choice 模型，并将问题作为选项的外键字段。最后，我们只需再次执行 migrate 命令即可在数据库中创建相应的表以及字段关联关系。

```
$ python manage. py migrate
```

综上，每次修改模型时实际上需要做以下几步操作：

- 对模型文件 model. py 做一些修改。
- 运行 python manage. py makemigrations，为这些修改创建迁移文件。
- 运行 python manage. py migrate，将这些改变更新到数据库中。

9.3.3 生成管理页面

在定义完项目所需的模型后，首要任务之一就是编写一个后台管理页面，用以将数据添加到模型中去。在本节中，我们将继续使用投票系统的例子，展示如何快速地为网站管理者"搭建"一个后台页面，以方便他们发布、修改以及获取投票信息。这里，搭建用了引号，因为 Django 作为一个快速开发框架实际上已经提供了基础的后台管理页面，我们只需要对它做一些修改工作即可。

首先，需要创建一个后台管理员账号：

```
$ python manage. pycreatesuperuser
Username：zhangyuan
Email address：yzhang16@ buaa. edu. cn
Password：
Password（again）：
Superuser created successfully.
```

按照如上的提示，我们建立了一个后台管理账号，并为其设置了用户名、邮箱和密码。注意，我们可以为一个项目创建多个后台管理用户，并赋予他们不同的权限。

这时，就可以通过域名/admin 的方式（例如，在本地部署下默认为 http：//127. 0. 0. 1：8000/admin/）打开 Django 已经提供的后台管理页面。用刚才创建的管理员账号登录后，就可以看到如图 9-9 所示的页面。然而，在其中并没有看到任何与投票系统相关的项目，我们还需要将数据模型注册到管理页面中去。这十分简单，只需打开 polls/admin. py 文件，向其中加入下面两行代码就可以把模型 Question 注册到管理页面中。

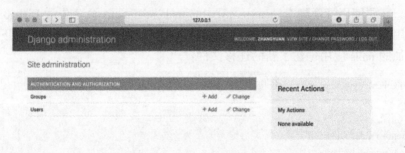

图 9-9　后台管理页面

```
from . models import Question
admin. site. register( Question)
```

此时，再次进入后台管理页面就可以看到在 Polls 选项卡中出现了 Question 选项（如图 9-10 所示），点击该选项就进入了投票问题 Question 的管理页面，如图 9-11 所示。

通过 Question 的管理页面我们可以添加、删除或修改一个投票问题，例如，可以通过点击"ADD QUESTION+"按钮添加一个问题，如图 9-12 所示。

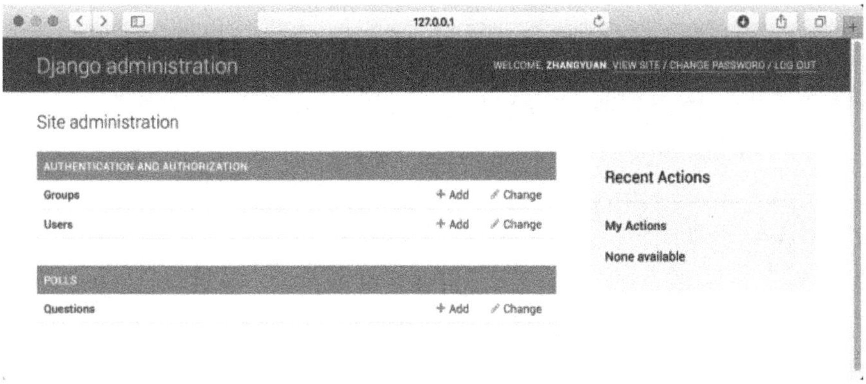

图 9-10 注册了模型 Question 后的管理页面

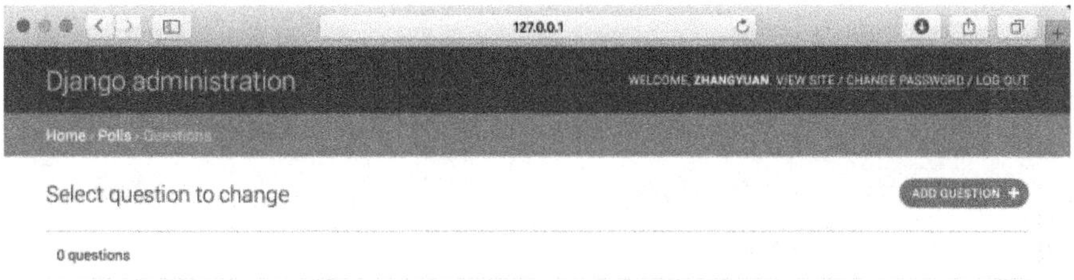

图 9-11 投票问题管理页面

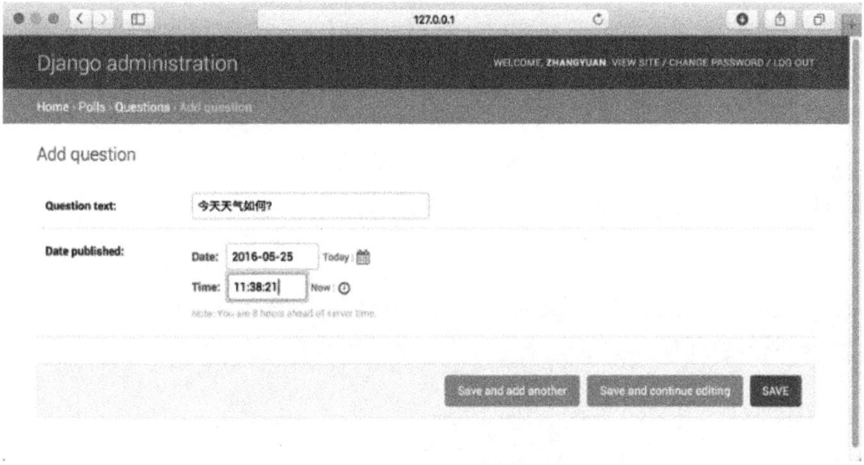

图 9-12 添加投票问题页面

点击"SAVE"按钮即可添加该条问题，此时可以从 Question 管理页面（如图 9-13 所示）中看到刚才添加的问题，点击它可以编辑和管理该问题（如图 9-14 所示）。

可以使用同样的方法在管理页面中注册选项 Choice 模型，之后依次添加问题的若干个选项，并通过外键字段 question 与所属的问题对象相关联。然而，这样做是十分复杂的，下面将介绍一种更为便捷的实现方式——自定义表单。

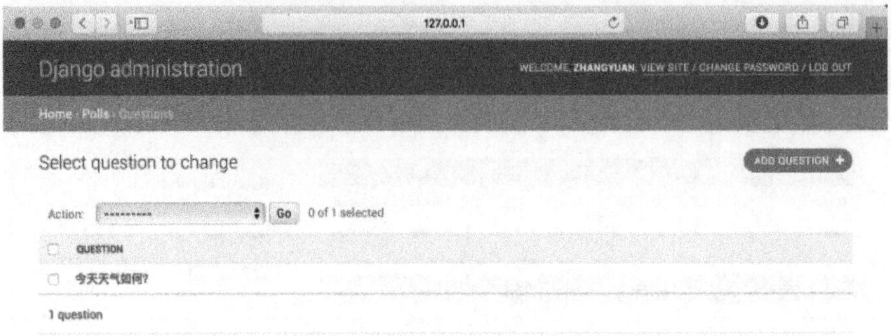

图 9-13　添加新问题后的投票问题管理页面

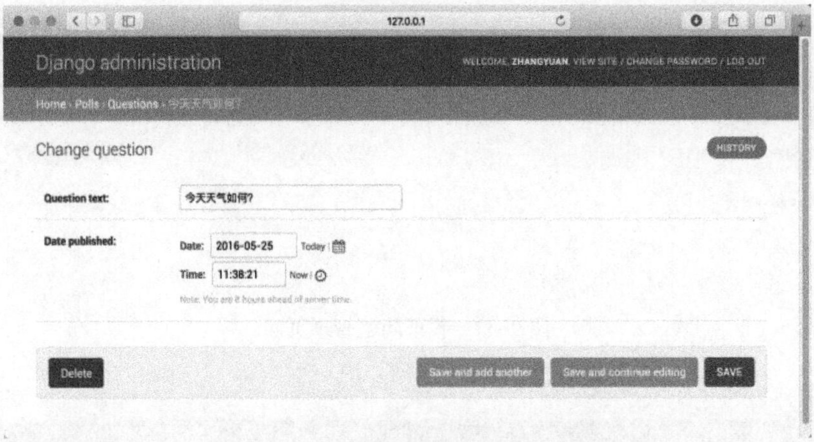

图 9-14　编辑与管理投票问题页面

代码清单 9-3　admin.py

```
1    fromdjango. contrib import admin
2    from . models import Choice , Question
3
4    class ChoiceInline( admin. StackedInline)：　# 默认显示 3 个选项的列表
5        model = Choice
6        extra = 3
7        #自定义的投票问题表单
8
9    class QuestionAdmin( admin. ModelAdmin)：
10   fieldsets = [
11           (None , {' fields ': [' question_text ']}),
12           (' Date information ', {' fields ': [' pub_date '], ' classes ': [' collapse ']}),
13       ]　#投票问题和发布时间
14   inlines = [ ChoiceInline ]　# 投票问题的选项
15
16   admin. site. register( Question , QuestionAdmin)　# 将自定义表单注册到管理页面
```

在上面的代码清单9-3中，通过继承于admin. ModelAdmin类的子类QuestionAdmin定义了一个自定义表单，该表单包括两部分：一部分是问题Question本身的字段，即问题和发布时间（以默认隐藏选项卡形式显示）；另一部分是以外键方式与投票问题相关联的选项列表ChoiceInline类。其中，ChoiceInline类定义了通过外键与问题关联的模型Choice，以及默认出现的选项数。最终，该自定义表单的效果如图9-15所示，我们可以在同一个页面内填写问题及其选项，若需要添加新的选项可以使用"Add another Choice"按钮。保存后，可以再次通过该页面修改投票问题及其选项，并查看每个选项的投票次数。

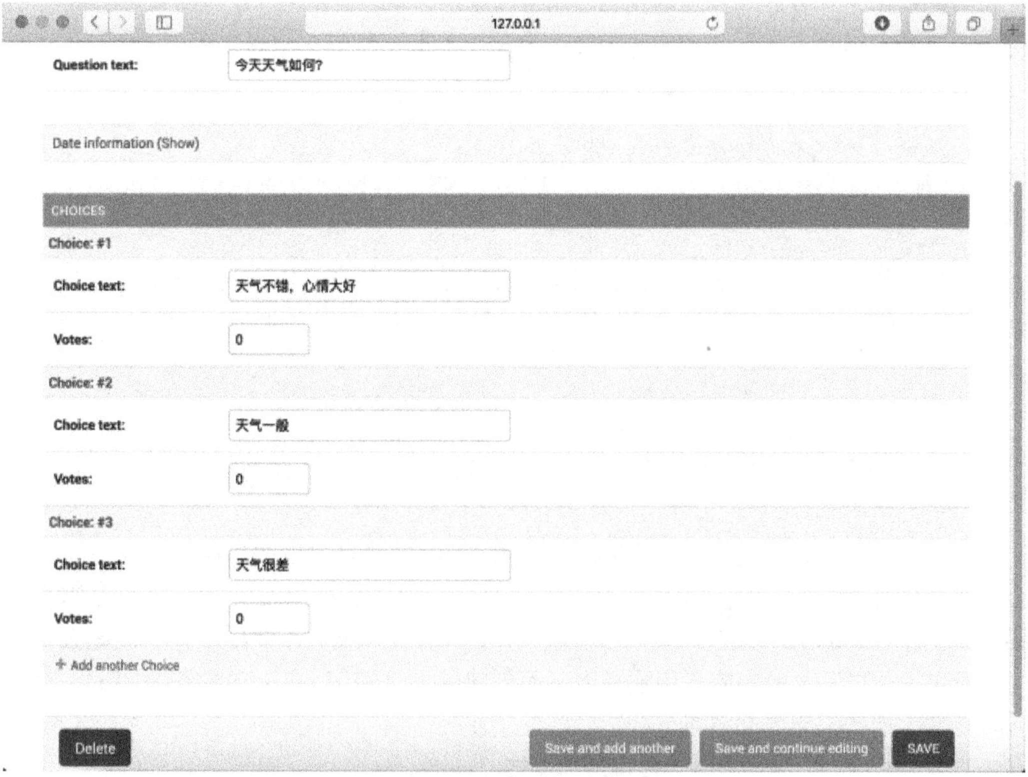

图9-15　自定义表单页面

至此，我们基本完成了对后台管理页面的生成工作。当然，还可以对页面的很多地方进行个性化修改，例如，可以使得如图9-14所示的投票问题管理页面显示更多的信息，并添加投票问题过滤功能。

9.3.4　构建前端页面

在本节中，将继续以投票应用为例介绍如何构建一个面向用户的前端页面。在Django框架中，前端页面的搭建是使用视图和模板相配合的方式实现的。下面将依次介绍这两个概念。

在Django中，视图是用来定义一类具有相似功能和外观的页面的概念，它通常使用一个特定的Python函数提供服务，并且与一个特定的模板相关联以生成与用户交互的前端页面。使用视图的方式，可以减少代码的重复编写，例如，我们不需要为每个投票问题都编写一个投票页面，而只需使用投票视图定义这一类投票页面即可。

在我们的投票应用中，将有以下两个视图：

● 首页视图：最新发布的投票问题的投票表单。

● 投票功能视图：处理用户的投票行为。

下面将主要介绍这两个视图及其对应模板的构建。视图是以 Python 函数的形式编写在应用的 views. py 文件中的（polls/views. py），而每个视图所对应的模板存放在应用的模板路径下与应用同名的文件夹中（polls/templates/polls/）。可以说，模板的作用是描述一类页面应具有的布局样式，而视图会处理用户对此类页面的请求，并"填充"模板最终返回一个具体的 HTML 页面。下面，首先为首页视图创建一个模板，如代码清单 9-4 所示。

代码清单 9-4　index. html

```
1    <h1>{{ question. question_text }}</h1>
2    {% if error_message %}<p><strong>{{ error_message }}</strong></p>{%endif%}
3    <form action="{% url 'polls:vote' question. id %}" method="post">
4    {%csrf_token%}
5        {% for choice in question. choice_set. all %}
6        <input type="radio" name="choice" id="choice{{forloop. counter}}" value="{{ choice. id
     }}" />
7        <label for="choice{{forloop. counter}}">{{ choice. choice_text }}</label><br />
8    {%endfor%}
9    <input type="submit" value="Vote" />
10   </form>
```

在上面的模板中，我们将最新投票问题变量 question 及其对应的选项 question. choice_set 集合以超链接列表的形式显示在页面上。这段 HTML 代码之所以被称为模板，是因为随着投票问题变量 question 的改变，这段代码会产生不同的最终页面，并根据投票问题及选项的不同对投票操作以不同的响应，而这是由下面创建的首页视图 index 和投票视图 vote 两个函数所实现的，如代码清单 9-5 所示。

代码清单 9-5　views. py

```
1    fromdjango. http import HttpResponse
2    fromdjango. shortcuts import get_object_or_404, render
3    from . models import Question, Choice
4
5    def index(request):
6        #获取最新的投票问题,若没有投票问题则返回 404 错误
7        try:
8            question = Question. objects. order_by('-pub_date')[0]
9        except Question. DoesNotExist:
10           raise Http404("还没有投票问题!")
11           #设定使用上面代码中的 question 填充模板中的变量 question
12       context = {'question': question}
13       #使用 render 函数"填充"模板
14       return render(request, 'polls/index. html', context)
15
```

```
16    def vote( request , question_id):
17        p = get_object_or_404( Question, pk = question_id)
18        try:
19            #获取被投票的选项
20            selected_choice = p. choice_set. get( pk = request. POST[ ' choice '])
21        except ( KeyError , Choice. DoesNotExist):
22            #若没有选择任何选项,则返回投票页面,并提示错误
23            return render( request , ' polls/index. html ', {
24                ' question ': p,
25                ' error_message ': "您还没有选任何选项!",
26            })    #将错误信息填充到模板中的变量 error_message
27        else:
28            #更改数据库,将被投票选项的投票数加 1
29            selected_choice. votes += 1
30            selected_choice. save( )
31            returnHttpResponse( "投票成功!")
```

最后,只需将视图与 URL 绑定即可。在 Django 中,可以自由地设计我们想要的 URL,并通过项目的 urls. py 和应用的 url. py (polls/url. py) 文件与视图函数绑定,如代码清单 9-6 和代码清单 9-7 所示。

代码清单 9-6   urls. py

```
1    fromdjango. conf. urls import url,include
2    fromdjango. contrib import admin
3
4    urlpatterns = [
5        url( r '^polls/', include(' polls. urls ', namespace = "polls")),
6        url( r '^admin/', admin. site. urls),
7    ]   #使用 include 函数引用了 polls/urls. py 文件
```

代码清单 9-7   polls/urls. py

```
1    fromdjango. conf. urls import url
2    from . import views
3    urlpatterns = [
4        url( r '^$', views. index, name =' index '),
5        url( r '^(? P<question_id>[0-9]+)/vote/$', views. vote, name =' vote '),
6    ]   #使用正则表达式匹配 URL,并调用相应的视图
```

至此,我们已经完成了一个简易投票系统的全部搭建工作,重启服务器后(因为添加了部分文件),可以通过"域名/polls/"(默认为 http://127. 0. 0. 1:8000/polls/)来访问这个应用,页面效果如图 9-16 所示。我们选择一个选项,并单击投票按钮即可完成投票,投票成功后会跳转到"投票成功!"的提示页面。此时,进入这个问题的后台管理页面,如图 9-17 所示,可以看到"天气不错,心情大好"这个选项的投票数变为了 1。

今天天气如何？

您还没有选任何选项！

○ 天气不错，心情大好
○ 天气一般
○ 天气很差

投票

图 9-16　投票页面

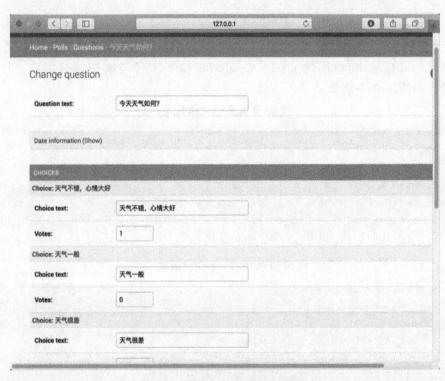

图 9-17　投票问题后台管理页面

9.4　案例：使用 Django 框架搭建学生信息管理网站

9.4.1　基础搭建

1. 创建工程

首先创建整个工程项目，在控制台中输入如下命令：

```
django-admin. py startproject［工程名］
```

如果使用的是 Windows 系统，在 cmd 中输入命令：

```
django-admin startproject［工程名］
```

当然，如果你安装了 PyCharm，也可以在 PyCharm 上选择"new project"，选择新建一个 Django 工程，如图 9-18 所示。

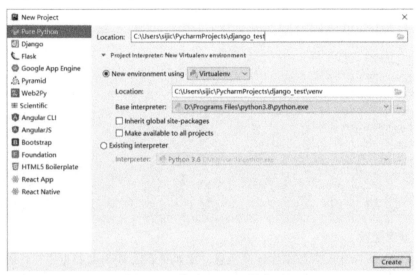

图 9-18　使用 Pycharm 创建工程

创建完成后，项目文件如图 9-19 所示。

2. 创建应用

创建好工程应用后，需要根据需要创建应用。具体的业务代码都是在应用中完成的。需要在控制台中进入项目根目录，然后输入如下命令：

```
python manage. pystartapp［应用名称］
```

如何创建应用与系统的设计相关，合理地创建不同应用可以让整个项目的代码结构更为清晰。如果要设计一个前后端分离的系统，最简单的做法是为后台接口和前端分别创建一个应用，如创建两个应用：api 和 page。以 api 应用为例，文件结构如图 9-20 所示。

图 9-19　项目文件结构目录　　　　图 9-20　api 应用文件结构

其中关键文件有 urls. py、views. py、models. py。models 文件是 model 层，可以理解为数据库对象的定义；views 文件是视图层，可以在其中处理业务逻辑；urls 文件负责视图与 url 的绑定关系。

3. 系统配置

在 settings. py 中对系统信息进行配置，可以进行配置的内容很多，包括应用、中间件、数据库、时区等内容。

（1）应用配置

在 INSTALLED_APPS 项中添加刚刚创建的应用" api" 和" page"。代码如下：

```
INSTALLED_APPS = [
    ' django. contrib. admin ',
    ' django. contrib. auth ',
    ' django. contrib. contenttypes ',
    ' django. contrib. sessions ',
    ' django. contrib. messages ',
    ' django. contrib. staticfiles ',
    ' api ',
    ' page '
]
```

（2）数据库配置

在 DATABASES 项中配置数据库连接信息，比如要连接 MySQL 数据库，代码如下：

```
DATABASES = {
    ' default ': {
        ' ENGINE ': ' django. db. backends. mysql ',
        ' NAME ': ' test_mysql ',
        ' USER ': ' root ',
        ' PASSWORD ': ' abc ',
        ' HOST ': ' 127. 0. 0. 1 ',
        ' PORT ': 3306
    }
}
```

如果需要连接多个库，那么就在 DATABASES 项中继续添加新的字典即可。

（3）路由配置

还记得创建应用后的 urls. py 文件吗？这个文件存取了该应用下的每个视图对应的 url。而在创建整个 Django 工程时，在项目名目录下也有一个 urls. py 文件，这个文件记录了整个项目的路由。需要将 api. urls 和 page. urls 与项目本身的 urls. py 绑定起来，形成层级结构。

项目的 urls. py 的配置如下：

```
fromdjango. conf. urls import url, include
from page. urls import  *
fromapi. urls import  *
from page. views import login
urlpatterns = [
```

```
        url(' page/',include(' page. urls ')),
        url(' api/',include(' api. urls '))
]
```

这样，项目的 url 树形结构就形成了。具体应用的 urls. py 在后续介绍。

（4）运行项目

在项目根目录下输入命令：

```
python manage. pyrunserver
```

即可将此项目运行，访问本机的 8000 端口，即可查看网站。若要在其他端口部署，并且允许其他设备访问此网站，可以输入命令：

```
python manage. pyrunsever 0. 0. 0. 0:8888
```

9.4.2 后端接口

Django 框架在前端提供了模板功能，在视图层获取的数据可以直接交给 HTML 渲染。选择前后端分离的形式，后端应用为 api，前端应用为 page。将后端做成接口的形式：前端向后端发送 http 请求，后端获得请求参数后进行处理，最终返回给前端 JSON 类型的数据，由前端自行渲染数据。

这种做法抛弃了 Django 框架的模板功能，好处在于前端可以动态加载数据。将前后端完全分离的形式也便于团队分工，前端工程师只需专注于前端的实现，而后端工程师负责接受参数并返回给前端需要的内容。二者将接口文档统一，共同确定请求参数和返回数据的类型与格式。

本节将探讨后端接口部分的代码结构与实现示例。

1. RESTful 风格

在前后端确定接口时，一个非常关键的要素就是确认接口的 url 地址。一般会根据这个接口的功能来为 url 地址命名。例如一个学校的管理系统，"查询学生"的接口名称可以定义为"api/getStudent"，"添加学生"的接口名称可以定义为"api/addStudent"等。对某个元素的增、删、改、查可能会被分为 4 个不同的接口，这样的设计是冗长的。于是有了 RESTful 的设计风格。

REST（Representational State Transfer）是一种设计原则。简单来说就是根据资源名称定义 url，每个资源名称有一个唯一的 url 地址。对于这个资源的增、删、改、查操作分别通过 POST、DELETE、PUT、GET 四种 http 方法访问。这样一来，对接口的定义就可以从 4 个减少为 1 个，简化了接口的设计与维护。

RESTful 风格的接口名称一般是不包含动词的，只由资源名称决定。例如在"学校管理系统"中的"学生资源"的操作，可以将接口的 url 定义为"api/student"。如果要查询学生，就用 GET 方法访问这个接口；如果要添加学生，就用 POST 方法访问这个接口。

如果要在 Django 中使用 RESTful 风格的接口设计模式，还需要使用到一个库：rest_framework。这个库的安装命令如下：

```
pip installdjangorestframework
```

还是以对学生资源的增删改查为例，在 api. views 中添加学生视图 StudentView。

```
from rest_framework. views importAPIView
fromdjango. http import JsonResponse
classStudentView(APIView):
    def get(self, request):
        #查询操作
        returnJsonResponse({'data':data})
    def post(self, request):
        #添加操作
        returnJsonResponse({'data':data})
```

在 api. urls 中定义 StudentView 的接口地址。在 1.3.3 节的路由配置中，已经将 api 应用的路由头部定义为 "api/"，因此这里的定义就无需再写头部了。

```
fromdjango. conf. urls import url
fromapi. views import StudentView

urlpatterns = [
    url(r'^student/$',StudentView. as_view()),
    #其他接口
]
```

对于前端发来的请求，会根据请求的方式跳入到具体的处理方法中。如果发送过来的请求是 GET '127.0.0.1：8000/api/student'，那就会根据 url 找到 StudentView. get，此方法内部接收参数，做相应的处理后返回给前端 JSON 类型的数据。

2. 接受参数

前端发送来的 http 请求会带有参数，后端接口会根据这些参数进行后续的操作，那么如何在后端获取到前端发来的参数呢？下面以 StudentView. get 为例探讨接收参数的方法。

（1）通过 request

假如 GET '127.0.0.1:8000/api/student'接口发送来了一个 int 类型的参数，名称为 'student_id'，可以通过发来的 requests 直接获取参数。

```
def get(self, request):
    student_id=request. GET. get('student_id')
    #查询操作
    returnJsonResponse({'data':data})
```

如果 POST '127.0.0.1:8000/api/student'接口发送来了一个 list 类型的参数，名称为 'student_id_list'，也可以直接获取：

```
def post(self, request):
    student_list=request. POST. getlist('student_id_、list')
    #查询操作
    returnJsonResponse({'data':data})
```

这样就得到了一个 list 类型的变量。

后端需要足够健壮来处理前端发来的各种输入。试想一下，如果前端没有发送需要的参数怎么办？如果前端发送过来的参数类型不对怎么办？可能需要额外多写一些代码来对参数进行合法性检查，如果不合法需要返回错误信息。下面介绍一个工具，可以减少在参数合法性检查上的负担。

（2）通过 webargs

webargs 是一个基于 Python 的解析 http 请求参数的库，使用这个库可以在获取参数的同时对参数的合法参数进行检查，并进行一些默认的处理。

还是以 GET ' 127. 0. 0. 1∶8000/api/student '接口为例，现在后端同时接收' student_id '和' student_id_list '两个参数，第一个参数为 int 类型，第二个参数为 list 类型。

```
from rest_framework. views importAPIView
fromdjango. http import JsonResponse
fromwebargs import Arg
fromwebargs. djangoparser import use_args
classStudentView( APIView)∶
    @ use_args( {
        ' student_id '∶fields. Int( required = True) ,
        ' student_id_list '∶fields. List( fields. Int, required = True)
    } )
    def get( self, request, args)∶
        student_id = args[' student_id ']
        student_list = args[' student_id_list ']
        #查询操作
        returnJsonResponse( {' data '∶data} )
```

在 get 方法前添加一个 use_args 的装饰器。装饰器可以指定要获取的参数名称、类型、是否必须（required）、默认值（missing）、检查函数（validation）等。如果参数检查过程中出现问题，将会直接返回，不会执行 get 方法内容。在 get 方法中，只需要通过 args[' key ']的形式直接获取参数，无需进行其他的检查。

（3）数据库操作

在后端系统中，往往需要有对数据库的操作。对数据库的增删改查可以使用一些库，例如 pymysql、pymongo、py2neo 等，除此之外还可以使用 Django 的 ORM，它描述了对象和数据库的映射关系，使用 ORM 可以用对象的方式操作数据项。这里以 MySQL 数据库为例，介绍如何使用 Django 框架的 ORM 对数据库进行操作。

前面已经介绍了 MySQL 数据库的配置。现在在 test_ mysql 库中创建' student '表，建表语句如下。

```
CREATE TABLE `student`(
  `id` int( 11) NOT NULL AUTO_INCREMENT,
  `name` varchar( 64) NOT NULL,
  `class_id` int( 11) NOT NULL,
  `school_id` int( 11) NOT NULL,
  PRIMARY KEY (`id`)
) ENGINE = InnoDB AUTO_INCREMENT = 3 DEFAULT CHARSET = utf8;
```

在 api. models 文件中添加一个 student 对象，分别对应 student 表中的字段名和定义：

```
fromdjango. db import models

class Student( models. Model) :
    name = models. CharField( max_length = 64 )
    class_id = models. IntegerField( )
    school_id = models. IntegerField( )

    class Meta :
        managed = False
        db_table = ' student '
```

在配置中定义了 managed = False，代表使用数据库端的定义，否则会根据 models 的定义再创建一个表。db_table 指定了与哪个表匹配，其值一定要与数据库中的表名一致。在类的成员的定义中，其名称也要与数据库对应表的列相对应。Model 中默认定义了 id 一项，作为主键，因此在 student 的定义中就无需重复定义了。

完成了对 student 对象的定义后，在项目根目录下执行两个命令，将 Django 端的定义和 MySQL 端的定义同步：

```
python manage. py make migrations
python manage. py migrate
```

可以看到如下输出：

```
Migrations for ' authentication ':
    authentication/migrations/0003_student. py
−Create model Student
Operations to perform：
    Apply all migrations: admin, auth, authentication, authtoken, contenttypes, sessions
Running migrations：
    Applying authentication. 0002_auto_20191017_1033... OK
    Applying authentication. 0003_student... OK
```

之后就可以用对象的方式来对数据库的 student 表进行增删改查了。例如在表中存取了 id 为 1，name 为'小明'的数据项。现在将这条数据的 name 改为'李明'，并同步到数据库中。

```
fromapi. models import Student

student_object = Student. object. get( id = 1 )
print( student_object. name )
student_object. name ='李明'
student_object. save( )
```

更多的操作可以去查询官方文档。

有时，一个接口可能需要完成多个操作，可能同时涉及多个库的增删改查，这时就需要事务了。如果代码在某一步运行出错，那么之前对数据库的操作需要回滚，以保持数据库的 ACID 特性。Django 也提供了事务的功能：

```
fromdjango. db import transaction

fromapi. models import Student

with transaction. atomic( using =' default ') :
    student_object = Student. object. get( id = 1)
    print( student_object. name)
    student_object. name ='李明'
    student_object. save( )
    #其他数据库操作
```

将所有涉及数据库修改的操作放入到 transaction. atomic 块中，这些操作将会在服务器端封装为事务，在逻辑上保持原子性。需要注意其中的 using =' default '，这与你在 settings. py 中的数据库配置有关。using =' default ' 的含义为：对 default 数据库内的操作封装为事务。如果数据库操作中设计了其他库的表的操作，那么事务将不会成立。

在使用事务时需要注意两点：

1) 在事务中最好只包括与数据库有关的操作。如果包含了其他的处理逻辑，一旦抛出异常，数据库也会回滚。最好在入库前将这些处理逻辑的问题提前发现。

2) 在事务中最好不要 catch（捕捉）异常。如果异常在事务中被 catch 到且不向外抛，那么代码块将不会抛出异常，即便逻辑上出现了错误也不会回滚，这是致命的。如果要捕捉异常，那么一定要把异常向上抛出去，这样事务才可以回滚。

（4）处理逻辑

一个接口的逻辑可能会很长，或者多个接口间可能会设计部分相同逻辑。如果将所有逻辑都写在视图层（views. py），代码可能会冗长，结构也可能乱。因此，最好再添加一个服务层，在 api 应用中创建一个 service. py，具体的代码逻辑写在其中。视图层直接调用方法即可。

创建 service. py，在其中写入处理逻辑：

```
fromdjango. db import transaction
fromapi. models import Student

classStudentService( ) :
    def get_student( self,id) :
        student_object = Student. object. get( id = 1)
        return student_object

    def set_student_name( self,id,name) :
        student = self. get_student( id)
        with transaction. atomic( using =' default ') :
            student_object. name = name
student_object. save( )
        return
```

在视图层只需直接调用 set_student_name 方法即可。views. py 内容如下：

```
fromapi. service import StudentService
```

```
from rest_framework. views importAPIView
fromdjango. http import JsonResponse
fromwebargs import Arg
fromwebargs. djangoparser import use_args

classStudentView(APIView):
    @ use_args({
        ' student_id ':fields. Int(required=True),
        ' student_name ':fields. Str(required=True)
    })
    def post(self, request, args):
        student_id=args[' student_id ']
        student_name=args[' student_name ']
        service=StudentService()
        try:
            service. set_student_name(student_id,\
                                       student_name)
        except Exception as e:
            returnJsonResponse({' msg ':'修改失败'})
        returnJsonResponse({' msg ':'修改成功'})
```

在视图层只用一个 try... catch... 捕捉服务层执行逻辑中可能出现的异常。

（5）打印日志

在工程项目中，为了记录生产环境中可能出现的问题，都会打印系统日志。在上面使用了 try... catch... 捕捉异常，也需要将异常打印。还有很多情况需要打印日志：接口接受的参数，出现异常的程序栈，关键逻辑中的输出等。去记录丰富的日志便于回溯代码运行中的错误，排查、复现场景。因此，在一个完整的系统中，打印日志也是十分关键的。

可以使用基于 Python 的 logging 库。可以在系统中创建一个 log. py，用于 logger 对象的创建与配置。log. py 内容如下：

```
import logging
logger = logging. getLogger(' student ')
logger. setLevel(level = logging. INFO)
handler = logging. FileHandler("log. txt")
handler. setLevel(logging. INFO)
formatter = logging. Formatter('%(asctime)s - %(name)s - %(levelname)s - %(message)s')
handler. setFormatter(formatter)
logger. addHandler(handler)
```

关于 logging 的具体配置可以查看 logging 的官方文档。

创建好了 logger 对象，就可以在视图层打印日志了。

```
from rest_framework. views importAPIView
fromdjango. http import JsonResponse
fromwebargs import Arg
fromwebargs. djangoparser import use_args
```

```
fromapi. service import StudentService
from common. log import logger

classStudentView( APIView) :
    @ use_args( {
        ' student_id ' :fields. Int( required = True) ,
        ' student_name ' :fields. Str( required = True)
    } )
    def post( self , request , args) :
        student_id = args[ ' student_id ' ]
        student_name = args[ ' student_name ' ]
        #记录接口接收参数
        logger. info( ' set student name id: { } name: { } ' \
                    . format( id = student_id , \
                              name = student_name) )
        service = StudentService( )
        try:
            service. set_student_name( student_id , \
                                              student_name)
        except Exception as e :
            #打印异常信息
            logger. exception( ' set student name fail: { } ' \
                              . format( e) )
            returnJsonResponse( { ' msg ' :'修改失败' } )
        returnJsonResponse( { ' msg ' :'修改成功' } )
```

除了视图层，服务层也需要在关键位置打印日志。简单来说，日志记录得越丰富，在排查问题时就能更精确地定位。因此，一定要养成打印日志的习惯。

（6）测试接口

完成了一个接口之后，需要对接口进行测试。首先在控制台输入命令：

```
python manage. pyrunserver
```

运行项目。可以使用接口测试工具 Postman 对接口进行测试。选择请求方式为 post，输入 url：' http://127. 0. 0. 1 :8000/api/student '。在 data 中输入对应参数，如图 9-21 所示。

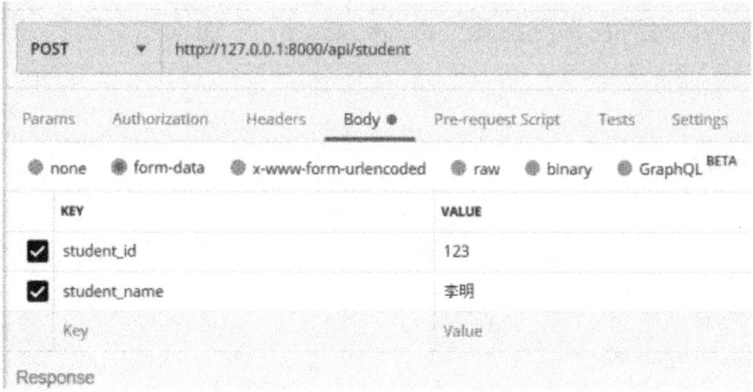

图 9-21　Postman 测试界面

点击 send，即可以模仿前端向后端发送请求。在交付给测试人员前，自己可以使用 Postman 进行充分的测试。

9.4.3 前端展示

完成后端接口后，下面介绍前端的设计。前端需要完成的工作是提供展示页面和交互，访问后端接口所需的操作。

本章介绍使用 Django 框架提供的模板（templetes）功能对前端进行设计。

1. 静态资源导入

在设计前端时，往往不需要从零做起。可以使用 bootstrap，或使用一些成型的前端组件库，如 Element UI 等。下面以 bootstrap 为例，介绍如何将静态资源导入。

首先在项目根目录下创建路径 'static'，与前端设计有关的静态文件全部放在其中。例如一个 bootstrap 模板可能包括了 css、fonts、img、js 等内容，将所有内容都放在 static 路径下即可。如图 9-22 所示。

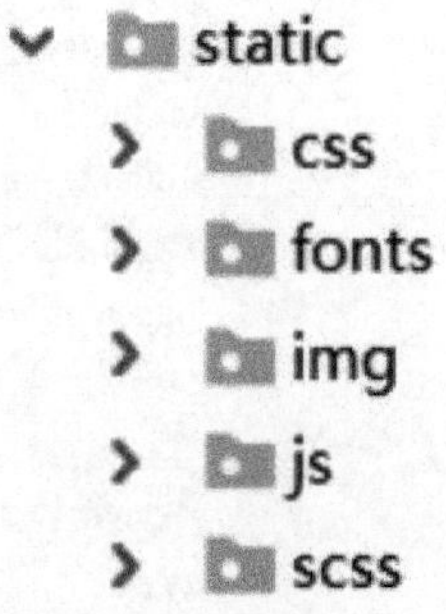

图 9-22 静态资源
文件路径

之后在系统配置文件 settings. py 中加入如下配置：

```
STATIC_URL = '/static/'
```

在 html 中引用静态文件时需要加载静态文件，然后通过相对路径引用。例如引用 css 下的 main. css 文件：

```
{% loadstaticfiles %}
<link rel = "stylesheet" href = "{% static 'css/main. css ' %}" />
```

当然，也可以使用组件库，只需引用相关组件库的 js 文件即可。

2. 母版页

在页面设计中，会存在一些所有页面都会包含的部分，如导航栏、页尾。每个页面的设计风格也要保持统一。因此需要设计一个母版页，将这些统一的设计做好。具体页面继承母版页的即可。

前端 html 文件需要放置在一个统一的位置。在根目录建立路径' templates '，将所有的 html 文件全放在其中。之后在系统配置文件 settings. py 中加入如下配置：

```
TEMPLATES = [
    {
        ' BACKEND ': ' django. template. backends. django. DjangoTemplates ',
        ' DIRS ': [ os. path. join( BASE_DIR, ' templates ') ]
        ,
        ' APP_DIRS ': True,
        ' OPTIONS ': {
            ' context_processors ': [
                ' django. template. context_processors. debug ',
```

```
        'django.template.context_processors.request',
        'django.contrib.auth.context_processors.auth',
        'django.contrib.messages.context_processors.messages',
        ],
    },
},
]
```

在母版页中，需要将静态资源引入，也需要设计具体的母版页内容。同时还需要留出具体页面的位置，便于具体页面的设计。

例如先设计一个页面尾部的母版页 footer.html：

```
<div id="footer">
    <el-row>
        <el-col :span="24">
            <div class="grid-content purple-light text-center p-v-lg">
                学生管理系统 Copyright  2019
            </div>
        </el-col>
    </el-row>
</div>
```

再设计一个整体的母版页 layout.html，在尾部继承这一页留出具体页面的空间：

```
<html lang="en">
<head>
    <meta charset="UTF-8">
    {% block title %}
        <!-- 页面名称 -->
        <title>Title</title>
    {% endblock %}
    {% load static %}
    {% blockstaticfiles %}
        <!--静态资源引入 -->
    {% endblock %}
</head>
<body>
<div id="main">
    {% block main %}
    <!--具体页面的设计 -->
    {% endblock %}
</div>
</body>
<!--引入 footer.html -->
{% include 'public/footer.html' %}
</html>
```

完成了母版页，具体页面的设计就可以在母版页的基础上在 main 区块中大做文章，而无需再考虑页面尾部的设计、静态资源的引入等。

3. 页面设计

具体页面使用 extend 继承母版页，具体的内容在 main 区块中设计即可。例如设计一个学生信息页面 student. html：

```
{% extends ' layout. html ' %}
<! --继承 layout. html -->
{% block title %}
    <title>学生信息查询</title>
{%endblock %}
{% block main %}
    <div>具体内容</div>
{%endblock %}
```

页面设计完成后，该如何访问这个页面呢？上面曾创建过一个 page 应用，这个应用就负责具体前端页面的渲染。在 page. views 中添加一个学生视图，返回 student. html 的渲染结果即可：

```
fromdjango. shortcuts import render

defStudentView( request) :
    #测试页
    return render( request ,' student. html ')
```

之后在 page. urls 中配置这个视图的路由：

```
from page. views import  *
fromdjango. conf. urls import url
urlpatterns = [
    url(' student ',student,name =' student '),
]
```

运行系统，访问' http://127. 0. 0. 1 :8000/page/student '即可看到这个页面，如图 9-23 所示。

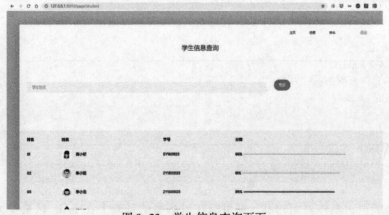

图 9-23　学生信息查询页面

4. 访问后端

最后是完成前后端的交互，前端需要访问后端接口获取数据来完成前端的渲染。例如，在 student. html 中访问后台接口 http://127. 0. 0. 1:8000/api/student，修改一个学生的名字。可以使用 JQuery ，向后台接口发送 AJAX 请求，定义接口地址、访问方式、请求数据和对返回数据的处理。例如：

```
<script>
    $. ajax({
            url:'/api/student ',
            type:' post ',
            data:{' student_id ':1,' student_name ':'李明'}
            success:function（result）{
            //对返回数据的处理
        }
    }
</script>
```

这与使用 Postman 测试后端接口的效果是一致的。使用 AJAX 可以动态请求数据，页面也可动态刷新。

采用这样的设计模式，就可以制作出一个前后端分离，且代码结构合理的 Web 应用了。

本章小结

这一章的 Python 项目案例使用 Python Flask 框架实现了一个具有登录和注册功能的 Web 应用。这样一个简单的应用涵盖了 Flask 的几个重要组成部分，包括视图函数、Jinja2 模板、SQLAlchemy 数据库、Web 表单等。通过学习并实践本章的内容，读者将能够入门 Flask 开发，并有能力利用 Flask 框架自主开发一个小型的 Web 应用。

本章还介绍了如何使用 Django 框架建立一个简单的 Web 应用程序。从项目建立到前后端的设计与开发过程中，读者可以对模型–视图–控制器（MVC）这一设计开发模式建立初步的认识。

习题

一、简述题

1. 结合本章中的例子，谈谈你对 MVC 设计开发模式的认识。

2. 概述 Django 中数据模型（models）、应用（APPs）、视图（views）和模板（templets）这四个概念及其关系。

二、实践题

1. 使用 Django 建立一个简单的用户注册和登录页面。

2. 使用 Django 建立一个博客站点，要求至少可以发布、删除、修改和查看博文。

第 10 章　Python 数据分析与可视化

随着互联网的飞速发展，人们在互联网上的行为产生了海量数据，对这些数据的存储、处理与分析带动了大数据技术的发展。其中，数据挖掘和分析技术可以帮助人们对庞大的数据进行相关分析，找到有价值的信息和规律，使得人们对世界的认识更快、更便捷。在数据分析领域，Python 语言简单易用，第三方库强大，并提供了完整的数据分析框架，因此深受数据分析人员的青睐，Python 已经当仁不让地成为数据分析人员的一把利器。本章将介绍 Python 中经常用到的一些数据分析与可视化库，并在 10.7 节案例中着重介绍使用 Python 对 Excel 表格处理的方法。

10.1　从 MATLAB 到 Python

MATLAB 是一种用于算法开发、数据分析、数据可视化以及数值计算的高级技术计算语言和交互式环境（官网介绍见图 10-1）。MATLAB 凭借着在科学计算与数据分析领域强大的表现，被学术界和工业界接纳为主流的技术。不过，MATLAB 也有一些劣势，首先是价格，与 Python 这种下载即用的语言不同，MATLAB 软件的正版价格不菲，这一点导致其受众并不十分广泛。其次，MATLAB 的可移植性与可扩展性都不强。随着 Python 语言的发展，由于其简洁和易于编码的特性，使用 Python 进行科研和数据分析的人越来越多。另外，由于 Python 活跃的开发者社区和日新月异的第三方扩展库市场，Python 在这一领域也逐渐与 MATLAB 并驾齐驱，成为中流砥柱。Python 中用于这方面的著名工具包括：

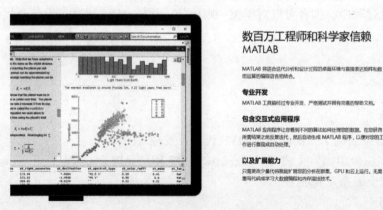

图 10-1　MATLAB 官网中的介绍

- NumPy：这个库提供了很多关于数值计算的工具，比如矢量与矩阵处理，以及精密的计算。
- SciPy：科学计算函数库，包括线性代数模块、统计学常用函数、信号和图像处理等。

- Pandas：Pandas 可以视为 NumPy 的扩展包，在 NumPy 的基础上提供了一些标准的数据模型（比如二维数组）和实用的函数（方法）。
- Matplotlib：有可能是 Python 中最负盛名的绘图工具，模仿 MATLAB 的绘图包。

作为一门通用的程序语言，Python 比 MATLAB 的应用范围更广泛，有更多程序库（尤其是一些十分实用的第三方库）的支持。这里就以 Python 中常用的科学计算与数值分析库为例，简单介绍 Python 在这个方面的一些应用方法。篇幅所限，请将注意力主要放在 NumPy、Pandas 和 Matplotlib 三个最为基础的工具上。

10.2　NumPy

NumPy 这个名字一般认为是 "numeric python" 的缩写，使用它的方法和使用其他库一样：import numpy。还可以在 import 扩展模块时给它起一个 "外号"，类似：

```
import numpy as np
```

NumPy 中的基本操作对象是 ndarray，与原生 Python 中的 list（列表）和 array（数组）不同，ndarray 的名字就暗示了这是一个 "多维" 的对象。首先可以创建一个这样的 ndarray：

```
raw_list = [i for i in range(10)]
a = numpy.array(raw_list)
pr(a)
```

输出为：array([0, 1, 2, 3, 4, 5, 6, 7, 8, 9])，这只是一个一维的数组。

我们还可以使用 arange() 方法做等效的构建过程（提醒一下，Python 中的计数是从 0 开始的），之后，通过函数 reshape()，可以重新构造这个数组，例如，可以构造一个三维数组，其中 reshape 的参数表示各维度的大小，且按各维顺序排列：

```
from pprint import pprint as pr
a = numpy.arange(20)  # 构造一个数组
pr(a)
a = a.reshape(2,2,5)
pr(a)
pr(a.ndim)
pr(a.size)
pr(a.shape)
pr(a.dtype)
```

输出为：

```
array([ 0,  1,  2,  3,  4,  5,  6,  7,  8,  9, 10, 11, 12, 13, 14, 15, 16,
       17, 18, 19])
array([[[ 0,  1,  2,  3,  4],
        [ 5,  6,  7,  8,  9]],

       [[10, 11, 12, 13, 14],
        [15, 16, 17, 18, 19]]])
```

```
3
20
(2, 2, 5)
dtype('int32')
```

上面通过 reshape( ) 方法将原来的数组构造为了 2 * 2 * 5 的数组（三个维度），之后还可进一步查看 a（ndarray 对象）的相关属性：ndim 表示数组的维度；shape 属性为各维度的大小；size 属性表示数组中全部的元素个数（等于各维度大小的乘积）；dtype 可查看数组中元素的数据类型。

数组创建的方法比较多样，可以直接以列表（list）对象为参数创建，还可以通过特殊的方式，np. random. rand( ) 就会创建一个 0~1 区间内的随机数组：

```
a = numpy. random. rand(2,4)
pr(a)
```

输出为：

```
array([[ 0.61546266,  0.51861284,  0.04923905,  0.84436196],
       [ 0.98089299,  0.21496841,  0.23208293,  0.81651831]])
```

ndarray 也支持四则运算：

```
a = numpy. array([[1, 2], [2, 4]])
b = numpy. array([[3.2, 1.5], [2.5, 4]])
pr(a+b)
pr((a+b). dtype)
pr(a-b)
pr(a * b)
pr(10 * a)
```

上面代码演示了对 ndarray 对象进行基本的数学运算，其输出为：

```
array([[ 4.2,  3.5],
       [ 4.5,  8. ]])
dtype('float64')
array([[-2.2,  0.5],
       [-0.5,  0. ]])
array([[ 3.2,  3. ],
       [ 5. ,  16. ]])
array([[10, 20],
       [20, 40]])
```

在两个 ndarray 做运算时要求维度满足一定条件（比如加减时维度相同），另外，a+b 的结果作为一个新的 ndarray，其数据类型已经变为 float64，这是因为 b 数组的类型为浮点，在执行加法时自动转换为了浮点类型。

另外，ndarray 还提供了十分方便的求和、最大/最小值方法：

```
ar1 = numpy. arange(20). reshape(5,4)
pr(ar1)
```

```
pr(ar1. sum( ))
pr(ar1. sum( axis=0) )
pr(ar1. min( axis=0) )
pr(ar1. max( axis=1) )
```

axis=0 表示按行，axis=1 表示按列。输出结果为：

```
array([[ 0,  1,  2,  3],
       [ 4,  5,  6,  7],
       [ 8,  9, 10, 11],
       [12, 13, 14, 15],
       [16, 17, 18, 19]])
190
array([40, 45, 50, 55])
array([0, 1, 2, 3])
array([ 3,  7, 11, 15, 19])
```

众所周知，在科学计算中常常用到矩阵的概念，NumPy 中也提供了基础的矩阵对象（numpy. matrixlib. defmatrix. matrix）。矩阵和数组的不同之处在于，矩阵一般是二维的，而数组却可以是任意维度（正整数），另外，矩阵进行的乘法是真正的矩阵乘法（数学意义上的），而在数组中的 "∗" 则只是每一对应元素的数值相乘。

创建矩阵对象也非常简单，可以通过 asmatrix 把 ndarray 转换为矩阵。

```
ar1 = numpy. arange(20). reshape(5,4)
pr(numpy. asmatrix(ar1))
mt = numpy. matrix('1 2; 3 4', dtype=float)
pr(mt)
pr(type(mt))
```

输出为：

```
matrix([[ 0,  1,  2,  3],
        [ 4,  5,  6,  7],
        [ 8,  9, 10, 11],
        [12, 13, 14, 15],
        [16, 17, 18, 19]])
matrix([[ 1.,  2.],
        [ 3.,  4.]])
<class 'numpy. matrixlib. defmatrix. matrix'>
```

对两个符合要求的矩阵可以进行乘法运算：

```
mt1 = numpy. arange(0,10). reshape(2,5)
mt1 = numpy. asmatrix(mt1)
mt2 = numpy. arange(10,30). reshape(5,4)
mt2 = numpy. asmatrix(mt2)
mt3 = mt1 ∗ mt2
pr(mt3)
```

输出为：

```
matrix([[220, 230, 240, 250],
        [670, 705, 740, 775]])
```

访问矩阵中的元素仍然使用类似于列表索引的方式：

```
pr(mt3[[1],[1,3]])
```

输出为：

```
matrix([[705, 775]])
```

对于二位数组以及矩阵，还可以进行一些更为特殊的操作，包括转置、求逆、求特征向量等。转置代码如下：

```
import numpy.linalg as lg
a = numpy.random.rand(2,4)
pr(a)
a = numpy.transpose(a) # 转置数组
pr(a)
b = numpy.arange(0,10).reshape(2,5)
b = numpy.mat(b)
pr(b)
pr(b.T) # 转置矩阵
```

上面代码的输出为：

```
array([[ 0.73566352,  0.56391464,  0.3671079 ,  0.50148722],
       [ 0.79284278,  0.64032832,  0.22536172,  0.27046815]])
array([[ 0.73566352,  0.79284278],
       [ 0.56391464,  0.64032832],
       [ 0.3671079 ,  0.22536172],
```

求逆、求特征向量代码如下：

```
import numpy.linalg as lg

a = numpy.arange(0,4).reshape(2,2)
a = numpy.mat(a) # 将数组构造为矩阵(方阵)
pr(a)
ia = lg.inv(a) # 求逆矩阵
pr(ia)
pr(a * ia) # 验证 ia 是否为 a 的逆矩阵,相乘结果应该为单位矩阵
eig_value, eig_vector = lg.eig(a) # 求特征值与特征向量
pr(eig_value)
pr(eig_vector)
```

上面代码的输出为：

```
matrix([[0, 1],
[2, 3]])
matrix([[-1.5,  0.5],
        [ 1. ,  0. ]])
```

```
matrix([[ 1. ,   0. ],
        [ 0. ,   1. ]])
array([-0.56155281,   3.56155281])
matrix([[-0.87192821, -0.27032301],
        [ 0.48963374, -0.96276969]])
```

另外，可以对二维数组进行拼接操作，包括横纵两种拼接方式：

```
import numpy as np

a = np. random. rand(2,2)
b = np. random. rand(2,2)
pr(a)
pr(b)
c = np. hstack([a,b])
d = np. vstack([a,b])
pr(c)
pr(d)
```

输出为：

```
array([[ 0.39433009,   0.61635481],
       [ 0.90390343,   0.58251318]])
array([[ 0.48100629,   0.89721558],
       [ 0.07523263,   0.33338738]])
array([[ 0.39433009,   0.61635481,   0.48100629,   0.89721558],
       [ 0.90390343,   0.58251318,   0.07523263,   0.33338738]])
array([[ 0.39433009,   0.61635481],
       [ 0.90390343,   0.58251318],
       [ 0.48100629,   0.89721558],
       [ 0.07523263,   0.33338738]])
```

最后，可以使用 boolean mask（布尔屏蔽）来筛选需要的数组元素并绘图：

```
import matplotlib. pyplot as plt
a = np. linspace(0, 2 * np. pi, 100)
b = np. cos(a)
plt. plot(a,b)
mask = b >= 0. 5
plt. plot(a[mask], b[mask], 'ro')
mask = b <= - 0. 5
plt. plot(a[mask], b[mask], 'bo')
plt. show()
```

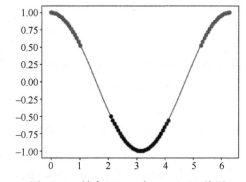

最终的绘图效果如图 10-2 所示。

图 10-2　结合 Numpy 与 matplotlib 绘图

10.3　Pandas

Pandas 一般被认为是基于 NumPy 而设计的，由于其丰富的数据对象和强大的函数方法，Pandas 成为数据分析与 Python 结合的最好范例之一。Pandas 中主要的高级数据结构：Series

和 DataFrame，帮助我们用 Python 更为方便简单地处理数据，其受众也愈发广泛。

由于一般需要配合 NumPy 使用，因此可以这样导入两个模块：

```python
import pandas
import numpy as np
from pandas import Series, DataFrame
```

Series 可以看作是一般的数组（一维数组），不过，Series 数据类型具有索引（index），这是与普通数组十分不同的一点：

```python
s = Series([1,2,3,np.nan,5,1]) # 从 list 创建
print(s)

a = np.random.randn(10)
s = Series(a, name='Series 1') # 指明 Series 的 name
print(s)

d = {'a': 1, 'b': 2, 'c': 3}
s = Series(d, name='Series from dict') # 从 dict 创建
print(s)

s = Series(1.5, index=['a','b','c','d','e','f','g']) # 指明 index
print(s)
```

需要注意的是，如果在使用字典创建 Series 时指定 index，那么 index 的长度要和数据（数组）的长度相等。如果不相等，会被 NaN 填补，类似这样：

```python
d = {'a': 1, 'b': 2, 'c': 3}
s = Series(d, name='Series from dict', index=['a','c','d','b']) # 从 dict 创建
print(s)
```

输出为：

```
a    1.0
c    3.0
d    NaN
b    2.0
Name：Series fromdict, dtype：float64
```

注意这里索引的顺序与创建时索引的顺序是一致的，"d" 索引是 "多余的"，因此被分配了 NaN（not a number，表示数据缺失）值。

当创建 Series 时的数据只是一个恒定的数值时，会为所有索引分配该值，因此，s = Series(1.5, index=['a','b','c','d','e','f','g']) 会创建一个所有索引都对应 1.5 的 Series。另外，如果需要查看 index 或者 name，可以使用 Series.index 或 Series.name 来访问。

访问 Series 的数据仍然是使用类似列表的下标方法，或者是直接通过索引名访问，不同的访问方式包括：

```python
s = Series(1.5, index=['a','b','c','d','e','f','g']) # 指明 index
print(s[1:3])
```

```
print (s['a':'e'])
print (s[[1,0,6]])
print (s[['g','b']])
print (s[s < 1])
```

输出为：

```
b    1.5
c    1.5
dtype: float64
a    1.5
b    1.5
c    1.5
d    1.5
e    1.5
dtype: float64
b    1.5
a    1.5
g    1.5
dtype: float64
g    1.5
b    1.5
dtype: float64
Series([], dtype: float64)
```

想要单纯访问数据值的话，使用 values 属性：

```
print (s['a':'e'].values)
```

输出为：

```
[ 1.5  1.5  1.5  1.5  1.5]
```

除了 Series，Pandas 中另一个基础的数据结构就是 DataFrame，粗略地说，DataFrame 是将一个或多个 Series 按列逻辑合并后的二维结构，也就是说，每一列单独取出来是一个 Series，DataFrame 这种结构听起来很像是 MySQL 数据库中的表（table）结构。仍然可以通过字典（dict）来创建一个 DataFrame，比如通过一个值是列表的字典创建：

```
d = {'c_one': [1., 2., 3., 4.], 'c_two': [4., 3., 2., 1.]}
df = DataFrame(d, index=['index1', 'index2', 'index3', 'index4'])
print (df)
```

输出为：

```
        c_one  c_two
index1    1.0    4.0
index2    2.0    3.0
index3    3.0    2.0
index4    4.0    1.0
```

但其实，从 DataFrame 的定义出发，我们应该从 Series 结构来创建。DataFrame 有一些基本的属性可供访问：

```
d = {'one': Series([1., 2., 3.], index=['a', 'b', 'c']),
     'two': Series([1, 2, 3, 4], index=['a', 'b', 'c', 'd'])}
df = DataFrame(d)
print(df)
print(df.index)
print(df.columns)
print(df.values)
```

输出为：

```
   one   two
a  1.0   1
b  2.0   2
c  3.0   3
d  NaN   4
Index(['a', 'b', 'c', 'd'], dtype='object')
Index(['one', 'two'], dtype='object')
[[ 1.   1. ]
 [ 2.   2. ]
 [ 3.   3. ]
 [ nan  4. ]]
```

由于"one"这一列对应的 Series 数据个数少于"two"这一列，因此其中有一个 NaN 值，表示数据空缺。

创建 DataFrame 的方式多种多样，还可以通过二维的 ndarray 来直接创建：

```
d = DataFrame(np.arange(10).reshape(2,5),columns=['c1','c2','c3','c4','c5'],index=['i1','i2'])
print(d)
```

输出为：

```
    c1  c2  c3  c4  c5
i1  0   1   2   3   4
i2  5   6   7   8   9
```

还可以将各种方式结合起来。利用 describe() 方法可以获得 DataFrame 的一些基本特征信息：

```
df2 = DataFrame({'A': 1., 'B': pandas.Timestamp('20120110'), 'C': Series(3.14, index=list(range
(4))), 'D': np.array([4] * 4, dtype='int64'), 'E': 'This is E'})
print(df2)
print(df2.describe())
```

输出为：

```
    A      B           C     D   E
0   1.0  2012-01-10   3.14   4   This is E
1   1.0  2012-01-10   3.14   4   This is E
2   1.0  2012-01-10   3.14   4   This is E
```

```
3   1.0 2012-01-10   3.14   4   This is E
        A     C      D
count   4.0   4.00   4.0
mean    1.0   3.14   4.0
std     0.0   0.00   0.0
min     1.0   3.14   4.0
25%     1.0   3.14   4.0
50%     1.0   3.14   4.0
75%     1.0   3.14   4.0
max     1.0   3.14   4.0
```

DataFrame 中包括了两种形式的排序。一种是按行列排序，即按照索引（行名）或者列名进行排序，指定 axis＝0 表示按索引（行名）排序，axis＝1 表示按列名排序，并可指定升序或降序。第二种排序是按值排序，同样，也可以自由指定列名和排序方式：

```
d = {'c_one': [1., 2., 3., 4.], 'c_two': [4., 3., 2., 1.]}
df = DataFrame(d, index=['index1', 'index2', 'index3', 'index4'])
print(df)
print(df.sort_index(axis=0, ascending=False))
print(df.sort_values(by='c_two'))
print(df.sort_values(by='c_one'))
```

在 DataFrame 中访问（以及修改）数据的方法也非常多样化，最基本的是使用类似列表索引的方式：

```
dates = pd.date_range('20140101', periods=6)
df = pd.DataFrame(np.arange(24).reshape((6,4)), index=dates, columns=['A','B','C','D'])
print(df)
print(df['A'])  # 访问"A"这一列
print(df.A)  # 同上，另外一种方式
print(df[0:3])  # 访问前三行
print(df[['A','B','C']])  # 访问前三列
print(df['A']['2014-01-02'])  # 按列名、行名访问元素
```

除此之外，还有很多更复杂的访问方法，主要如下：

```
print(df.loc['2014-01-03'])  # 按照行名访问
print(df.loc[:,['A','C']])  # 访问所有行中的 A、C 两列
print(df.loc['2014-01-03',['A','D']])  # 访问'2014-01-03'行中的 A 和 D 列
print(df.iloc[0,0])  # 按照下标访问，访问第 1 行第 1 列元素
print(df.iloc[[1,3],1])  # 按照下标访问，访问第 2、4 行的第 2 列元素
print(df.ix[1:3,['B','C']])  # 混合索引名和下标两种访问方式，访问第 2 到第 3 行的 B、C 两列
print(df.ix[[0,1],[0,1]])  # 访问前两行、前两列的元素(共 4 个)
print(df[df.B>5])  # 访问所有 B 列数值大于 5 的数据
```

对于 DataFrame 中的 NaN 值，Pandas 也提供了实用的处理方法，为了演示 NaN 的处理，我们先为目前的 DataFrame 添加 NaN 值：

```
df['E'] = pd.Series(np.arange(1,7), index=pd.date_range('20140101', periods=6))
```

```
df['F'] = pd. Series(np. arange(1,5), index=pd. date_range('20140102', periods=4))
print(df)
```

这时的 df 是：

```
            A   B   C   D   E   F
2014-01-01  0   1   2   3   1   NaN
2014-01-02  4   5   6   7   2   1.0
2014-01-03  8   9   10  11  3   2.0
2014-01-04  12  13  14  15  4   3.0
2014-01-05  16  17  18  19  5   4.0
2014-01-06  20  21  22  23  6   NaN
```

通过 dropna（丢弃 NaN 值，可以选择按行或按列丢弃）和 fillna 来处理（填充 NaN 部分）：

```
print(df. dropna())
print(df. dropna(axis=1))
print(df. fillna(value='Not NaN'))
```

对于两个 DataFrame 可以进行拼接（或者说合并），可以为拼接指定一些参数：

```
df1 = pd. DataFrame(np. ones((4,5)) * 0, columns=['a','b','c','d','e'])
df2 = pd. DataFrame(np. ones((4,5)) * 1, columns=['A','B','C','D','E'])
pd3 = pd. concat([df1,df2],axis=0) # 按行拼接
print(pd3)
pd4 = pd. concat([df1,df2],axis=1) # 按列拼接
print(pd4)
pd3 = pd. concat([df1,df2],axis=0,ignore_index=True) # 拼接时丢弃原来的 index
print(pd3)
pd_join = pd. concat([df1,df2],axis=0,join='outer') # 类似 SQL 中的外连接
print(pd_join)
pd_join = pd. concat([df1,df2],axis=0,join='inner') # 类似 SQL 中的内连接
print(pd_join)
```

对于"拼接"，其实还有另一种方法"append"，不过 append 和 concat 之间有一些小差异，有兴趣的读者可以做进一步的了解，这里就不再赘述。最后，我们要提到 Pandas 自带的绘图功能（这里导入 matplotlib 只是为了使用 show 方法显示图表）：

```
from matplotlib import pyplot as plt

df = DataFrame(abs(np. random. randn(4,5)),
               columns=['Students','Doctors','Teachers','Drivers','Trader'],
               index = ['Beijing','Shanghai','Hangzhou','Shenzhen'])
df. plot(kind='bar')
plt. show()
```

绘图结果如图 10-3 所示。

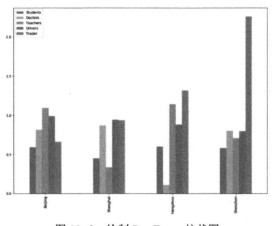

图 10-3　绘制 DataFrame 柱状图

10. 4　Matplotlib

matplotlib. pyplot 是 Matplotlib 中最常用的模块，几乎就是一个从 MATLAB 的风格"迁移"过来的 Python 工具包。每个绘图函数对应某种功能，比如创建图形、创建绘图区域、设置绘图标签等。

```
from matplotlib import pyplot as plt
import numpy as np


x = np. linspace( -np. pi, np. pi)
plt. plot( x,np. cos( x) , color='red')
plt. show( )
```

以上是一段最基本的绘图代码，plot( )方法会进行绘图工作，我们还需要使用 show( )方法将图表显示出来，最终的绘制结果如图 10-4 所示。

在绘图时，可以通过一些参数设置图表的样式，比如颜色可以使用英文字母（表示对应颜色）、RGB 数值、十六进制颜色等方式来设置，线条样式可设置为":"（表示点状线）、"-"（表示实线）等，点样式还可设置为"."（表示圆点）、"s"（方形）、"o"（圆形）等。可以通过前三种默认提供的样式，直接进行组合设置，我

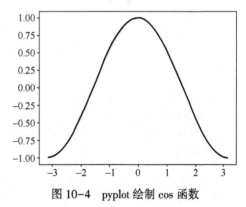

图 10-4　pyplot 绘制 cos 函数

们使用一个参数字符串，第一个字母为颜色，第二个字母为点样式，最后是线段样式：

```
x = np. linspace(0, 2 * np. pi, 50)
plt. plot( x, np. sin(x) ,'c:',
          x, np. sin(x−np. pi/2) ,'b−.')
plt. show( )
```

另外，还可以添加 xy 轴标签、函数标签、图表名称等，效果如图 10-5 所示。

```
x＝np. random. randn(20)
y＝np. random. randn(20)
x1＝np. random. randn(40)
y1＝np. random. randn(40)
# 绘制散点图
plt. scatter(x,y,s＝50,color＝'b',marker＝'<',label＝'S1')  # s：表示散点尺寸
plt. scatter(x1,y1,s＝50,color＝'y',marker＝'o',alpha＝0. 2,label＝'S2')  # alpha 表示透明度
plt. grid(True)  # 为图表打开网格效果
plt. xlabel('x axis')
plt. ylabel('y axis')
plt. legend()  # 显示图例
plt. title('My Scatter')
plt. show()
```

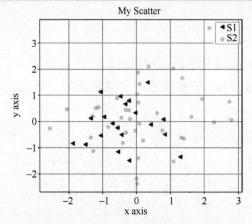

图 10-5　为散点图添加标签与名称

为了在一张图表中使用子图，需要添加一个额外的语句：在调用 plot()函数之前先调用 subplot()。该函数的第一个参数代表子图的总行数，第二个参数代表子图的总列数，第三个参数代表子图的活跃区域。绘制效果如图 10-6 所示。

```
x = np. linspace(0, 2 * np. pi, 50)
plt. subplot(2, 2, 1)
plt. plot(x, np. sin(x), 'b',label＝'sin(x)')
plt. legend()
plt. subplot(2, 2, 2)
plt. plot(x, np. cos(x), 'r',label＝'cos(x)')
plt. legend()
plt. subplot(2, 2, 3)
plt. plot(x, np. exp(x), 'k',label ＝'exp(x)')
plt. legend()
plt. subplot(2, 2, 4)
plt. plot(x, np. arctan(x), 'y',label＝'arctan(x)')
plt. legend()
plt. show()
```

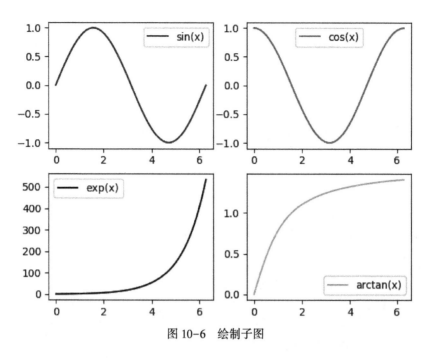

图 10-6　绘制子图

另外几种常用的图表绘制方式如下：

```
#条形图
x=np.arange(12)
y=np.random.rand(12)
labels=['Jan','Feb','Mar','Apr','May','Jun','Jul','Aug','Sep','Oct','Nov','Dec']
plt.bar(x,y,color='blue',tick_label=labels) #条形图(柱状图)
# plt.barh(x,y,color='blue',tick_label=labels) #横条
plt.title('bar graph')
plt.show()

# 饼图
size=[20,20,20,40] #各部分占比
plt.axes(aspect=1)
explode=[0.02,0.02,0.02,0.05] #突出显示
plt.pie(size,labels=['A','B','C','D'],autopct='%.0f%%',explode=explode,shadow=True)
plt.show()

# 直方图
x = np.random.randn(1000)
plt.hist(x, 200)
plt.show()
```

最后要提到的是 3D 绘图功能，绘制三维图像主要通过 mplot3d 模块实现，它主要包含 4 个大类：

- mpl_toolkits.mplot3d.axes3d()
- mpl_toolkits.mplot3d.axis3d()
- mpl_toolkits.mplot3d.art3d()

- mpl_toolkits. mplot3d. proj3d( )

其中，axes3d( )下面主要包含了各种实现绘图的类和方法，可以通过下面的语句导入：

```
from mpl_toolkits. mplot3d. axes3d import Axes3D
```

导入后开始制图：

```
from mpl_toolkits. mplot3d import Axes3D

fig = plt. figure( ) # 定义 figure
ax = Axes3D( fig)
x = np. arange( -2, 2, 0. 1)
y = np. arange( -2, 2, 0. 1)
X, Y = np. meshgrid( x, y) # 生成网格数据
Z = X ** 2 + Y ** 2
ax. plot_surface( X, Y, Z ,cmap = plt. get_cmap('rainbow')) # 绘制 3D 曲面
ax. set_zlim( -1, 10) # Z 轴区间
plt. title('3d graph')
plt. show( )
```

运行代码，绘制出的图表如图 10-7 所示。

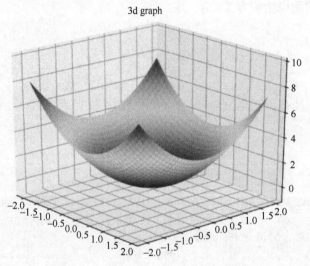

图 10-7   3D 绘图下的 z = x^2+y^2 函数曲线

Matplotlib 中还有很多实用的工具和细节用法（如等高线图、图形填充、图形标记等），在有需求的时候查询用法和 API 即可。掌握上面的内容即可绘制一些基础的图表，便于我们进一步做数据分析或者做数据可视化应用。如果需要更多图表样例，可以参考官方页面：https://matplotlib. org/gallery. html，其中提供了十分丰富的图表示例。

10. 5 SciPy 与 SymPy

SciPy 也是基于 NumPy 的库，它包含众多的数学、科学工程计算中常用的函数。例如线

性代数、常微分方程数值求解、信号处理、图像处理、稀疏矩阵等。SymPy 是数学符号计算库，可以进行数学公式的符号推导。比如求定积分：

```python
from sympy import integrate
from sympy.abc import a,x,y
a = integrate(x,
              (x,0,2.0)
              )
print(a) # 输出为 2.0
```

Scipy 和 SymPy 在信号处理、概率统计等方面还有其他更复杂的应用，在此就不做讨论了。

10.6 案例：新生数据分析与可视化

10.6.1 使用 Pandas 对数据预处理

每年开学季，很多学校都会为新生们制作一份描述性统计分析报告，并用公众号推送给新生，让每个人对这个将伴随自己四年的群体有一个初步的印象。这份报告里面有各式各样的统计图，帮人们直观认识各种数据。本案例就是介绍如何使用 Python 来完成这些统计图的制作。案例将提供一份 Excel 格式的数据，里面有新生的年龄、身高、籍贯等基本信息。

首先用 Pandas 中 read_excel 方法将表格信息导入，并查看数据信息。

```python
1.   import pandas as pd
2.   #这两个参数的默认设置都是 False,若列名有中文,展示数据时会出现对齐问题
3.   pd.set_option('display.unicode.ambiguous_as_wide', True)
4.   pd.set_option('display.unicode.east_asian_width', True)
5.   #读取数据
6.   data = pd.read_excel(r'D:\编程\机器学习与建模\可视化\小作业使用数据.xls')
7.   #查看数据信息
8.   print(data.head())
9.   print(data.shape)
10.  print(data.dtypes)
11.  print(data.describe())
```

	序号	性别	年龄	身高	体重	籍贯	星座
0	1	女	19	164	57.4	陕西	双子座
1	2	男	19	173	63.0	福建	射手座
2	3	男	21	177	53.0	天津	水瓶
3	4	女	19	160	94.0	宁夏	射手座
4	5	男	20	183	65.0	山东	摩羯

```
(160, 7)
序号        int64
性别        object
年龄        int64
身高        int64
```

```
体重        float64
籍贯        object
星座        object
dtype: object
           序号          年龄          身高          体重
count   160.000000   160.000000   160.000000   160.000000
mean     80.500000    19.831250   173.962500    67.206875
std      46.332134     2.495838     7.804117    14.669873
min       1.000000    18.000000   156.000000    42.000000
25%      40.750000    19.000000   168.750000    56.750000
50%      80.500000    20.000000   175.000000    65.250000
75%     120.250000    20.000000   180.000000    75.000000
max     160.000000    50.000000   188.000000   141.200000
```

由以上输出结果可以看出一共有 160 条数据，每条数据 7 个属性，其名称和类型也都给出。通过 Pandas 为 Dataframe 型数据提供的 describe 方法，可以求出每一列数据的数量（count）、均值（mean）、标准差（std）、最小值（min）、下四分位数（25%）、中位数（50%）、上四分位数（75%）、最大值（max）等统计指标。

对于'籍贯'等字符串型数据，describe 方法无法直接使用，但是可以将其类型改为'category'（类别）：

```
12.   data['籍贯'] = data['籍贯'].astype('category')
13.   print(data.籍贯.describe())
```

```
count           160
unique           55
top            山西省
freq             10
Name: 籍贯, dtype: object
```

输出结果中，count 表示非空数据条数，unique 表示去重后非空数据条数，top 表示数量最多的数据类型，freq 是最多数据类型的频次。

去重后非空数据条数为 55，远多于我国省级行政区数量，这说明数据存在问题。在将籍贯改为'category'类型后，可以调用 cat.categories 来查看所有类型，这将帮助我们发现原因：

```
14.   print(data.籍贯.cat.categories)
Index(['上海市', '云南', '内蒙古', '北京', '北京市', '吉林省', '吉林长春',
       '四川', '四川省', '天津', '天津市', '宁夏回族自治区', '宁夏', '安徽',
       '安徽省', '山东', '山东省', '山西', '山西省', '广东', '广东省',
       '广西壮族自治区', '新疆', '新疆维吾尔自治区', '江苏', '江苏省', '江西',
       '江西省', '河北', '河北省', '河南', '河南省', '浙江', '浙江省',
       '海南省', '湖北', '湖北省', '湖南', '湖南省', '甘肃', '甘肃省', '福建',
       '福建省', '西藏', '西藏自治区', '贵州省', '辽宁', '辽宁省', '重庆',
       '重庆市', '陕西', '陕西省', '青海', '青海省', '黑龙江省'],
      dtype='object')
```

可以看到数据并不是十分的完美，同一省份有不同的名称，例如'山东'和'山东省'。这是在数据搜集时考虑不完善，没有统一名称导致的。这种情况在实际中十分常见。而借助 Python，可以在数据规模庞大的时候高效准确地完成数据清洗工作。

这里我们要用到 apply 方法。apply 方法是 Pandas 中自由度最高的方法，有着十分广泛的用途。apply 最有用的是第一个参数，这个参数是一个函数，依靠这个参数，我们可以完成对数据的清洗。代码如下：

```
15.  data['籍贯'] = data['籍贯'].apply(lambda x: x[:2])
16.  print(data.籍贯.cat.categories)
Index(['上海', '云南', '内蒙古', '北京', '吉林', '四川', '天津', '宁夏', '安徽',
       '山东', '山西', '广东', '广西', '新疆', '江苏', '江西', '河北', '河南',
       '浙江', '海南', '湖北', '湖南', '甘肃', '福建', '西藏', '贵州', '辽宁',
       '重庆', '陕西', '青海', '黑龙江'],
      dtype='object')
```

从这个例子里可以初步体会到 apply 方法的妙处。这里给第一个参数设置的是一个 lambda 函数，功能很简单，就是取每个字符串的前两位。这样处理后数据就规范很多了，也有利于后续的统计工作。但仔细观察后发现，仍存在问题。像'黑龙江省'这样的名称，前两个字'黑龙'显然不能代表这个省份。这时可以另外编写一个函数。示例如下：

```
17.  def deal_name(name):
18.      if '黑龙江' == name or '黑龙江省' == name:
19.          return '黑龙江'
20.      elif '内蒙古自治区' == name or '内蒙古' == name:
21.          return '内蒙古'
22.      else:
23.          return name[:2]
24.  data['籍贯'] = data['籍贯'].apply(deal_name)
25.  print(data.籍贯.cat.categories)
Index(['上海', '云南', '内蒙古', '北京', '吉林', '四川', '天津', '宁夏',
       '安徽', '山东', '山西', '广东', '广西', '新疆', '江苏', '江西', '河北',
       '河南', '浙江', '海南', '湖北', '湖南', '甘肃', '福建', '西藏', '贵州',
       '辽宁', '重庆', '陕西', '青海', '黑龙江'],
      dtype='object')
```

如果想将数据中的省份名字都换为全称或简称，编写对应功能的函数就可以实现。对星座这列数据的处理同理，留作为本章练习。

10.6.2 使用 Matplotlib 库画图

处理完数据就进入画图环节。首先是男生身高分布的直方图，代码如下：

```
1.  import matplotlib.pyplot as plt
2.  #设置字体,否则汉字无法显示
3.  plt.rcParams['font.sans-serif'] = ['Microsoft YaHei']
4.  #选中男生的数据
5.  male = data[data.性别 == '男']
6.  #检查身高是否有缺失
7.  if any(male.身高.isnull()):
```

```
8.        #存在数据缺失时丢弃掉缺失数据
9.        male. dropna( subset = ['身高'], inplace = True)
10.   #画直方图
11.   plt. hist( x = male. 身高, # 指定绘图数据
12.           bins = 7, # 指定直方图中条块的个数
13.           color = 'steelblue', # 指定直方图的填充色
14.           edgecolor = 'black', # 指定直方图的边框色
15.           range = (155,190), #指定直方图区间
16.           density = False #指定直方图纵坐标为频数
17.           )
18.   # 添加 x 轴和 y 轴标签
19.   plt. xlabel('身高(cm)')
20.   plt. ylabel('频数')
21.   # 添加标题
22.   plt. title('男生身高分布')
23.   # 显示图形
24.   plt. show( )
25.   #保存图片到指定目录
26.   plt. savefig( r'D:\figure\男生身高分布 . png')
```

plt. hist( )需要留意的参数有 3 个: bins、range 和 density。bins 决定了画出的直方图有几个条块, range 则决定了直方图绘制时的上下界。range 默认取给定数据 (x) 中的最小值和最大值。通过控制这两个参数就可以控制直方图的区间划分。示例代码中我们将[155, 190]划分为 7 个区间, 每个区间长度恰好为 5。density 参数默认值为布尔值 False, 此时直方图纵坐标含义为频数, 如图 10-8 所示。

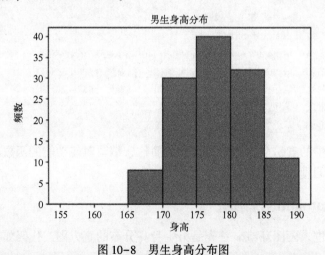

图 10-8   男生身高分布图

自然界中有很多正态分布, 那么新生中男生的身高符合正态分布吗? 我们可以在直方图上加一条正态分布曲线来直观比较。需要注意, 此时直方图的纵坐标必须代表频率, density 参数需改为 True, 否则正态分布曲线就将失去意义。在上述代码 plt. show 中添加如下内容:

```
1.    import numpy as np
2.    from scipy. stats import norm
```

```
3.    x1 = np. linspace(155, 190, 1000)
4.    normal = norm. pdf(x1, male. 身高 . mean( ), male. 身高 . std( ))
5.    plt. plot(x1, normal, 'r-', linewidth = 2)
```

可以看出男生身高分布与正态分布比较吻合，如图 10-9 所示。

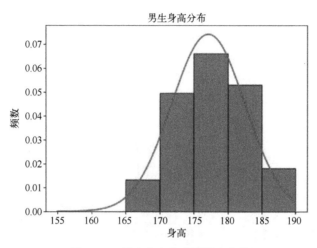

图 10-9   男生身高分布图拟合曲线

10.6.3   使用 Pandas 进行绘图

除了用 matplotlib 库外，读取 Excel 表格时用的 Pandas 库也可以绘图。Pandas 里的绘图方法其实是 matplotlib 库里 plot 的高级封装，使用起来更为简单方便。这里用柱状图的绘制作示范。

首先用 Pandas 统计各省份男生和女生的数量，将结果存储为 Dataframe 格式。

```
1.    people_counting = data. groupby(['性别','籍贯']). size( )
2.    p_c = {'男': people_counting['男'], '女': people_counting['女']}
3.    p_c = pd. DataFrame(p_c)
4.    print (p_c. head( ))

         女     男
籍贯
内蒙古   1.0   1.0
北京    4.0   4.0
四川    2.0   8.0
宁夏    2.0   NaN
山东    3.0   8.0
```

绘图部分代码如下，标签标题设置方法与 matplotlib 中一致。

```
1.    #空缺值设为零(没有数据就是 0 条数据)
2.    p_c. fillna(value = 0, inplace = True)
3.    #调用 Dataframe 中封装的 plot 方法
4.    p_c. plot. bar(rot = 0, stacked = False)
5.    plt. xticks(rotation = 90)
```

使用封装好的 plot 方法，图例自动生成，代码有所简化，如图 10-10 所示。

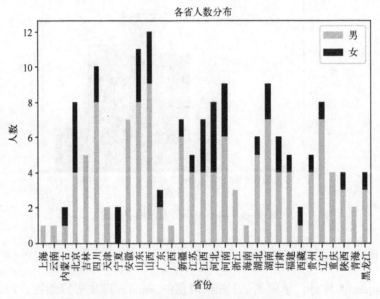

图 10-10   各省人数分布图（堆叠条形图）

将 plot. bar( ) 的 stack 参数改为 False，得到的图为非堆叠条形图，如图 10-11 所示。

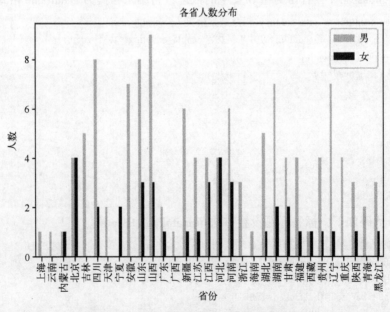

图 10-11   各省人数分布图（非堆叠条形图）

222

10.7 案例：Python 表格处理分析

10.7.1 背景介绍

Office 办公软件在日常工作学习中可以说是无处不在。其中 Excel 是可编程性最好的办公应用，读取、修改和创建大数据量的 Excel 表格是使用 Excel 时经常会遇到的问题，纯粹依靠手工完成这些工作十分耗时，而且操作的过程十分容易出错。在本章中，将会介绍如何借助 Python 的"openpyxl"模块完成这些工作，提升工作效率。Python 中的"openpyxl"模块能够对 Excel 文件进行创建、读取以及修改，让计算机自动进行大量烦琐重复的 Excel 文件处理成为可能。本章将围绕以下几个重点展开：

- 修改已有的 Excel 表单。
- 从 Excel 表单中提取信息。
- 创建更为复杂的 Excel 表单，为表格添加样式、图表等。

在此之前，读者应该熟知 Python 的基本语法，能够熟练使用 Python 的基本数据结构，包括 Dict、List 等，并且理解面向对象编程的基本概念。

在开始之前，读者可能会有疑问：什么时候我应该选择使用 openpyxl 这样的编程工具，而不是直接使用 Excel 的操作界面来完成工作呢？虽然这样的实际场景数不胜数，但以下这几个例子十分有代表性，提供给读者参考：

1）假设你在经营一个网店，当你每次需要将新商品上架到网页上时，需要将相应的商品信息填入到店铺的系统中，而所有的商品信息一开始都记录在若干个 Excel 表格中。如果你需要将这些信息导入到系统中，就必须遍历 Excel 表格的每一行，并在店铺系统中重新输入。我们将这种情景抽象成从 Excel 表单中导出信息。

2）假设你是一个用户信息系统的管理员，公司在某次促销活动中需要导出所有用户的联系方式到可打印的文件中，并交给销售人员进行电话营销。显然 Excel 表单是可视化呈现这些信息的不二之选。这样的场景我们可以称为向 Excel 表单中导入信息。

3）假设你是一所中学的数学老师，一次期中测验后你需要整理汇总 20 个班级的成绩，并制作相应的统计图表。而令人绝望的是，你发现每个班级的成绩散落在不同的表单文件中，无法使用 Excel 内置的统计工具来汇总。我们将这种场景称为 Excel 表单内部的信息聚合与提取。

管中窥豹，类似的问题难以枚举，却无不例外地令人头痛。但是，如果学会使用"openpyxl"工具，这些都不再是问题。

本案例主体将分为三大部分，第一部分——"前期准备与基本操作"将介绍"openpyxl"模块的基本概念和基本方法，以及工具的安装，Excel 的文件创建和基本读写；第二部分——"进阶内容"将通过几个具体的例子来说明如何使用"openpyxl"向 Excel 表格中添加样式、计算公式和图表；第三部分——"数据分析实例"，将介绍如何将"openpyxl"与 pandas、matplotlib 等其他 python 工具结合起来，更高效地展开分析与可视化工作。

10.7.2 前期准备与基本操作

1. 基本术语概念说明

在后面将会用表10-1中的术语名词来指代表格操作中的具体概念，在此统一向读者说明。

表 10-1　基本术语

术　　语	含　　义
工作簿	指创建或者操作的主要文件对象，通常来讲，一个 .xlsx 文件对应于一个工作簿
工作表	工作表通常用来划分工作表中的不同内容，一个工作簿中可以包含多个不同的工作表
列	一列指工作表中垂直排列的一组数据，在 Excel 中，通常用大写字母来指代一列，如第一列通常是 A
行	一行指工作表中水平排列的一组数据，在 Excel 中，通常用数字来指代一行，如第一行通常是 1
单元格	一个单元格由一个行号和一个列号唯一确定，如 A1 指位于第 A 列第一行的单元格

2. 安装 openpyxl 并创建一个工作簿

如同大多数 Python 模块，我们可以通过 Pip 工具来安装 openpyxl，只需要在命令行终端中执行代码清单 1 中的命令即可。

```
1.  # 代码清单 1
2.  pip installopenpyxl
```

安装完毕之后，就可以用几行代码创建一个十分简单的工作簿了，如代码清单 2 所示。

```
1.  #代码清单 2
2.  from openpyxl import Workbook
3.
4.  workbook = Workbook()
5.  sheet = workbook.active
6.
7.  sheet["A1"] = "hello"
8.  sheet["B1"] = "world!"
9.
10. workbook.save(filename="hello_world.xlsx")
```

首先从 openpyxl 包中导入 Workbook 对象，并在第 4 行创建一个实例 workbook。在第 5 行中，通过 workbook 的 active 属性，获取到默认的工作表。紧接着在第 7、8 行，向工作表的 A1 和 B1 两个位置分别插入"hello"和"world"两个字符串。最后，通过 workbook 的 save 方法，将新工作簿存储在名为"hello_world.xlsx"的文件中。打开该文件，可以看到文件内容如图 10-12 所示。

3. 从 Excel 工作簿中读取数据

本章提供了实践用的样例工作簿 sample.xlsx，其中包含了一些亚马逊在线商店的商品评价数据。读者可以在章节对应的附件中找到这个文件，并放置在实验代码的根目录下。之后的样例程序将在样例工作簿的基础上进行演示。

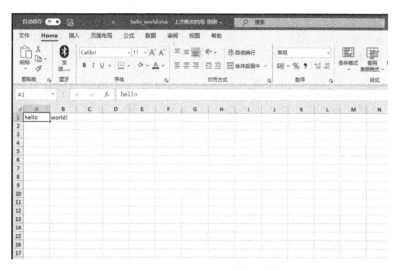

图 10-12   hello_world. xlsx 文件

准备好数据文件后，就可以在 Python 命令行终端尝试打开并读取一个 Excel 工作簿了，现在命令行中输入 Python 命令，进入 Python 命令行终端，接下来的操作如代码清单 3 所示。

```
1.    #代码清单 3
2.    >>>from openpyxl import load_workbook
3.    >>> workbook = load_workbook(filename = "sample. xlsx")
4.    >>> workbook. sheetnames
5.    ['Sheet 1']
6.
7.    >>> sheet = workbook. active
8.    >>> sheet
9.    <Worksheet "Sheet 1">
10.
11.   >>> sheet. title
12.   'Sheet 1'
```

为了读取工作簿，需要按照第 2 行的命令从"openpyxl"包中导入 load_workbook 函数。在第 3 行，通过调用 load_workbook 函数并指定路径名，可以得到一个工作簿对象。非常直观的，workbook 的 sheetnames 属性为工作簿中所有工作表的名字列表。与代码清单 2 中的相同，workbook. active 为当前工作簿的默认工作表，我们用 sheet 变量指向它。sheet 的 title 属性即为当前工作表的名称。这个样例是打开工作表最常见的方式，请读者熟练掌握。在本章中，会再见到这个方法很多次。

在打开工作表后，读者可以按照代码清单 4 中的方式检索特定位置的数据：

```
1.    #代码清单 4
2.    >>> sheet["A1"]
3.    <Cell 'Sheet 1'. A1>
4.
5.    >>> sheet["A1"]. value
6.    'marketplace'
```

```
7.
8.    >>> sheet["F10"].value
9.    "G-Shock Men's Grey Sport Watch"
```

sheet 对象类似一个字典，可以通过组合行列序号的方式得到对应位置的键，然后用键去 sheet 对象中获取相应的值。值的形式为 Cell 类型的对象，如第 2、3 行所示。如果想要获取相应单元格中的内容，可以通过访问 Cell 对象的 value 字段来完成（第 5~9 行）。除此之外，读者也可以通过 sheet 对象的 .cell() 方法来获取特定位置的 Cell 对象和对应的值，如代码清单 5 所示。

```
1.    #代码清单 5
2.    >>> sheet.cell(row=10, column=6)
3.    <Cell 'Sheet 1'.F10>
4.
5.    >>> sheet.cell(row=10, column=6).value
6.    "G-Shock Men's Grey Sport Watch"
```

特别需要注意的是，尽管在 Python 中索引的序号总是从 0 开始，但对 Excel 表单而言，行号和列号总是从 1 开始的，在使用 cell 方法时需要留意这一点。

4. 迭代访问数据

下面讲解如何遍历访问工作表中的数据，openpyxl 提供了方便的数据选取工具，而且使用方式十分接近 Python 语法。依据不同的需求，有如下几种不同的访问方式。

第一种方式是通过组合两个单元格的位置选择一个矩形区域的 Cell，如代码清单 6 所示。

```
1.    #代码清单 6
2.    >>> sheet["A1:C2"]
3.    ((<Cell 'Sheet 1'.A1>, <Cell 'Sheet 1'.B1>, <Cell 'Sheet 1'.C1>),
4.     (<Cell 'Sheet 1'.A2>, <Cell 'Sheet 1'.B2>, <Cell 'Sheet 1'.C2>))
```

第二种方式，可以通过指定行号或列号来选择一整行或一整列的数据，如代码清单 7 所示。

```
1.    #代码清单 7
2.    >>> # 从 A 列获取所有单元格
3.    >>> sheet["A"]
4.    (<Cell 'Sheet 1'.A1>,
5.    <Cell 'Sheet 1'.A2>,
6.    ...
7.    <Cell 'Sheet 1'.A99>,
8.    <Cell 'Sheet 1'.A100>)
9.
10.   >>> # 从列范围获取所有单元格
11.   >>> sheet["A:B"]
12.   ((<Cell 'Sheet 1'.A1>,
13.     <Cell 'Sheet 1'.A2>,
14.     ...
```

```
15.        <Cell 'Sheet 1'. A99>,
16.        <Cell 'Sheet 1'. A100>),
17.    (<Cell 'Sheet 1'. B1>,
18.        <Cell 'Sheet 1'. B2>,
19.        . . .
20.        <Cell 'Sheet 1'. B99>,
21.        <Cell 'Sheet 1'. B100>))
22.
23.    >>> # 从第 5 行获取所有单元格
24.    >>> sheet[5]
25.    (<Cell 'Sheet 1'. A5>,
26.    <Cell 'Sheet 1'. B5>,
27.    . . .
28.    <Cell 'Sheet 1'. N5>,
29.    <Cell 'Sheet 1'. O5>)
30.
31.    >>> # 从行范围获取所有单元格
32.    >>> sheet[5:6]
33.    ((<Cell 'Sheet 1'. A5>,
34.        <Cell 'Sheet 1'. B5>,
35.        . . .
36.        <Cell 'Sheet 1'. N5>,
37.        <Cell 'Sheet 1'. O5>),
38.    (<Cell 'Sheet 1'. A6>,
39.        <Cell 'Sheet 1'. B6>,
40.        . . .
41.        <Cell 'Sheet 1'. N6>,
42.        <Cell 'Sheet 1'. O6>))
```

第三种方式是通过基于 Python generator 的 2 个函数来获取单元格：

- .iter_rows()
- .iter_cols()

2 个函数都可以接收如下 4 个参数：

- min_row
- max_row
- min_col
- max_col

使用方式如代码清单 8 所示。

```
1.    #代码清单 8
2.    >>>for row in sheet. iter_rows(min_row=1,
3.    . . .                          max_row=2,
4.    . . .                          min_col=1,
5.    . . .                          max_col=3):
6.    ... print(row)
7.    (<Cell 'Sheet 1'. A1>, <Cell 'Sheet 1'. B1>, <Cell 'Sheet 1'. C1>)
```

```
8.    (<Cell 'Sheet 1'. A2>, <Cell 'Sheet 1'. B2>, <Cell 'Sheet 1'. C2>)
9.
10.
11.   >>>for column in sheet. iter_cols(min_row=1,
12.   ...                                        max_row=2,
13.   ...                                        min_col=1,
14.   ...                                        max_col=3):
15.   ... print（column）
16.   (<Cell 'Sheet 1'. A1>, <Cell 'Sheet 1'. A2>)
17.   (<Cell 'Sheet 1'. B1>, <Cell 'Sheet 1'. B2>)
18.   (<Cell 'Sheet 1'. C1>, <Cell 'Sheet 1'. C2>)
```

如果在调用函数时将 values_ only 设置为 True，将会只返回每个单元格的值，如代码清单 9 所示。

```
1.    #代码清单 9
2.    >>>for value in sheet. iter_rows(min_row=1,
3.    ...                                       max_row=2,
4.    ...                                       min_col=1,
5.    ...                                       max_col=3,
6.    ...                                       values_only=True):
7.    ... print（value）
8.    ('marketplace', 'customer_id', 'review_id')
9.    ('US', 3653882, 'R3O9SGZBVQBV76')
```

同时，sheet 对象的 rows 和 columns 对象本身即是一个迭代器，如果不需要指定特定的行列，而只是想遍历整个数据集，可以使用如代码清单 10 中的方式访问数据。

```
1.    #代码清单 10
2.    >>>for row in sheet. rows：
3.    ... print（row）
4.    (<Cell 'Sheet 1'. A1>, <Cell 'Sheet 1'. B1>, <Cell 'Sheet 1'. C1>
5.    ...
6.    <Cell 'Sheet 1'. M100>, <Cell 'Sheet 1'. N100>, <Cell 'Sheet 1'. O100>)
```

通过使用上述的方法，相信你已经学会如何读取 Excel 表单中的数据了，代码清单 11 中的实例展示了一个完整的读取数据并转化为 JSON 序列的流程。

```
1.    #代码清单 11
2.    import json
3.    from openpyxl import load_workbook
4.
5.    workbook = load_workbook(filename=" sample. xlsx")
6.    sheet = workbook. active
7.
8.    products = { }
9.
10.   # values_only 参数要设为 True,因为这里想返回单元格的数值
11.   for row in sheet. iter_rows(min_row=2,
```

```
12.                              min_col = 4,
13.                              max_col = 7,
14.                              values_only = True):
15.        product_id = row[0]
16.        product = {
17.            "parent": row[1],
18.            "title": row[2],
19.            "category": row[3]
20.        }
21.        products[product_id] = product
22.
23. # 使用 json 库,以便之后呈现更好的输出格式
24. print(json.dumps(products))
```

5. 修改与插入数据

前面已经向读者介绍了如何向单个单元格中添加数据,需要说明的是,如代码清单 12 所示,当向 B10 单元格中添加了数据之后,openpyxl 会自动插入 10 行数据,中间未定义的位置的值为 None。

```
1.  #代码清单 12
2.  >>>def print_rows():
3.  ...for row in sheet.iter_rows(values_only = True):
4.  ...    print(row)
5.
6.  >>> # 在代码行之前,表格中仅有行
7.  >>> print_rows()
8.  ('hello', 'world!')
9.
10. >>> # 尝试往第 10 行添加一个新值
11. >>> sheet["B10"] = "test"
12. >>> print_rows()
13. ('hello', 'world!')
14. (None, None)
15. (None, None)
16. (None, None)
17. (None, None)
18. (None, None)
19. (None, None)
20. (None, None)
21. (None, None)
22. (None, 'test')
```

接下来介绍如何插入和删除行列,openpyxl 库提供了非常直观的 4 个函数:

- .insert_rows()
- .delete_rows()
- .insert_cols()
- .delete_cols()

每个函数接受两个参数，分别是 idx 和 amount。Idx 指明了从哪个位置开始插入和删除，amount 指明了插入或删除的数量。请阅读代码清单 13 的示例程序。

```
1.   #代码清单 13
2.   >>> print_rows( )
3.   ('hello', 'world!')
4.
5.   >>> # 在已存在的 A 列后插入新的一列
6.   >>> sheet.insert_cols(idx=1)
7.   >>> print_rows( )
8.   (None, 'hello', 'world!')
9.
10.  >>> # 在 B 列和 C 列之间插入新的 5 列
11.  >>> sheet.insert_cols(idx=3, amount=5)
12.  >>> print_rows( )
13.  (None, 'hello', None, None, None, None, None, 'world!')
14.
15.  >>> # 删掉之前插入的 5 列
16.  >>> sheet.delete_cols(idx=3, amount=5)
17.  >>> sheet.delete_cols(idx=1)
18.  >>> print_rows( )
19.  ('hello', 'world!')
20.
21.  >>> # 在表格最上面插入新的一行
22.  >>> sheet.insert_rows(idx=1)
23.  >>> print_rows( )
24.  (None, None)
25.  ('hello', 'world!')
26.
27.  >>> # 在表格最上面插入新的 3 列
28.  >>> sheet.insert_rows(idx=1, amount=3)
29.  >>> print_rows( )
30.  (None, None)
31.  (None, None)
32.  (None, None)
33.  (None, None)
34.  ('hello', 'world!')
35.
36.  >>> # 删掉前 4 行
37.  >>> sheet.delete_rows(idx=1, amount=4)
38.  >>> print_rows( )
39.  ('hello', 'world!')
```

需要留意的是，当使用函数插入数据时，插入实际发生在 idx 参数所指特定行或列的前一个位置，比如你调用 insert_rows(1)，新插入的行将会在原先的第一行之前，成为新的第一行。

10.7.3 进阶内容

1. 为 Excel 表单添加公式

公式计算可以说是 Excel 中最重要的功能，也是 Excel 表单相比其他数据记录工具最为强大的地方。通过使用公式，可以在任意单元格的数据上应用数学方程，得到你期望的统计或计量结果。在 openpyxl 中使用公式和在 Excel 应用中编辑公式一样简单，代码清单 14 展示了如何查看 openpyxl 中支持的公式类型。

```
1.  #代码清单 14
2.  >>>from openpyxl. utils import FORMULAE
3.  >>> FORMULAE
4.  frozenset({'ABS',
5.          'ACCRINT',
6.          'ACCRINTM',
7.          'ACOS',
8.          'ACOSH',
9.          'AMORDEGRC',
10.         'AMORLINC',
11.         'AND',
12.          ...
13.         'YEARFRAC',
14.         'YIELD',
15.         'YIELDDISC',
16.         'YIELDMAT',
17.         'ZTEST'})
```

向单元格中添加公式的操作非常类似于赋值操作，如代码清单 15 所示，计算 H 列第 2 到 100 行的平均值。

```
1.  #代码清单 15
2.  >>> workbook = load_workbook(filename = "sample. xlsx")
3.  >>> sheet = workbook. active
4.  >>> # 给 H 列排序
5.  >>> sheet["P2"] = "=AVERAGE(H2:H100)"
6.  >>> workbook. save(filename = "sample_formulas. xlsx")
```

操作后的 Excel 表单如图 10-13 所示。

在需要添加的公式中有时候会出现引号包围的字符串，这个时候需要特别留意。有两种方式应对这个问题：最外围改为单引号，或者对公式中的双引号使用转义符。比如要统计第 I 列的数据中大于 0 的个数，如代码清单 16 所示。

```
1.  #代码清单 16
2.  >>> # 统计 I 列中大于 0 的数的个数
3.  >>> sheet["P3"] = '=COUNTIF(I2:I100, ">0")'
4.  >>> # or sheet["P3"] = "=COUNTIF(I2:I100, \">0\")"
5.  >>> workbook. save(filename = "sample_formulas. xlsx")
```

统计结果如图 10-14 所示。

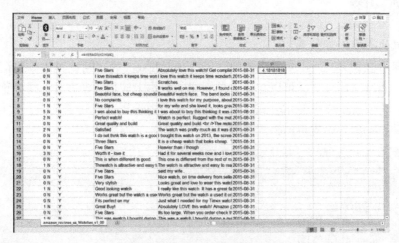

图 10-13   sample_formulas. xlsx

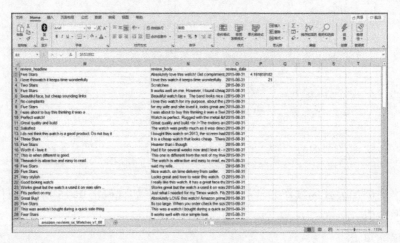

图 10-14   添加计数统计的 sample_formulas. xlsx

2. 为表单添加条件格式

条件格式是指表单根据单元格中不同的数据，自动地应用预先设定的不同种类的格式。举一个比较常见的例子，如果想让成绩统计册中所有没及格的学生都高亮地显示出来，那么条件格式就是最恰当的工具。

下面在 sample. xlsx 数据表上为读者演示几个示例。

代码清单 17 实现了这样一个简单的功能：将所有评分 3 以下的行标成红色。

```
1.    #代码清单 17
2.    >>>from openpyxl. styles import PatternFill, colors
3.    >>>from openpyxl. styles. differential import DifferentialStyle
4.    >>>from openpyxl. formatting. rule import Rule
5.
6.    >>> red_background  = PatternFill( bgColor = colors. RED)
7.    >>> diff_style  = DifferentialStyle( fill = red_background)
```

```
8.    >>> rule = Rule(type="expression", dxf=diff_style)
9.    >>> rule.formula = ["$H1<3"]
10.   >>> sheet.conditional_formatting.add("A1:O100", rule)
11.   >>> workbook.save("sample_conditional_formatting.xlsx")
```

注意到代码清单第 2 行从 openpyxl.style 中引入了 PatternFill、colors 两个对象。这两个对象是为了设定目标数据行的格式属性。在第 3 行中引入了 DifferentialStyle 这个包装类,可以将字体、边界、对齐等多种不同的属性聚合在一起。第 4 行引入了 rule 类,通过 rule 类可以设定填充属性需要满足的条件。如第 6 ~ 10 行所示,应用条件格式的主要流程为先构建 PatternFill 对象 red_background,再构建 DifferentialStyle 对象 diff_style,diff_style 将作为 rule 对象构建的参数。构建 rule 对象时,需要指明 rule 的类型为 "expression",即通过表达式进行选择。在第 9 行,指明了 rule 的公式为满足第 H 列数值小于 3 的相应行。此处的公式语法与 Excel 软件中的公式语法一致。

评分 3 以下的条目均被标红,如图 10-15 所示。

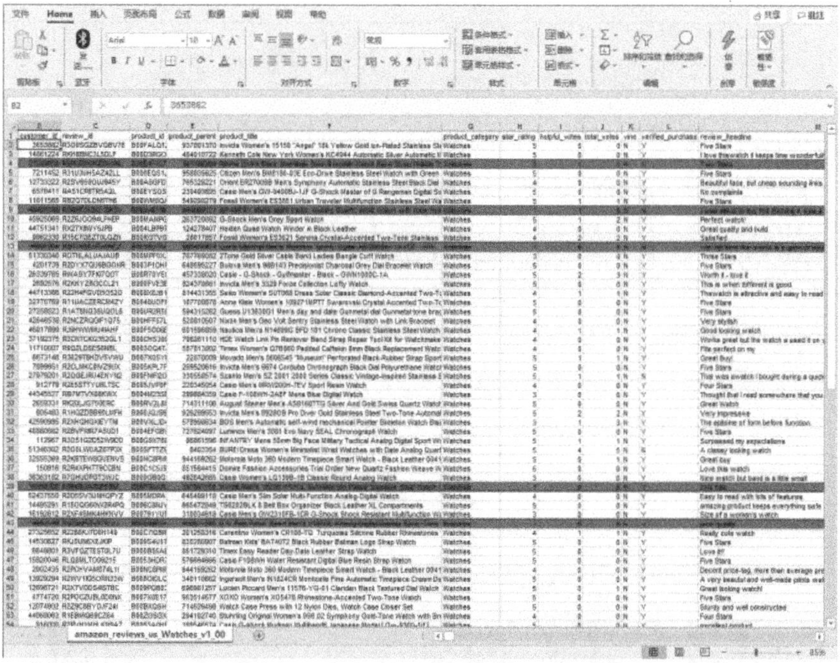

图 10-15　评分 3 以下的条目均被标红

为了方便起见,openpyxl 提供了三种内置的格式,可以让使用者快速地创建条件格式,分别是:

- ColorScale
- IconSet
- DataBar

ColorScale 可以根据数值的大小创建色阶,使用方法如代码清单 18 所示。

```
1.    #代码清单 18
2.    >>>from openpyxl.formatting.rule import ColorScaleRule
```

```
3.    >>> color_scale_rule = ColorScaleRule(start_type = "num",
4.    ...                                   start_value = 1,
5.    ...                                   start_color = colors. RED,
6.    ...                                   mid_type = "num",
7.    ...                                   mid_value = 3,
8.    ...                                   mid_color = colors. YELLOW,
9.    ...                                   end_type = "num",
10.   ...                                   end_value = 5,
11.   ...                                   end_color = colors. GREEN)
12.
13.   >>> #将这个梯度加到 H 列
14.   >>> sheet. conditional_formatting. add("H2:H100", color_scale_rule)
15.   >>> workbook. save(filename = "sample_conditional_formatting_color_scale_3. xlsx")
```

使用 ColorScale 创建色阶效果如图 10-16 所示。单元格的颜色随着评分由高到低逐渐由绿变红。

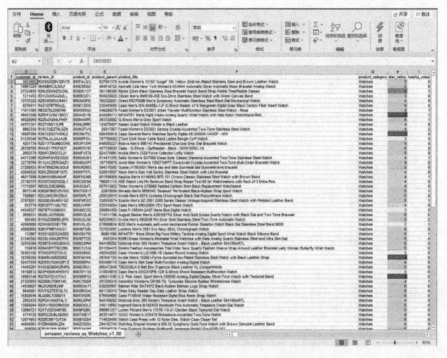

图 10-16　使用 ColorScale 创建色阶

IconSet 可以依据单元格的值来添加相应的图标，如代码清单 19 所示，只需要指定图标集合的类别和相应值的范围，就可以直接应用到表格上。完成的图标列表读者可以在 openpyxl 的官方文档找到。

```
1.    #代码清单 19
2.    >>>from openpyxl. formatting. rule import IconSetRule
3.
4.    >>> icon_set_rule = IconSetRule("5Arrows", "num", [1, 2, 3, 4, 5])
```

```
5.    >>> sheet. conditional_formatting. add("H2:H100", icon_set_rule)
6.    >>> workbook. save("sample_conditional_formatting_icon_set. xlsx")
```

添加了图标的表格效果如图 10-17 所示。

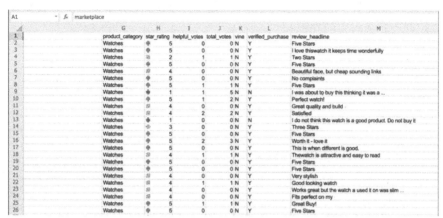

图 10-17 添加了图标的表格

最后一个 Databar 允许在单元格中添加类似进度条一样的条带，直观地展示数值的大小，使用方式如代码清单 20 所示。

```
1.    #代码清单 20
2.    >>>from openpyxl. formatting. rule import DataBarRule
3.
4.    >>> data_bar_rule  = DataBarRule(start_type = "num",
5.    ...                              start_value = 1,
6.    ...                              end_type = "num",
7.    ...                              end_value = "5",
8.    ...                              color = colors. GREEN)
9.    >>> sheet. conditional_formatting. add("H2:H100", data_bar_rule)
10.   >>> workbook. save("sample_conditional_formatting_data_bar. xlsx")
```

只需要指定规则的最大值和最小值，以及希望显示的颜色，就可以直接使用了。代码执行后，添加了 DataBar 的表格的效果如图 10-18 所示。

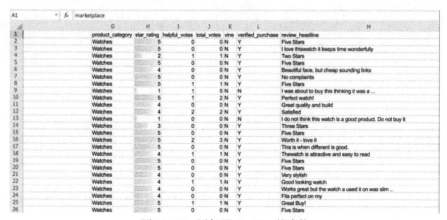

图 10-18 添加了 DataBar 的表格

使用条件格式可以实现很多非常实用的功能，这里限于篇幅只展示了一部分样例，读者们可以通过查阅 openpyxl 的文档获得更多的信息。

3. 为 Excel 表单添加图表

Excel 表单可以生成十分具有表现力的数据图表，包括柱状图、饼图、折线图等，使用 openpyxl 一样可以实现对应的功能。

在展示如何添加图表之前，需要先构建一组数据来作为实例，如代码清单 21 所示。

```
1.   #代码清单 21
2.   from openpyxl import Workbook
3.   from openpyxl. chart import BarChart, Reference
4.
5.   workbook = Workbook( )
6.   sheet = workbook. active
7.
8.   rows = [
9.       ["Product", "Online", "Store"],
10.      [1, 30, 45],
11.      [2, 40, 30],
12.      [3, 40, 25],
13.      [4, 50, 30],
14.      [5, 30, 25],
15.      [6, 25, 35],
16.      [7, 20, 40],
17.   ]
18.
19.  for row in rows:
20.      sheet. append( row)
```

接下来，就可以通过 BarChart 类对象来为表格添加柱状图了，我们希望柱状图展示每类商品的总销量，如代码清单 22 所示。

```
1.   #代码清单 22
2.   chart = BarChart( )
3.   data = Reference( worksheet = sheet,
4.                     min_row = 1,
5.                     max_row = 8,
6.                     min_col = 2,
7.                     max_col = 3)
8.
9.   chart. add_data( data, titles_from_data = True)
10.  sheet. add_chart( chart, "E2")
11.
12.  workbook. save( "chart. xlsx")
```

简洁的柱状图就已经生成好了，并插入了表格，如图 10-19 所示。

插入图表的左上角将和代码指定的单元格对齐，样例将图表对齐在了 E2 处。

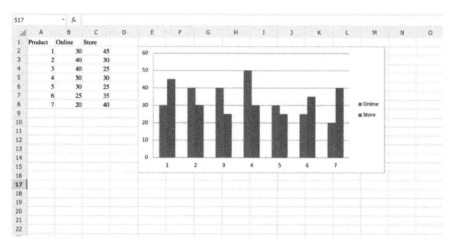

图 10-19　插入了柱状图的表格

如果你想绘制一个折线图，可以像代码清单 23 所示，简单修改以下术语，然后使用 LineChart 类。

```
1.    #代码清单 23
2.    import random
3.    from openpyxl import Workbook
4.    from openpyxl. chart import LineChart, Reference
5.
6.    workbook = Workbook()
7.    sheet = workbook. active
8.
9.    # 创建一些示例销售数据
10.   rows = [
11.       ["", "January", "February", "March", "April",
12.       "May", "June", "July", "August", "September",
13.        "October", "November", "December"],
14.       [1, ],
15.       [2, ],
16.       [3, ],
17.   ]
18.
19.   for row in rows:
20.       sheet. append(row)
21.
22.   for row in sheet. iter_rows(min_row=2,
23.                               max_row=4,
24.                               min_col=2,
25.                               max_col=13):
26.   for cell in row:
27.           cell. value = random. randrange(5, 100)
28.
29.   chart =LineChart()
```

```
30.    data = Reference(worksheet = sheet,
31.                     min_row = 2,
32.                     max_row = 4,
33.                     min_col = 1,
34.                     max_col = 13)
35.
36.    chart.add_data(data, from_rows = True, titles_from_data = True)
37.    sheet.add_chart(chart, "C6")
38.
39.    workbook.save("line_chart.xlsx")
```

添加了折线图的表格效果如图10-20所示。

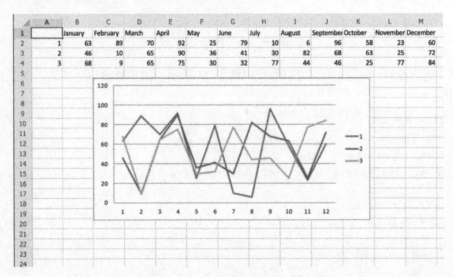

图10-20　添加了折线图的表格

10.7.4　数据分析实例

1. 背景与前期准备

本实例中使用的数据为 Consumer Reviews of Amazon Dataset 中的一部分，读者可以在随书的资料中找到名为 "Consumer_Reviews_of_Amazon.xlsx" 的文件。"Consumer Reviews of Amazon Dataset" 有超过 34,000 条针对亚马逊产品（如 Kindle、Fire TV Stick 等）的消费者评论，以及 Datafiniti 产品数据库提供的更多评论。数据集中包括基本产品信息、评分、评论文本等相关信息。本节提供的数据截取了数据集中的一部分，完整的数据集可从 Datafiniti 的网站获得。

通过这些数据，读者可以了解亚马逊的消费电子产品的销售情况，分析每次交易中消费者的评论，甚至可以进一步构建机器学习模型来对产品的销售情况进行预测，比如：

- 最受欢迎的亚马逊产品是什么？
- 每个产品的初始和当前顾客评论数量是多少？
- 产品发布后的前90天内的评论与产品价格相比如何？
- 产品发布后的前90天内的评论与整个销售周期相比如何？

将评论文本中的关键字与评论评分相对应，用来训练情感分类模型。

本节主要聚焦于数据的可视化分析，展示如何使用 openpyxl 读取数据，如何与 pandas、matplotlib 等工具交互，以及如何将其他工具生成的可视化结果重新导回到 Excel 中。

读者需要首先新建一个工作目录，并将"Consumer_Reviews_of_Amazon. xlsx"复制到当前的工作目录下，并安装额外的环境依赖，如代码清单 24 所示。

```
1.  #代码清单 24
2.  pip installnumpy matplotlib sklearn pandas Pillow
```

准备完成后就可以开始本次实验了。

2. 使用 Openpyxl 读取数据并转化为 Dataframe

```
1.  #代码清单 25
2.  import pandas as pd
3.  from openpyxl import load_workbook
4.
5.  workbook = load_workbook(filename = "Consumer_Reviews_of_Amazon. xlsx")
6.  sheet = workbook. active
7.
8.  data = sheet. values
9.
10. # 将第 1 行作为 DataFrame 结构的第 1 列
11. cols = next(data)
12. data = list(data)
13.
14. df = pd. DataFrame(data, columns = cols)
```

如代码清单 25 所示，首先在第 5 行加载准备好的文件，并在第 6 行获得默认工作表 sheet，在第 8 行通过 sheet 的 value 属性提取工作表中所有的数据。在第 11 行，将 data 的第一行单独取出，作为 pandas 中 dataframe 的列名，然后在 12 行将 data 生成器转化为 Python List（注意，这里的 Python List 中不包含原工作表中的第一行，请读者们自行思考原因）。最后，在第 14 行将数据转化为 DataFrame 留作下一步使用。

3. 绘制数值列直方图

得到待分析的数据后，通常要做的第一步工作就是统计各列的数值分布，使用直方图的形式直观展示出来，我们将自定义一个较为通用的直方图绘制函数。这个函数将表中所有数值可枚举（2~50 种）的列使用直方图展示出来。如代码清单 26 所示。

```
1.  #代码清单 26
2.  from mpl_toolkits. mplot3d import Axes3D
3.  from sklearn. preprocessing import StandardScaler
4.  import matplotlib. pyplot as plt # plotting
5.  import numpy as np # linear algebra
6.  import os # accessing directory structure
7.
8.  # 列数据的柱形分布图
9.  def plotPerColumnDistribution(df, nGraphShown, nGraphPerRow):
```

```
10.    nunique = df. nunique( )
11.        df = df[ [ colfor col in df if nunique[ col] > 1 and nunique[ col] < 50] ] # For displaying purpo-
       ses, pick columns that have between 1 and 50 unique values
12.    nRow, nCol = df. shape
13.    columnNames = list( df)
14.    nGraphRow = ( nCol + nGraphPerRow − 1) / nGraphPerRow
15.    plt. figure( num = None, figsize = ( 6 * nGraphPerRow, 8 * nGraphRow), dpi = 80, facecolor = 'w',
       edgecolor = 'k')
16.    for i in range( min( nCol, nGraphShown) ):
17.    plt. subplot( nGraphRow, nGraphPerRow, i + 1)
18.    columnDf = df. iloc[ :, i]
19.    if ( not np. issubdtype( type( columnDf. iloc[ 0] ), np. number) ):
20.    valueCounts = columnDf. value_counts( )
21.    valueCounts. plot. bar( )
22.    else :
23.    columnDf. hist( )
24.    plt. ylabel( 'counts')
25.    plt. xticks( rotation = 90)
26.    plt. title( f' | columnNames[ i] | ( column { i} )')
27.    plt. tight_layout( pad = 1. 0, w_pad = 1. 0, h_pad = 1. 0)
28.    plt. show( )
29.    plt. savefig( './ColumnDistribution. png')
30.
31.    plotPerColumnDistribution( df, 10, 5)
```

plotPerColumnDistributio 函数接受 3 个参数，df 为 DataFrame 数据库，nGraphShown 为图片总数的上限，nGraphPerRow 为每行的图片数。在第 10 行首先使用 pandas 的 nunique 方法获得每一列的不重复值的总数量，在第 11 行将不重复值总数在 2~50 之间的列保留，其余剔除。第 12~15 行计算总行数，并设置 matplotlib 的画布尺寸和排布。从 16 行开始依次绘制每个子图。绘制过程中需要区分一下值的类型，如果该列不是数值类型，则需要对各种值的出现数量进行统计，并通过 . plot. bar( )方法绘制到画布上（第 19~21 行）；如果该列是数值类型，则只需要调用 . hist( )函数即可完成绘制（第 23 行）。在第 24~26 行设置图题以及坐标轴标签。第 27~28 行调整布局后即可通过 plt. show( )查看绘制结果，如图 10-21 所示。

4. 绘制相关性矩阵

相关性矩阵是表示变量之间的相关系数的表格。表格中的每个单元格均显示两个变量之间的相关性。通常在进行数据建模之前需要计算相关性矩阵，有下面 3 个主要原因：

1）通过相关性矩阵图表，可以较为清晰直观地看出数据中的潜藏特征。

2）相关性矩阵可以作为其他分析的输入特征。例如，使用相关性矩阵作为探索性因素分析，确认性因素分析，结构方程模型的输入，或者在线性回归时用来成对排除缺失值。

3）作为检查其他分析结果时的诊断因素。例如，对于线性回归，变量间相关性过高则表明线性回归的估计值是不可靠的。

同样，在本节将会定义一个较为通用的相关性矩阵构建函数，如代码清单 27 所示。

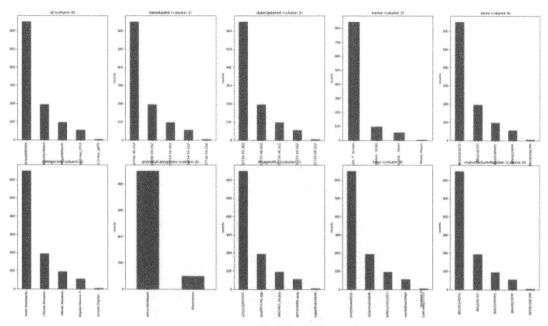

图 10-21　ColumnDistribution 绘制结果

```
1.   #代码清单 27
2.   def plotCorrelationMatrix(df, graphWidth):
3.       filename = df.dataframeName
4.       df = df.dropna('columns')  # drop columns with NaN
5.       df = df[[col for col in df if df[col].nunique() > 1]]  # keep columns where there are more than
     1 unique values
6.       if df.shape[1] < 2:
7.           print(f'No correlation plots shown: The number of non-NaN or constant columns ({df.shape[1]}) is
     less than 2')
8.           return
9.       corr = df.corr()
10.      plt.figure(num=None, figsize=(graphWidth, graphWidth), dpi=80, facecolor='w', edgecolor='k'
     )
11.      corrMat = plt.matshow(corr, fignum=1)
12.      plt.xticks(range(len(corr.columns)), corr.columns, rotation=90)
13.      plt.yticks(range(len(corr.columns)), corr.columns)
14.      plt.gca().xaxis.tick_bottom()
15.      plt.colorbar(corrMat)
16.      plt.title(f'Correlation Matrix for {filename}', fontsize=15)
17.      plt.show()
18.      plt.savefig('./CorrelationMatrix.png')
19.
20.  df.dataframeName = 'CRA'
21.  plotCorrelationMatrix(df, 8)
```

在第 3 行获得当前的表名（注意：手动构建的 Dataframe 需要手动指定 dataframeName，

如第 20 行）。第 4 行将表中的空值全部丢弃。第 5 行将所有值都相同的列全部丢弃。这时，如果列数小于 2，则无法进行相关性分析，打印警告并直接返回。第 9 行通过 .corr( ) 方法获得相关性矩阵的原始数据，第 11～18 行设置画布并绘制，相关性矩阵最终的效果如图 10-22 所示。

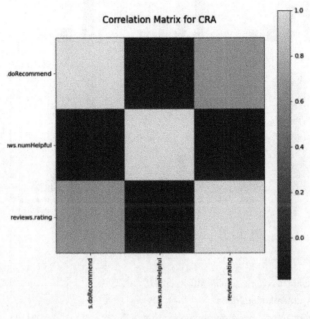

图 10-22　相关性矩阵

在图 10-22 中，颜色越浅则相关性越高。通过这张图可以看到，用户是否对商品进行打分与是否进行评论的相关性很强。这表明评论与打分是两个关联极强的因素，可以进一步设计模型，根据其中一个来预测另一个。

5. 绘制散布矩阵

散布矩阵（Scatter Plot Matrix）又叫 Scagnostic，是一种常用的高维度数据可视化技术。它将高维度的数据每两个变量组成一个散点图，再将它们按照一定的顺序组成散点图矩阵。通过这样的可视化方式，能够将高维度数据中所有的变量两两之间的关系展示出来。Scatter Plot Matrix 最初是由 John and Paul Turkey 提出的，它能够让分析者一眼就看出所有的变量的两两相关性。

下面将介绍如何构建一个简单的散布矩阵函数，如代码清单 28 所示。

```
1.   #代码清单 28
2.   def plotScatterMatrix(df, plotSize, textSize):
3.       df = df.select_dtypes(include = [np.number]) # keep only numerical columns
4.       # Remove rows and columns that would lead to df being singular
5.       df = df.dropna('columns')
6.       df = df[[col for col in df if df[col].nunique() > 1]] # keep columns where there are more than
     1 unique values
7.   columnNames = list(df)
```

```
8.   if len( columnNames ) > 10 : # reduce the number of columns for matrix inversion of kernel density
     plots
9.       columnNames = columnNames[ :10]
10.      df = df[ columnNames ]
11.      ax = pd. plotting. scatter_matrix( df, alpha = 0. 75, figsize = [ plotSize, plotSize], diagonal = 'kde')
12.  corrs = df. corr( ). values
13.  for i, j in zip( * plt. np. triu_indices_from( ax, k = 1)):
14.          ax[ i, j]. annotate('Corr. coef = %. 3f' % corrs[ i, j], (0. 8, 0. 2), xycoords = 'axes fraction',
     ha = 'center', va = 'center', size = textSize)
15.  plt. suptitle('Scatter and Density Plot')
16.  plt. show( )
17.  plt. savefig('. /ScatterMatrix. png')
18.
19.  plotScatterMatrix( df, 9, 10)
```

代码第 3 行去除所有非数字类型的列，第 5 行将表中的空值全部丢弃，第 6 行将所有值都相同的列全部丢弃。第 7、8 行截取了前 10 列来进行展示，这是因为如果列数过多会超出屏幕的显示范围，读者可以自行选择需要绘制的特定列。第 11 行通过 pd. plotting. scatter_matrix 来初始化画布，第 12 行获取相关性系数。第 13、14 行将依次获取不同的列组合，并绘制该组合的相关性图表。第 15~17 行绘制并保存图片。散布矩阵最终的可视化结果如图 10-23 所示。

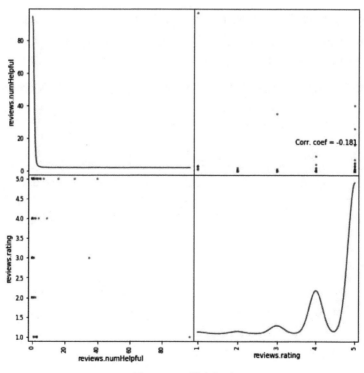

图 10-23　散布矩阵

在图 10-23 散布矩阵中，从左上到右下的对角线展示了 numhelpful 和 rating 的数据分布：可以看到绝大多数商品的 numhelpful 数量为零，而其他数量的分布比较平均。而绝大部分商品的 rating 为 5 分，20%左右的商品为 4 分，低于 4 分的数量较少。从左下到右上的散点图展示了数据在交叉的两个维度上的分布，绝大部分的 helpful 评价都来源于打分为 5 分的商品，且分数越低，出现 helpful 评价的概率越小，这符合我们日常生活的情况。

6. 将可视化结果插入回 Excel 表格中

前面几个小节的可视化图表都以 png 的图片格式存储在了工作路径中，下面将向读者演示如何将图片插入回 Excel 工作簿中。

```
1.   #代码清单 29
2.   from openpyxl import Workbook
3.   from openpyxl. drawing. image import Image
4.
5.   workbook = Workbook( )
6.   sheet = workbook. active
7.
8.   vis = Image( "ScatterMatrix. png" )
9.
10.  # 改变一下形状,避免 logo 占据整张表格
11.  vis. height = 600
12.  vis. width = 600
13.
14.  sheet. add_image( vis, "A1" )
15.  workbook. save( filename = "visualization. xlsx" )
```

代码清单 29 首先创建了一个新的工作表，而后通过 openpyxl 的 image 模块加载了已经预先生成的 ScatterMatrix. png。在调整了图片的大小后，将其插入到了 A1 单元格中，最后保存了工作簿。流程十分清晰简单，visualization. xlsx 最终的效果如图 10-24 所示。

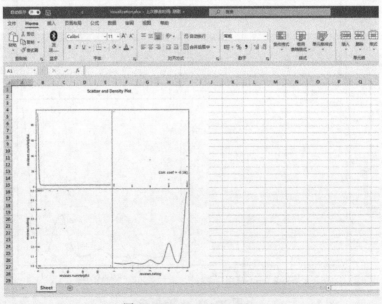

图 10-24　visualization. xlsx

7. 小结

通过本章的若干案例，向读者们展示了如何使用 Python 的 openpyxl 库来创建 Excel 表单、迭代访问数据、添加数据、添加公式、添加条件格式和图表，基本涵盖了日常操作 Excel 进行自动化办公的需求。此外，本章还介绍了如何在 openpyxl 的基础上引入其他更复杂的 Python 编程库进行可视化分析，并将分析结果再次存储回 Excel 表单中。虽然初次使用编程工具进行数据操作会有很多难以习惯的地方，但是编程工具可以使大量需要手工重复的工序自动化，让每次的工作可复制、可拓展，帮助读者完成更多看似不可能的任务。openpyxl 还有许多强大的功能在本章没有提及，读者们可以参考官方文档进行更多的学习。

本章小结

本章介绍了如何使用 Python 进行数据分析和可视化，主要用到 Matplotlib 库、Numpy 库、Pandas 库、Scipy 库、openpyxl 库等第三方库。实际上与数据分析和可视化有关的库不止这些，感兴趣的读者可以自行搜索，掌握更多数据分析与可视化的技巧。

习题

1. 尝试用 Pandas 库画出饼状图。
2. 尝试写出本章提到的库的依赖关系。

第 11 章 Python 机器学习

上一章介绍了很多数据分析的库，实际上它们当中的很多都是为机器学习服务的。本章选取了两种基础的机器学习算法，通过两个案例来初步介绍使用 Python 进行机器学习的过程。

11.1 机器学习概述

机器学习是相对于人的学习而言的，先来看几个有关学习的例子。

- 小明感觉身体不舒服，去医院告诉医生自己出现了哪些症状，医生根据小明说的情况能简单判断小明可能得了什么病。
- 今天天气很闷热，外面乌云密布，蜻蜓飞得很低，你判断马上就要下雨了。
- 爸爸带儿子去动物园看动物，见到一种动物，爸爸会告诉儿子这是什么动物。
- 你跟你的房东产生了纠纷，要去打官司。你去找律师，说明情况，律师会告诉你，哪些方面会对你有利，哪些方面会对你不利，你可能会胜诉或败诉等。
- 你有一套房子要卖，去找中介，中介根据你房子的大小、户型、小区绿化、周边交通便利情况等，给你一个预估的价格。

医生根据病人的主诉进行诊治，你能根据天气状况判断要下雨了，爸爸见到一种动物就知道那是什么动物，律师根据情况判断你胜诉还是败诉，中介人员预估你房子的价格等。这些都可以说是基于经验做出的预测：医生在之前的工作中碰到过很多类似状况的病人，你之前碰到过很多类似天气后都出现了下雨的天气，爸爸之前见到过这种动物，律师之前接触过很多类似的案件，中介人员之前接触过很多类似的房子。根据自己的经验，就能判断新出现的情况。

那么经验是怎么来的呢？可以说是"学习"来的。那么计算机系统可以做这样的工作吗？这就是机器学习这门学科的任务。

机器学习是一种从数据当中发现复杂规律，并且利用规律对未来时刻、未知状况进行预测和判定的方法，是当下被认为最有可能实现人工智能的方法之一。机器学习理论主要是设计和分析一些让计算机可以自动"学习"的算法。

要进行机器学习，先要有数据，数据是进行机器学习的基础。我们把所有数据的集合称为数据集（Dataset），其中每条记录是关于一个事件或对象的描述，称为样本（Sample），每个样本在某方面的表现或性质称为属性（Attribute）或特征（Feature），每个样本的特征通常对应特征空间中的一个坐标向量，称为特征向量（Feature Vector）。从数据中学习并获得模型的过程称为学习（Learning）或者训练（Training），这个过程通过执行某个学习算法来完成。训练过程中使用的数据称为训练数据（Training Data），每个样本称为一个训练样本（Training Sample），训练样本组成的集合称为训练集。训练数据中可能会指出训练结果的信息，称为标记（Label）。

若使用计算机学习出的模型进行预测得到的是离散值，如猫、狗等，此类学习任务称为分类（Classification）；若预测得到的是连续值，如房价，则此类学习任务称为回归（Regression）。对只涉及两个类别的分类任务，称为二分类（Binary Classification）。二分类任务中称其中一个类为正类（Positive Class），另一个类为负类（Negative Class），如是猫、不是猫两类。涉及多个类别的分类任务，称为多分类（Multi-class Classification）任务。

学习到模型后，使用其进行预测的过程称为测试（Test）。机器学习的目标是使得学习到的模型能很好地适用于新样本，而不是仅仅在训练样本上适用。学习到的模型适用于新样本的能力，称为泛化能力（Generalization）。

图 11-1 很形象地说明了机器学习的过程与人脑思维过程的比较。

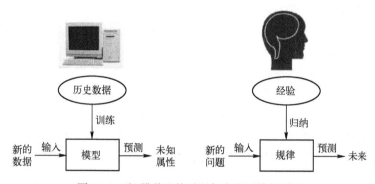

图 11-1　机器学习的过程与人脑思维的过程

根据学习方式的不同，机器学习可分为监督学习、非监督学习、半监督学习和强化学习。

1）监督学习是最常用的机器学习方式，其在建立预测模型的过程中将预测结果与训练数据的实际结果进行比较，不断地调整预测模型，直到模型的预测结果达到一个预期的准确率。上面介绍的分类和回归任务属于监督学习。决策树、贝叶斯模型、支持向量机属于监督学习，深度学习一般也属于监督学习的范畴。

2）非监督式学习的任务中，数据并不被特别标识，计算机自行学习分析数据内部的规律、特征等，进而得出一定的结果（如内部结构、主要成分等）。聚类算法是典型的非监督学习算法。

3）半监督学习介于监督学习和非监督学习之间，输入数据的部分被标识，部分没有被标识，未标识数据的数量常常远远大于有标识数据的数量。半监督学习可行的原因在于：数据的分布必然不是完全随机的，通过一些有标识数据的局部特征，以及更多未标识数据的整体分布，就可以得到可以接受甚至是非常好的结果。这种学习模型可以用来进行预测，但是模型首先需要学习数据的内在结构，以便合理地组织数据来进行预测。

4）强化学习是不同于监督学习和非监督学习的另一种机器学习方法，它是基于与环境的交互进行的学习。通过尝试来发现各个动作产生的结果，对各个动作产生的结果进行反馈（奖励或惩罚）。在这种学习模式下，输入数据直接反馈到模型，模型必须做出调整。

Scikit-Learn 是基于 Python 语言的机器学习工具。它建立在 NumPy、SciPy、Pandas 和 Matplotlib 之上，里面的 API 的设计非常好，所有对象的接口简单，很适合新手入门。下面将用两个案例来介绍 Scikit-Learn 如何使用。

11.2 案例：基于逻辑回归的乳腺癌识别

11.2.1 乳腺癌识别任务分析

21世纪是数据驱动型决策的时代，产生了更多数据的细分市场或行业，可以更快利用这些数据做出重要决策，并在未来保持领先。

当谈到产生大量数据的行业时，医疗当之无愧是其中之一。得益于如传感器生成的数据收集新方法，这些数据可以用来以更低的成本提供更好的医疗服务并提高患者的满意度，同时，也是依托于数据的机器学习技术的用武之地。

乳腺癌是一种发于腺上皮组织的恶性肿瘤，原位的乳腺癌并不致命，但随着癌变进一步发展，形成的乳腺癌细胞连接较为松散，容易脱落，之后便随着血液扩散到全身危及生命。而本章将会设计并实现一个乳腺癌识别算法。

首先来了解完成这样一项任务，算法的输入输出是什么，采取什么样的技术，以及算法实现的流程。本节使用 sklearn.datasets 下的乳腺癌数据集，如图 11-2 所示为加载该数据集的代码，其包含的特征如图 11-3 所示，包含 30 个特征项，即维数为 30 维。该数据集一共包含 569 条数据，357 例乳腺癌数据，以及 212 例非乳腺癌数据。

```
from sklearn.datasets import load_breast_cancer
# 加载乳腺癌数据
cancer = load_breast_cancer()
print(cancer.feature_names)
```

图 11-2　乳腺癌数据集加载

```
['mean radius' 'mean texture' 'mean perimeter' 'mean area'
 'mean smoothness' 'mean compactness' 'mean concavity'
 'mean concave points' 'mean symmetry' 'mean fractal dimension'
 'radius error' 'texture error' 'perimeter error' 'area error'
 'smoothness error' 'compactness error' 'concavity error'
 'concave points error' 'symmetry error' 'fractal dimension error'
 'worst radius' 'worst texture' 'worst perimeter' 'worst area'
 'worst smoothness' 'worst compactness' 'worst concavity'
 'worst concave points' 'worst symmetry' 'worst fractal dimension']
```

图 11-3　乳腺癌数据集特征项

通过分析数据集，可以进一步对该任务进行定位，即这个典型的二分类任务，数据量并不多，因此不能使用太过复杂的模型，参数量过多而样本较少可能会带来过拟合的风险，下面将介绍并实现一个典型的二分类 Logistic 模型来完成本任务。

11.2.2　Logistic 模型

1. Logistic 模型的基本形式

逻辑回归（Logistic）是分类问题当中极为常用的一种方法，是一种依托于数据集的有监督的分类方法，有着参数量少、计算量低、模型简单、容易理解等非常好的性质。对于一个二分类问题，Logistic 的输入为预先处理好的特征，输出为 $y \in \{0,1\}$，在广义线性模型中，$y = g^{-1}(w^T x + b)$，其中函数 $g(\ )$ 称为联系函数，要求其单调可微。由于要完成一个微分任务，而 $z=w^Tx+b$ 的结果是一个 $(-\infty,+\infty)$ 的实数值，希望有一个理想的阶跃函数来实现值从 z 到 0/1 的映射，用 sigmoid 来完成这一任务。

$$g(z)=\frac{1}{1+e^{-z}}$$

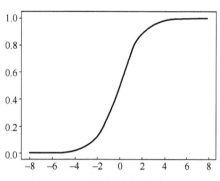

该函数的图像如图 11-4 所示，这是一个定义域在 $(-\infty,+\infty)$，值域在 $(0,1)$，全程可微的函数，关于 $(0,0.5)$ 轴中心对称，另外还有一个非常好的性质，对 sigmoid 进行求导时，$g'=g*(1-g)$。由于其值域在 $(0,1)$，可以将其视为类别 1 的后验概率估计 $p(y=1\mid x)$。即对于一个输入 x，经过 sigmoid 算出来的结果被看作输入 x 属于类别 1 的概率的大小。

图 11-4　乳腺癌数据集特征项

即 sigmoid 计算得到的值大于等于 0.5 的可以归为类别 1，反之归为类别 0。

$$\hat{y}=\begin{cases}1 & \text{if } g(z)\geqslant 0.5\\0 & \text{else}\end{cases}$$

将上式代入广义线性模型，可得逻辑回归的基本形式：

$$y=\frac{1}{1+e^{(-w^T+b)}}$$

2. 损失函数

有了基本形式后，就需要根据训练集来得到 w 和 b 的值，从而完成训练的过程，经过 sigmoid 得到计算结果可以看作是输入 x 属于类别 1 的后验概率，即：

$$p(y=1\mid x;w)=g(w^Tx+b)=g(z)$$
$$p(y=0\mid x;w)=1-g(z)$$

将上述两式合并起来，可得如下形式：

$$p(y\mid x;w)=g(z)^y(1-g(z))^{1-y}$$

根据最大似然估计法就可以对 w，b 的值进行求解，即最大化 $L(w)$：

$$L(w)=\prod_{i=1}^{m}p(y^{(i)}\mid x^{(i)};w)=\prod_{i=1}^{m}(g(z^{(i)}))^{y^{(i)}}(1-g(z^{(i)}))^{1-y(i)}$$

其中 $x^{(i)}$ 为第 i 个样例的输入，$y^{(i)}$ 为与之对应的标签，训练集一共包含 m 个样本。

对等式两边同时取对数可得：

$$\ln L(w)=\sum_{i=1}^{m}y^{(i)}\ln(g(z^{(i)}))+(1-y^{(i)})\ln(1-g(z^{(i)}))$$

这个形式就是大家非常熟悉的交叉熵函数的形式。给等式两边同时乘上 -1，就可以得到最终需要的最小化的损失函数的形式：

$$J(w)=-\ln L(w)=-\frac{1}{n}\sum_{i=1}^{m}y^{(i)}\ln(g(z^{(i)}))+(1-y^{(i)})\ln(1-g(z^{(i)}))$$

3. 梯度下降

一般梯度的负方向就是代价函数下降最快的方向，因此使用梯度下降的方法来对 w 和 b

的值进行求解。即构造损失函数 J，随机初始化 w 和 b，并通过不断更新 w 和 b 的值使得损失函数值最小。根据上面已经构建的损失函数 J，对 w 和 b 进行更新。

$$\frac{\partial J(w)}{w_j} = \frac{1}{m}(y^{(i)} - g(z^{(i)}))x_j^{(i)}$$

其中 w_j 为 w 向量的第 j 维，$x_j^{(i)}$ 为第 i 个输入样例的第 j 维。求导后，即可对 w_j 的值进行更新。

$$w_j := w_j - \alpha\frac{\partial J(w)}{\partial w_j}$$

其中 α 为权值更新的权重系数，即学习率；：=表示符号前的变量赋予符号后的值。

使用梯度下降的方法进行求解时可以不断地追踪损失函数 J 的大小，在损失函数值趋于稳定后，可认为算法收敛。

本节介绍了 Logistic 模型的基本原理，在下一节中将设计并实现一个完整的 Logistic 算法来完成乳腺癌识别的任务。

11.2.3　代码实现

借助 sklearn 库可以不需要去编写如此繁多的代码，就可以使用其提供的 API 接口调用 Logistic 算法，如此可以把关注点更集中在如何设计输入特征，以及如何调整模型的超参数上，从而不需要去关注太多的底层细节，如图 11-5 所示为使用 sklearn 库来完成乳腺癌识别任务的代码。代码的主要逻辑可以分为四大部分，第一部分为加载数据集，第二部分为数据的预处理，包含将数据划分为训练集和测试集以及一些归一化的操作，第三部分为定义模型以及模型相关参数，最后一部分为在训练集上训练模型以及在测试集上查看最终预测效果。

```
from sklearn.datasets import load_breast_cancer
from sklearn.linear_model import LogisticRegression
from sklearn.model_selection import train_test_split
from sklearn.metrics import recall_score
from sklearn.metrics import precision_score
from sklearn.metrics import classification_report
from sklearn.metrics import accuracy_score

# 加载数据
cancer = load_breast_cancer()
X = cancer.data
y = cancer.target
# 将数据划分为训练集和测试集
X_train, X_test, y_train, y_test = train_test_split(X, y, test_size=0.2)

model = LogisticRegression()
model.fit(X_train, y_train)

train_score = model.score(X_train, y_train)
test_score = model.score(X_test, y_test)
print('train score: {train_score:.6f}; test score: {test_score:.6f}'.format(
    train_score=train_score, test_score=test_score))

# 样本预测
y_pred = model.predict(X_test)

# 模型评价
accuracy_score_value = accuracy_score(y_test, y_pred)
recall_score_value = recall_score(y_test, y_pred)
precision_score_value = precision_score(y_test, y_pred)
classification_report_value = classification_report(y_test, y_pred)

print("准确率:", accuracy_score_value)
print("召回率:", recall_score_value)
print("精确率:", precision_score_value)
print(classification_report_value)
```

图 11-5　基于 sklearn 库的乳腺癌识别

运行上述代码的输出结果如图 11-6 所示。

```
train score: 0.969231; test score: 0.921053
准确率: 0.9210526315789473
召回率: 0.96
精确率: 0.9230769230769231
                precision    recall   f1-score   support

           0      0.92        0.85      0.88        39
           1      0.92        0.96      0.94        75

   micro avg      0.92        0.92      0.92       114
   macro avg      0.92        0.90      0.91       114
weighted avg      0.92        0.92      0.92       114
```

图 11-6　执行代码命令行输出

【小技巧】在最开始训练模型时，可以设置一个较高的学习率，等到其余超参数（如损失函数、激活函数等）调整好后，再逐渐降低学习率，直到正确率等指标达到最优。

11.3　案例：基于决策树算法的红酒起源地分类

11.3.1　Wine 数据集分析

Wine 数据集是 sklearn 库提供的一个非常经典的数据集，这份数据集包含来自 3 种不同起源的葡萄酒的共 178 条记录。13 个属性是葡萄酒的 13 种化学成分。通过化学分析可以推断葡萄酒的起源，那么是否可以利用机器学习的相关技术同样来完成推断葡萄酒起源这一任务？

首先，编写如图 11-7 所示的代码并执行，对数据集进行一些初步的了解。

```
from sklearn.datasets import load_wine
wine_dataset = load_wine()
print(wine_dataset['DESCR'])
```

图 11-7　数据集分析

执行上述代码，如图 11-8 所示看到如下输出。

```
**Data Set Characteristics:**

    :Number of Instances: 178 (50 in each of three classes)
    :Number of Attributes: 13 numeric, predictive attributes and the class
    :Attribute Information:
        - Alcohol
        - Malic acid
        - Ash
        - Alcalinity of ash
        - Magnesium
        - Total phenols
        - Flavanoids
        - Nonflavanoid phenols
        - Proanthocyanins
        - Color intensity
        - Hue
        - OD280/OD315 of diluted wines
        - Proline

    - class:
            - class_0
            - class_1
            - class_2

    :Summary Statistics:

                                   Min    Max    Mean     SD
    Alcohol:                      11.0   14.8   13.0    0.8
    Malic Acid:                    0.74   5.80   2.34   1.12
    Ash:                           1.36   3.23   2.36   0.27
    Alcalinity of Ash:            10.6   30.0   19.5    3.3
    Magnesium:                    70.0  162.0   99.7   14.3
    Total Phenols:                 0.98   3.88   2.29   0.63
    Flavanoids:                    0.34   5.08   2.03   1.00
    Nonflavanoid Phenols:          0.13   0.66   0.36   0.12
    Proanthocyanins:               0.41   3.58   1.59   0.57
    Colour Intensity:              1.3   13.0    5.1    2.3
    Hue:                           0.48   1.71   0.96   0.23
    OD280/OD315 of diluted wines:  1.27   4.00   2.61   0.71
    Proline:                      278   1680    746    315
```

图 11-8　Wine 数据集详细信息

可以发现该任务是一个多分类任务，一共包含 3 类，作为输入的特征一共有 13 维，包含了各种化学成分。解决像这样的多分类问题有许多机器学习的方法可以选择，本节将介绍使用决策树和 SVM 算法完成这一任务。

11. 3. 2　决策树算法

如图 11-9 所示为一棵决策树，在树中的每一个节点都需要根据输入样例的属性来选择接下来要往哪里走，直到走到树的底部没有路可走的时候，即可得到该输入样例的最终分类结果。

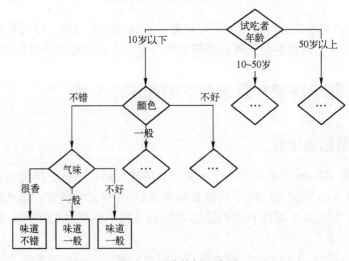

图 11-9　决策树示意图

1. 几个重要的术语

在进入正题之前，首先了解几个术语，如果你已经学过数据结构，那么可以跳过术语这一部分，直接看构造思路。

树是一种很重要的数据结构，在一棵树中，根据节点位置的不同，一般有如下几个名词：

1）根节点：一棵树只有一个根节点，使用决策树进行预测时，程序的入口也是这个根节点。

2）子节点：一棵树中最下面的节点就是这棵树的叶子节点，在决策树中，叶子节点的内容即为输入数据的预测结果，在这里要注意，一棵树可以有很多叶子节点，但是根节点只能有一个。

3）内部节点：除了根节点和叶子节点外，其他的节点就是内部节点，内部节点的内容对应某一属性，这个属性的不同的值可能会通向不同的内部节点或者叶子节点。

4）子树：对于某一非根节点，该节点及从该节点下面可以到达的其他节点，可以看作是原决策树的一部分，称为原决策树的子树。

2. 决策树构造流程

在构造一棵决策树时，在每个非叶子节点，都需要去选择某一属性，这个属性的不同的取值对应这个节点的不同子树，也就是说，构造一棵好的决策树很重要的一点就在于如何去选择这个节点的属性。下面将用一种数学方法进行度量，从而进行划分选择。

在一棵决策树中，子节点的属性一定是与父节点及父节点以上的属性不同的，当子节点没有属性可以选择时，这个子节点一定是叶子节点。这就为如何编程实现决策树提供了一个思路，即使用递归的方法构造，递归的边界条件也十分清晰，即为一个可以选择的属性集，子树的构造仅依赖于可以选择的属性集，当该属性集为空时，函数返回，否则在该节点选择某一属性，并递归构造该节点的子树。

构造出一棵决策树很重要的一点就在于如何选择最优划分属性，在某一节点选择某一属性的目的在于选择该属性后，可以让决策树分支节点所包含的样本尽可能属于同一类别，即节点的"纯度"越来越高。

为了选出最合适的属性，需要对"纯度"进行量化，下面介绍三种量化纯度的方法。假设一个样本集合一共有 m 条数据，其可以被分为 n 类，且第 k 类样本所占的比例为 $p_k = \dfrac{\text{第 } k \text{ 类样本数}}{m}$。

1）Gini 不纯度

$$Gini = 1 - \sum_{i=1}^{n} P(i)^2$$

2）熵

$$Entropy = -\sum_{i=1}^{n} P(i) * \log_2 P(i)$$

3）错误率

$$Error = 1 - \max \{ P(i) \mid i \in [1, n] \}$$

上面三个公式都可以用来量化纯度，并且计算得到的值越大，表示越"不纯"；值越小表示越"纯"，在实际应用中，以上三个公式选择一种即可，实践证明三个公式对最后分类结果的影响并不大。

在某一节点进行属性选择时，假设该属性 attr 存在 n 个可能的取值 $\{attr1, attr2, attr3, \cdots, attrn\}$，若最后该节点选择 attr 为划分属性，则该节点会产生 n 个分支，且第 t 个分支包含 D 中所有在 attr 上取值为 attr$t$ 的样本，该样本集记为 Dt，我们可以根据上面三个公式之一计算出纯度 E，但是不同的样本集 Dt 中样本的数目不同，所以赋予分支节点的权重为 $\dfrac{|D_t|}{|D|}$，然后就可以计算出用 attr 属性对该节点进行划分时，得到的"信息增益"为：

$$Gain = E(parent) - \sum_{j=1}^{k} \frac{N(v_j)}{N} * E(v_j)$$

当计算得到的信息增益值越大，就说明在该节点使用属性 attr 来划分所获得的"纯度"越大，这也是 ID3 决策树算法使用的策略，即使用信息增益来作为属性选择的标准。

除此之外，决策树还有对于离散的数值如何处理、为了防止过拟合进行剪枝等，上述只介绍了决策树的一些基本理论，感兴趣的读者可以去阅读机器学习理论方面的书籍，以获得更深入的理解。

11.3.3 二分类问题与多分类问题

在实际应用中大多数问题是多分类问题，那么如何将一个二分类算法扩展为多分类？不失一般性，考虑 N 个类别 $C_1, C_2, \ldots, C_N$，多分类学习的基本思路是"拆解法"。最经典的拆分策略有三种:"一对一"(OvO),"一对多"(OvR),"多对多"(MvM)。

1. 一对一

一对一将这 N 个类别两两配对,一共可产生 $N(N-1)/2$ 个二分类任务,在测试阶段新样本将同时提交给所有的分类器,于是将得到 $N(N-1)/2$ 个分类结果,最终把预测最多的结果作为投票结果。

2. 一对多

一对多则是将每一个样例作为正例,其他剩余的样例作为反例来训练 N 个分类器。如果在测试时仅有一个分类器产生了正例,则最终的结果为该分类器;如果产生了多个正例,则判断分类器的置信度,选择置信度大的分类标记作为最终分类结果。

OvR 只需训练 N 个分类器,而 OvO 需训练 $N(N-1)/2$ 个分类器,因此,OvO 的存储开销和测试时间开销通常比 OvR 更大。但在训练时,OvR 每个分类器均使用全部测试样例,而 OvO 的每个分类器仅适用于两个类的样例,因此,在类别很多时,OvO 的训练时间开销通常比 OvR 更小,至于预测性能,则取决于具体的数据分布,在多数情形下两者差不多。

3. 多对多

有一种最常用的技术是"纠错输出码",分为两个阶段,编码阶段和解码阶段。编码阶段:对 N 个类别进行 M 次划分,每次将一部分类划分为正类,一部分类划分为反类,编码矩阵有两种形式:二元码和三元码,前者只有正类和反类,后者除了正类和反类还有停用类。在解码阶段,各分类器的预测结果联合起来形成测试示例的编码,该编码与各类所对应的编码进行比较,将距离最小的编码所对应的类别作为预测结果。

11.3.4 使用 sklearn 库实现红酒起源地分类

实现一个决策树算法可以完成一个较为复杂的任务,好在 sklearn 库已经实现了这些常用的算法,只需要调用相应的 API 即可完成构造模型以及训练的任务,下面将分别展示如何使用上述两种算法完成红酒起源地分类的任务。

使用决策树算法进行求解的主要代码如图 11-10 所示,其包含了加载数据集、训练模型以及测试模型三个子函数。

```
from sklearn.model_selection import train_test_split
from sklearn import tree
import pydotplus

# 加载数据集
def loadDataSet():
    from sklearn.datasets import load_wine
    wine_dataset = load_wine()
    X = wine_dataset.data
    y = wine_dataset.target
    # 将数据划分为训练集和测试集
    X_train, X_test, y_train, y_test = train_test_split(X, y, test_size=0.2)
    return X_train, X_test, y_train, y_test


# 训练模型
def trainDT(x_train, y_train):
    # DT生成和训练
    clf = tree.DecisionTreeClassifier(criterion="entropy")
    clf.fit(x_train, y_train)
    return clf

# 测试模型
def test(model, x_test, y_test):
    # 预测结果
    y_pred = model.predict(x_test)

    # 模型评价
    acc_num = 0
    for pre_y, y in zip(y_pred, y_test):
        if pre_y == y:
            acc_num += 1
    print("   预测正确率为: {}".format(acc_num / float(len(y_test))))
```

图 11-10 基于决策树算法的红酒起源地分类代码

最后在主函数中将整个流程串联起来，代码如图 11-11 所示，并使用 pydotplus 将这棵决策树可视化出来，以便更好地理解构造出来的这棵决策树以及重要的特征项是哪些。

```python
if __name__ == '__main__':
    X_train, X_test, y_train, y_test = loadDataSet()
    model = trainDT(X_train, y_train)

    feature_name = ['Alcohol', 'Malic Acid', 'Ash', 'Alcalinity of Ash', 'Magnesium', 'Total Phenols', 'Flavanoids',
                    'Nonflavanoid Phenols', 'Proanthocyanins', 'Colour Intensity', 'Hue',
                    'OD280/OD315 of diluted wines', 'Proline']

    dot_data = tree.export_graphviz(model, feature_names=feature_name, class_names=["1", "2", "3"], filled=True,
                                    rounded=True)
    graph = pydotplus.graph_from_dot_data(dot_data)
    graph.progs = {'dot': u"C:\\Users\\40169\\Anaconda3\\envs\\torch\\Library\\bin\\graphviz\\dot.exe"}
    graph.write_pdf("tree.pdf")
    print("特征重要性: ")
    print(*zip(feature_name, model.feature_importances_))
    print("在训练集上测试: ")
    test(model, X_train, y_train)
    print("在测试集上测试: ")
    test(model, X_test, y_test)
```

图 11-11　主函数代码

运行代码可以得到在命令行中的输出，如图 11-12 所示。

```
在训练集上测试:
    预测正确率为: 1.0
在测试集上测试:
    预测正确率为: 0.9722222222222222
```

图 11-12　决策树代码输出

以及特征的重要性为：

[(' Alcohol ', 0.03465937122523607) (' Malic Acid ', 0.0) (' Ash ', 0.0) (' Alcalinity of Ash ', 0.03021938023320073) ('Magnesium', 0.0) ('Total Phenols', 0.0) ('Flavanoids', 0.418917511902304) ('Nonflavanoid Phenols', 0.0) ('Proanthocyanins', 0.0) ('Colour Intensity', 0.17144315920292313) ('Hue ', 0.0) ('OD280/OD315 of diluted wines', 0.0) ('Proline', 0.34476057743633604)]

如图 11-13 所示，打开绘制的 PDF 可以可视化训练得到的决策树，越靠近根节点的特征越为重要。

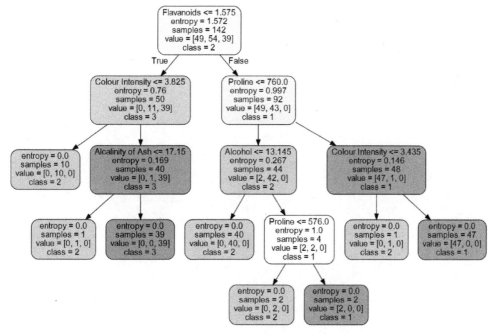

图 11-13　训练得到的决策树可视化图

255

本章小结

Logistic 算法是一个计算速度快且简单的分类算法，在目前也广泛应用于工业界，例如推荐系统、广告系统等。但其对输入特征的要求较高，特征决定了模型的上限，因此在使用 Logistic 算法时往往伴随有繁杂的特征提取任务，在本章介绍了该算法的基本原理以及使用该算法解决 sklearn 库上非常经典的乳腺癌识别问题。实验结果证明，Logistic 算法在该任务中能达到不错的分类结果。

红酒起源地分类是一个经典的多分类任务，本章首先介绍了数据集的构成，接着介绍经典的算法决策树，最后使用代码完成了红酒起源地分类的任务。Logistic 和决策树算法都是基学习器，在红酒起源地分类的任务中也获得了不错的预测效果。将基学习器组装起来可以得到更强大的集成学习器，想要了解更多关于集成学习器的内容可以在百度上进行查阅。

习题

1. 试说明逻辑回归算法适用范围？
2. 试析使用"最小训练误差"作为决策树划分选择的缺陷。

参 考 文 献

[1] 黑马程序员. Python 快速编程入门 [M]. 北京：人民邮电出版社，2017.

[2] LUTZ M. Python 学习手册 [M]. 4 版. 李军，刘红伟，译. 北京：机械工业出版社，2011.

[3] 韦玮. Python 程序设计基础实战教程 [M]. 北京：清华大学出版社，2018.

[4] 小甲鱼. 零基础入门学习 Python [M]. 北京：清华大学出版社，2016.

[5] 范传辉. Python 爬虫开发与项目实战 [M]. 北京：机械工业出版社，2017.

[6] LUBANOVIC B. Python 语言及其应用 [M]. 梁杰，丁嘉瑞，禹常隆，译. 北京：人民邮电出版社，2015.

[7] CASSELL L, GAULD A. Python. 项目开发实战 [M]. 高弘扬，卫莹，译. 北京：清华大学出版社，2015.

[8] 张志强，赵越. 零基础学 Python [M]. 北京：机械工业出版社，2015.

[9] 梁勇. Python 语言程序设计 [M]. 北京：机械工业出版社，2016.

[10] 周元哲. Python 程序设计基础 [M]. 北京：清华大学出版社，2015.

[11] 董付国. Python 程序设计基础 [M]. 北京：清华大学出版社，2015.

[12] MCKINNEY W. 利用 Python 进行数据分析 [M]. 唐学韬，等译. 北京：机械工业出版社，2014.

[13] IVANIDRIS. Python 数据分析基础教程：NumPy 学习指南 [M]. 张驭宇，译. 北京：人民邮电出版社，2014.

[14] 伊德里斯. Python 数据分析 [M]. 韩波，译. 北京：人民邮电出版社，2016.

[15] 迈克尔·S. 刘易斯-贝克. 数据分析概论 [M]. 洪岩璧，译. 上海：格致出版社，2014.

[16] 彭鸿涛，聂磊. 发现数据之美：数据分析原理与实践 [M]. 北京：电子工业出版社，2014.

[17] 酒卷隆治，里洋平. 数据分析实战 [M]. 肖峰，译. 北京：人民邮电出版社，2017.